凝煉知識品味閱讀

隨機過程導論

Basic Stochastic Process

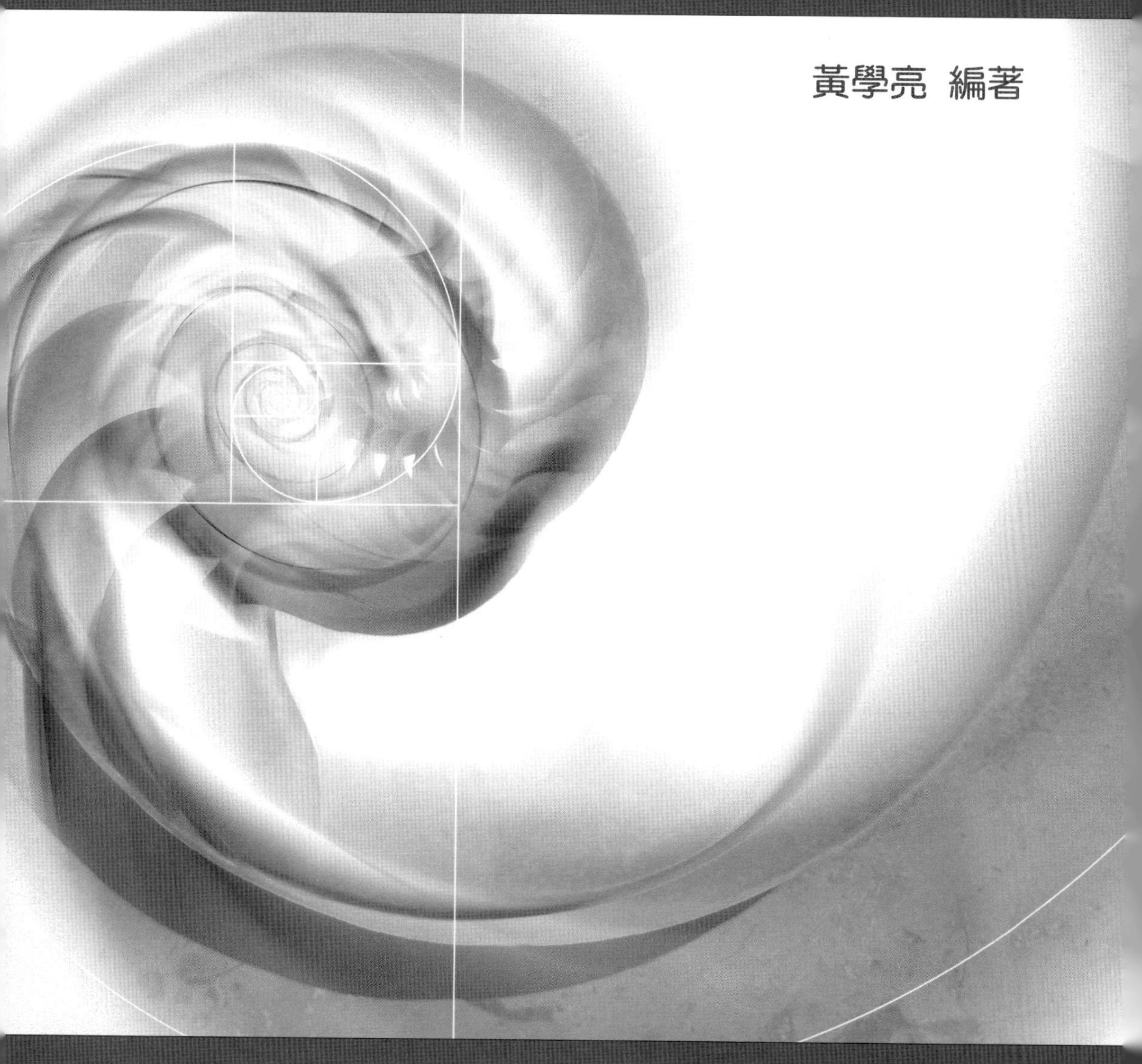

黃學亮 編著

一本完全針對隨機過程初學者所設計的入門寶典

序

我接觸隨機過程，大約有 4 個階段，第 1 個階段是在國立政治大學攻讀統計研究所時之「數理統計學（二）」與「隨機過程」，分別用的是鄭堯柈教授編著之《數理統計學下冊》與 E.Parzen 之《Stochastic Process》，以後我就沒再碰它了。第 2 個階段是大約 10 年後，我奉中國石油公司同意赴國立清華大學工業工程研究所進修，用的是 S. Ross 之《Stoshastic Process》。第 3 個階段是大約 7 年後我有機會在靜宜大學應用教學系開「隨機模式」，用的是 Shunji Osaki 的《Applied Stochastic System Modeling（1993）》。第 4 個階段是五南出版社邀約寫隨機過程，我又重拾往日教材，參考一些中國學者之教材，便著手本書寫作。

在學、教、寫的過程中，我發現隨機過程在內容之深度與廣度上差異懸殊，以 Ross 之《Stochastic Process》為例，該書為國內最流行之隨機過程教材，它除了卜瓦松過程、更新過程、馬可夫過程、布朗運動外，還有相當篇幅談等候線模型、存貨與資訊科學上之應用，這些應用所使用之數學技巧甚深，有時因限於篇幅致理論推導上有些跳躍，例題也不多，不同它的應用在難度上有時比本文還高，造成初學者很難適應。因此，我們大致朝以下原則寫作本書：

1. 在架構上，第 1 章基礎機率論的回顧。因篇幅的關係本章只能對機率學中之一些要項做一摘述並以布朗運動為例說明隨機過程之基本技巧，然後說明卜瓦松過程、更新過程、馬可夫鏈、連續時間之馬可夫鏈。

2. 寫作上所用之數學分析工具以微積分，一階常微分方程式及一些矩陣代數為主，排除實變數分析，故極適於用作隨機過程之入門教材。
3. 本書純粹以隨機過程之核心課材為主，未加入像等候線論、存貨等之應用，可使用本書的師生能聚焦於隨機過程之基本理論與技巧。
4. 本書安排許多例子與習題可供學者對理論有深層之體認及自我評估。
5. 就隨機過程入門教材，本書在寫作上力求精簡，避免旁微博引，在練習問題上避免複雜之數學運算，但基本之機率演證技巧仍是必要的。

就多數隨機過程學習者而言，這門課程較為抽象，推演上甚富技巧，條件期望值與對隨機變數 X 設條件（condition on *r.v.* X）尤為關鍵。因此，讀者在這方面要多下工夫，希望本書能提供隨機過程的基本學養，並能在此基礎上繼續專研或在其專業領域上能應用自如。

作者感謝五南出版社之支持，寫作過程中雖數度改稿，但總感到有不足之處，作者自忖在這方面水平有限，本書之缺點與錯誤處尚祈請海內外方家不吝賜正，不勝感荷。

目 錄

第 1 章

基礎機率論的回顧

1.1 一些基本名詞

隨機實驗

投擲一個均勻的銅板 2 次，投擲前我們無法知道這 2 次投擲的結果，但可以確定的是，它一定是下列結果中的一個：（正，正），（正，反），（反，正），（反，反）

像上列擲銅板的實驗，我們在實驗前無法預測實驗結果，但我們知道這個實驗之所有可能結果，這種實驗特稱**隨機實驗**（random experiment）。隨機實驗之任一**結果**（outcome）稱為一個**點**（point 或 sample point），所有可能結果（即點）所成之集合稱為該實驗之**樣本空間**（sample space），樣本空間之任一**子集合**（subset，或稱部份集合）稱為**事件**（event），習慣上，樣本空間用希臘字母 Ω 表示，事件用大寫英文，樣本點用小寫英文表示。

1.1-1 對樣本空間 Ω 之每一個事件 A 而言，實數 $P(A)$ 滿足下列 3 個公理：

(1) $0 \le P(A)$

(2) $P(\Omega) = 1$

(3) $P = \left(\bigcup_{n=1}^{\infty} A_n\right) = \sum_{n=1}^{\infty} P(A_n)$，$A_1$，$A_2 \cdots A_n \cdots$為**互斥**（mutually exclusive）

則稱 $P(A)$ 是事件 A 之一個機率。

由上述定義有以下之結果：

定理 1.1-1 A，B，C 為定義於樣本空間 Ω 之事件則

(1) $1 \geq P(A) \geq 0$

(2) $P(\overline{A}) = 1 - P(A)$，$\overline{A}$ 為 A 之**餘事件**（complementary event）

(3) $P(A \cup B) = P(A) + P(B) - P(A \cap B)$

(4) $P(A \cup B \cup C) = P(A) + P(B) + P(C) - P(A \cap B) - P(A \cap C) - P(B \cap C) + P(A \cap B \cap C)$

(5) 若 $A \subseteq B$ 則 $P(A) \leq P(B)$

(6) $P(\phi) = 0$，ϕ 為**零事件**（null event，又稱為空事件，意指該事件永不發生）

本章定理證明可參考拙著《基礎數理統計》（五南出版）

本章之目的在於幫助讀者複習機率學之一些基本理論與技巧。

例 1. 一籃中有 13 個號球，上面分別書為 1，2…13。以抽出不投返方式從中任取 5 球，求下列事件之機率：

(a) 有 3 個偶號球，2 個奇號球

(b) 有 3 個號球之數字為質數，2 個號球之數字為非質數

(c) 5 是中位數號球

(d) 5 是第 4 大號球且 11 為第 2 大號球

(e) 5是第4大號球或11為第2大號球

說明

這種抽出不投返方式之摸球問題是典型“**超幾何分佈**”（hypergeometric distribution）之例子，在應用超幾何分佈之重點有二，一是超幾何分佈之函數結構；二是“分類”

1° 超幾何分佈之函數結構：

從 a 個紅球 b 個黑球中以抽出不投返方式任取 n 個球，則其中含有 k 個紅球之機率為

$$p=\frac{\binom{a}{k}\binom{b}{n-k}}{\binom{a+b}{n}}$$

，其中 $a\geq k\geq 0$，$b\geq n-k\geq 0$，a，b，n，$k\in N$，$\binom{a}{k}=\frac{a!}{k!(a-k)!}$

這個結果可推廣：

從 a 個紅球 b 個黑球 c 個白球中以抽出不投返方式抽出 n 個球，則其中含 k 個紅球 r 個黑球 m 個白球之機率為

$$p=\frac{\binom{a}{k}\binom{b}{r}\binom{c}{m}}{\binom{a+b+c}{k+r+m}}$$

，其中 $a\geq k\geq 0$，$b\geq r\geq 0$，$c\geq m\geq 0$，a，b，$c\cdots\in N$

本書之 $N=\{0，1，2\cdots\cdots\}$，$Z^{+}=\{1，2，3\cdots\cdots\}$

解

(a) 分成 $\{2，4，6，8，10，12\}$ 與 $\{1，3，5，7，9，11，13\}$ 兩類：

$$\therefore p=\frac{\binom{6}{3}\binom{7}{2}}{\binom{13}{5}}$$

(b) 分成二類：$\{1，2，3，5，7，11，13\}$ 與 $\{4，6，8，9，$

10，12}

$$\therefore p=\frac{\binom{7}{3}\binom{6}{2}}{\binom{13}{5}}$$

(c) 分成三類 {1，2，3，4}，{5}，{6，7，8，9，10，11，12，13}

因 5 為中位數，故有 2 個球比 5 小，即有 2 個號球抽自 {1，2，3，4}，1 個球抽自 {5}，最後 2 個球抽自 {6，7，8，…13}

$$\therefore p=\frac{\binom{4}{2}\binom{1}{1}\binom{8}{2}}{\binom{13}{5}}$$

(d) 5 是第 4 大號球且 11 是第 2 大號球，仿（c）之分析，這 5 個球分別是：1 球來自 {1，2，3，4}，1 球來自 {5}，1 球（第 3 大號球）來自 {6，7，8，9，10}，1 球來自 {11}，1 球來自 {12，13}

$$\therefore p=\frac{\binom{4}{1}\binom{1}{1}\binom{5}{1}\binom{1}{1}\binom{2}{1}}{\binom{13}{5}}$$

(e) 若定義事件 $A=5$ 是第 4 大號球，$B=11$ 是第 2 大號球則 $P(A\cup B)=P(A)+P(B)-P(A\cap B)$：

(i) $P(A)=P$（5 是第 4 大號球）

$$=\frac{\binom{8}{3}\binom{1}{1}\binom{4}{1}}{\binom{13}{5}}$$

(ii) $P(B)=P$（11 是第 2 大號球）

$$=\frac{\binom{10}{3}\binom{1}{1}\binom{2}{1}}{\binom{13}{5}}$$

$$\therefore P(A\cup B)=P(A)+P(B)-P(A\cap B)$$

$$=\frac{\binom{8}{3}\binom{1}{1}\binom{4}{1}}{\binom{13}{5}}+\frac{\binom{10}{3}\binom{1}{1}\binom{2}{1}}{\binom{13}{5}}$$

$$-\frac{\binom{4}{1}\binom{1}{1}\binom{5}{1}\binom{1}{1}\binom{2}{1}}{\binom{13}{5}}$$

例 1. 之 $\binom{n}{k}=\frac{n!}{k!(n-k)!}$，$n$，$k$ 為非負整數，當 n 很大時，

我們可用 Stirling 公式求 $n!$ 之近似值，即：

n 很大時，$n!\approx\sqrt{2n\pi}\ n^{n}e^{-n}$

例 1 旨在告訴讀者超幾何分佈之「分類」技巧，故組合式未展開求出，惟讀者在實作時應儘量求出結果。

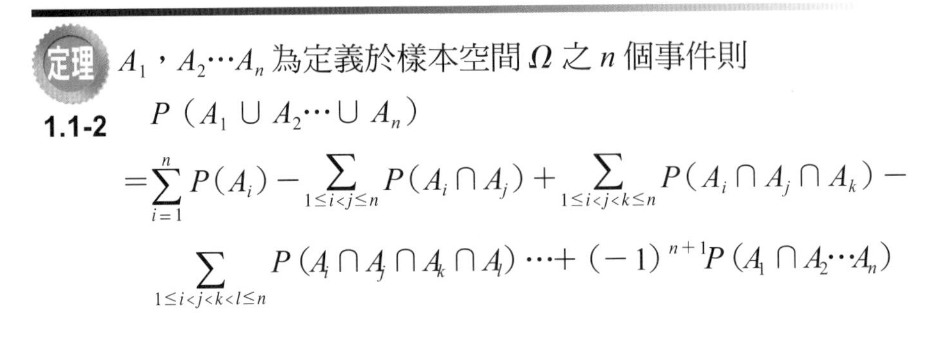

定理 1.1-2 A_1，$A_2\cdots A_n$ 為定義於樣本空間 Ω 之 n 個事件則

$$P(A_1\cup A_2\cdots\cup A_n)$$

$$=\sum_{i=1}^{n}P(A_i)-\sum_{1\le i<j\le n}P(A_i\cap A_j)+\sum_{1\le i<j<k\le n}P(A_i\cap A_j\cap A_k)-$$

$$\sum_{1\le i<j<k<l\le n}P(A_i\cap A_j\cap A_k\cap A_l)\cdots+(-1)^{n+1}P(A_1\cap A_2\cdots A_n)$$

例 2. （配對問題）將 n 個人之名片混在一起，然後將此 n 個名片與名片所有人之姓名作隨機配對，求至少有一正確配對

之機率

解

(a) 令 A_k ＝第 k 張名片與名片所有人一致，則 $P(A_1 \cup A_2 \cdots A_n)$ 表示 n 張名片“至少有 1 張”與名片所有人姓名配對一致之機率。

顯然：

$$P(A_k)=\frac{(n-1)!}{n!}=\frac{1}{n}\text{ , }S_1=\sum_{k=1}^{n}P(A_k)=\binom{n}{1}\frac{1}{n}=1$$

$$P(A_i\cap A_j)=\frac{(n-2)!}{n!}=\frac{1}{n(n-1)}\text{ ,}$$

$$S_2=\sum P(A_i\cap A_j)=\binom{n}{2}\frac{1}{n(n-1)}=\frac{1}{2!}$$

……

$$P(A_{i_1}\cap A_{i_2}\cdots\cap A_{i_k})=\frac{(n-k)!}{n!}\text{ , }S_k=\binom{n}{k}\frac{(n-k)!}{n!}=\frac{1}{k!}$$

……

$$P(A_1\cap A_2\cdots A_n)=\frac{1}{n!}\text{ , }S_n=\binom{n}{n}\frac{1}{n!}=\frac{1}{n!}$$

$$\begin{aligned}\therefore P(A_1\cup A_2\cdots\cup A_n)&=S_1-S_2+S_3\cdots+(-1)^{n+1}S_n\\&=1-\frac{1}{2!}+\frac{1}{3!}+\cdots+(-1)^{n+1}\frac{1}{n!}\\&\approx 1-e^{-1}\end{aligned}$$

例 3. 擲一均勻骰子 n 次，求各點均至少出現一次之機率。

解

我們不易直接解本題，但可用餘事件之角度解之

令 A_i ＝第 i 點不出現之事件，$i=1$，2，…6

則

只有 一點 i 不出現之機率

$$P(A_i)=\left(\frac{5}{6}\right)^n$$

有二點 i，j，不出現之機率

$$P(A_i\cap A_j)=\left(\frac{4}{6}\right)^n$$

……

$$\therefore P=1-\left[\sum_i P(A_i)-\sum_{i<j}P(A_i\cap A_j)+\sum_{i<j<k}P(A_i\cap A_j\cap A_k)\cdots\sum P(A_i\cap A_j\cap A_k\cap A_t\cap A_m)\right]$$

$$=1-\left[\binom{6}{1}\left(\frac{5}{6}\right)^n-\binom{6}{2}\left(\frac{4}{6}\right)^n+\binom{6}{3}\left(\frac{3}{6}\right)^n-\binom{6}{4}\left(\frac{2}{6}\right)^n+\binom{6}{5}\left(\frac{1}{6}\right)^n\right]$$

$$=1-\left[6\left(\frac{5}{6}\right)^n-15\left(\frac{4}{6}\right)^n+20\left(\frac{3}{6}\right)^n-15\left(\frac{2}{6}\right)^n+6\left(\frac{1}{6}\right)^n\right]$$

$$=1-6\left(\frac{5}{6}\right)^n+15\left(\frac{4}{6}\right)^n-20\left(\frac{3}{6}\right)^n+15\left(\frac{2}{6}\right)^n-6\left(\frac{1}{6}\right)^n$$

條件機率、機率獨立與 Bayes 定理

條件機率

定義 1.1-2 A，B 為定義於樣本空間 Ω 之二個事件，給定 B 發生之條件下，A 發生之**條件機率**（conditional probability）以 $P(A|B)$ 表示，$P(A|B)\triangleq\dfrac{P(A\cap B)}{P(B)}$，但 $P(B)\neq 0$。

依作者經驗，一些機率應用問題中，$P(A|B)$ 不一定需用定義計算，而可由題給條件自然帶出。

定理 1.1-3 **全機率定理**（total probability theorem）：若 A，B_1，$B_2 \cdots B_n$ 為定義於樣本空間 Ω 之事件，B_1，$B_2 \cdots B_n$ 為互斥則

$$P(A)=\sum_{i=1}^{n}P(A\mid B_i)P(B_i)，P(B_i)\neq 0，i=1，2\cdots n$$

差分方程式在機率解題上之應用

差分方程式（又稱遞迴關係）在解不定實驗次數之機率問題上是很有用，透過全機率公式 $P(E)=P(E\mid A)P(A)+P(E\mid \overline{A})P(\overline{A})$，$A$ 是我們要設條件的事件（即 condition on A），通常與第 1 次或第 $n-1$ 次“試行”有關，即可解出，如何設定事件 A 就成了隨機過程中重要技巧。

例 4. 某城每日降雨之機率為 p，求該城 n 日降雨天數為偶數之機率。

解

若我們令 p_n ＝該城 n 日降雨為偶數之機率，則

p_{n-1} ＝該城 $n-1$ 日降雨之機率為偶數之機率，我們不難建立下列遞迴關係：

$$p_n=(1-p_{n-1})p+p_{n-1}(1-p)$$

$$=p+(1-2p)p_{n-1} \quad (1)$$

$$p_n-\frac{1}{2}=p+(1-2p)p_{n-1}-\frac{1}{2} \quad (2)$$

$$=(1-2p)p_{n-1}-\frac{1}{2}(1-2p)$$

$$=(1-2p)\left(p_{n-1}-\frac{1}{2}\right)$$

令 $y_n = p_n - \frac{1}{2}$　則

$y_n = (1-2p)\, y_{n-1}$

此為 $r = 1-2p$ 之等比級數

$\therefore y_n = (1-2p)^n y_1$

$\left(p_n - \frac{1}{2}\right) = (1-2p)^n\left(p_1 - \frac{1}{2}\right) = (1-2p)^n\left(p - \frac{1}{2}\right)$

化簡之

$p_n = \frac{1}{2}(1-(1-2p)^{n+1})$

上例之 (1) 式兩邊各減 $\frac{1}{2}$ 便得 (2)，如何知道減 $\frac{1}{2}$？在 (1) 二邊令 $p_n = p_{n-1} = \alpha$，解得 $\alpha = \frac{1}{2}$

例 5. 甲袋含 a 個白球 b 個黑球，乙袋含 b 個白球 a 個黑球，從兩袋中任取一球後再放入原袋，若抽出為白球則下次由甲袋抽出一球，若為黑球則下次由乙袋抽出一球，如此反復為之，設第一球由甲袋開始，求第 n 球抽出為白球之機率。

解

設 p_n ＝第 n 次抽出為白球之機率，則

p_{n-1} ＝第 $n-1$ 次抽出為白球之機率，依題意：

$$p_n = p_{n-1}\cdot\frac{a}{a+b} + (1-p_{n-1})\frac{b}{a+b}$$
$$= \frac{a-b}{a+b}p_{n-1} + \frac{b}{a+b}$$

$$p_n - \frac{1}{2} = \frac{a-b}{a+b}p_{n-1} + \frac{b}{a+b} - \frac{1}{2}$$
$$= \frac{a-b}{a+b}\left(p_{n-1} - \frac{1}{2}\right)$$

令$y_n = p_n - \frac{1}{2}$則上式變為$y_n = \frac{a-b}{a+b}y_{n-1}$，此為$r = \frac{a-b}{a+b}$之等比級數。

$$\therefore y_n = \left(\frac{a-b}{a+b}\right)^n y_1$$

$$p_n - \frac{1}{2} = \left(\frac{a-b}{a+b}\right)^n \left(p_1 - \frac{1}{2}\right), \quad p_1 = \frac{a}{a+b}$$

得$p_n = \frac{1}{2} + \left(\frac{a-b}{a+b}\right)^n \left(\frac{a}{a+b} - \frac{1}{2}\right)$

機率獨立

1.1-3

1° A，B 為定義於樣本空間 Ω 之 2 個事件，若且惟若 $P(A \cap B) = P(A)P(B)$，則稱 A，B 為二獨立事件。

2° A，B，C 為定義於樣本空間 Ω 之 3 個事件，若且惟若 A，B，C 同時滿足下列條件：

(a) $P(A \cap B) = P(A)P(B)$

$P(A \cap C) = P(A)P(C)$

$P(B \cap C) = P(B)P(C)$

(b) $P(A \cap B \cap C) = P(A)P(B)P(C)$

則稱 A，B，C 為獨立事件。

例 6. 若 A_1，$A_2 \cdots A_n$ 為定義於樣本空間 Ω 之 n 個事件，求 A_1，$A_2 \cdots A_n$ 為獨立需幾個條件式？

解

A_1，$A_2 \cdots A_n$ 二二獨立，即 $P(A_i \cap A_j) = P(A_i)P(A_j)$

需 $\binom{n}{2}$ 個條件式

A_1，$A_2 \cdots A_n$ 三三獨立，即 $P(A_i \cap A_j \cap A_k) = P(A_i)P(A_j) \cdot P(A_k)$ 需 $\binom{n}{3}$ 個條件式

……

$\therefore A_1$，$A_2 \cdots A_n$ 為獨立需 $\binom{n}{2} + \binom{n}{3} + \cdots + \binom{n}{n} = \left[\sum_{i=0}^{n}\binom{n}{i} - \binom{n}{0} - \binom{n}{1}\right] = 2^n - 1 - n$ 個條件式。

定理 1.1-4 （Bayes 定理）：若 A，B_1，$B_2 \cdots B_n$ 為定義於樣本空間 Ω 之事件則

$$P(B_i \mid A) = \frac{P(A \mid B_i)P(B_i)}{\sum_{i=1}^{n} P(A \mid B_i)P(B_i)}$$，B_1，$B_2 \cdots B_n$ 為互斥

例 7. 一個單選題有 m 個選項，其中只有 1 項正確，A 君知道正確答案之機率為 p，若他不知道正確答案，他便要隨便猜一個，若知道答案則他一定答對。現在 A 君答對了，問 A 君確實知道答案的機率。

解

定義以下事件

K：A 君知道正確之事件

Y：A 君答對之事件，依題意：

已知：$P(K)=p$，$P(\overline{K})=1-p$

$$P(Y|K)=1，P(Y|\overline{K})=\frac{1}{m}$$

求算：$P(K|Y)$

由定理 1.1-4

$$P(K|Y)=\frac{P(Y|K)P(K)}{P(Y|K)P(K)+P(Y|\overline{K})P(\overline{K})}$$
$$=\frac{1\cdot p}{1\cdot p+\frac{1}{m}(1-p)}=\frac{mp}{(m-1)p+1}$$

有關條件機率或 Bayes 定理之應用問題，敘述可用“若 B 則 A 發生之機率”表達時，便可考慮 $P(A|B)$。

例 8. 有 A，B，C，D 4 人在玩一種遊戲：

A，B，C，D 各有二張紙牌，上面分別寫＋，－，由 A 先將手中任一張紙牌、出示給 B 看，B 根據 A 出示紙牌為＋還是－決定他要出示那一張牌給 C 看，如此下去，最後 D 出示他的一張紙牌。假定 A 出示紙牌＋之機率為 a，出示－為 $1-a$，而 B，C，D 出示與其前一位同一符號之機率均為 b，出示不同符號之機率均為 $1-b$，現已知 D 出示的是“＋”問當初 A 出示的也是“＋”之機率。

解

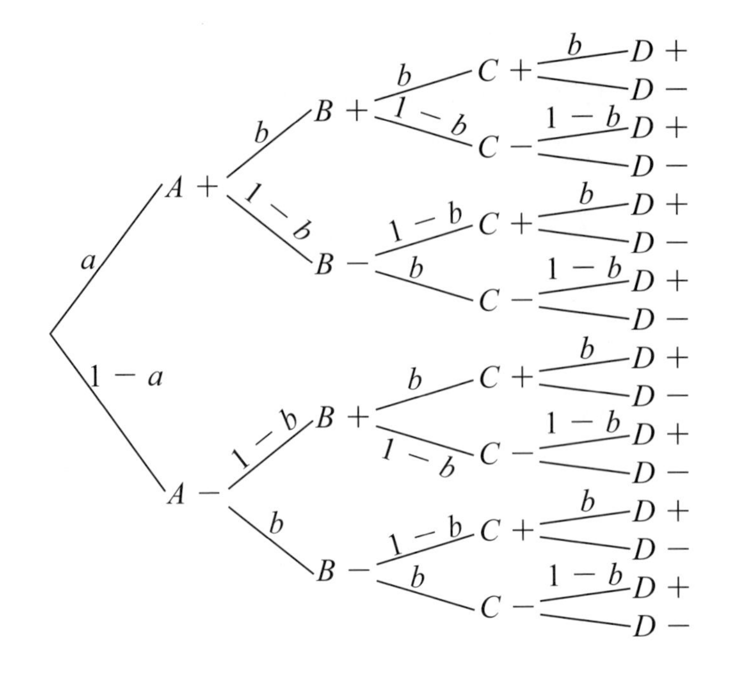

例 9. 若 $P(A \mid X=x)=P(B \mid X=x)$ 對所有 $X \leq x$ 均成立，若 $P(X=x) \neq 0$，試證 $P(A \mid X \leq x)=P(B \mid X \leq x)$

$$P(A+\mid D+)=\frac{P(D+\mid A+)P(A+)}{P(D+\mid A+)P(A+)+P(D+\mid A-)P(A-)}$$
$$=\frac{[b^3+3b(1-b)^2]a}{[b^3+3b(1-b)^2]a+[(1-b)^3+3b^2(1-b)](1-a)}$$

解

$\because P(A \mid X=x)=P(B \mid X=x)$，

$\Rightarrow P(A \mid X=x)P(X=x)=P(B \mid X=x)P(X=x)$

$\Rightarrow P(X=x \mid A)P(A)=P(X=x \mid B)P(B)$

$\therefore \sum_x P(X=x \mid A)P(A)=\sum_x P(X=x \mid B)P(B)$

$\Rightarrow P(X \leq x \mid A)P(A)=P(X \leq x \mid B)P(B)$

$\therefore P(A \mid X \leq x)P(X \leq x) = P(B \mid X \leq x)P(X \leq x)$

$\Rightarrow P(A \mid X \leq x) = P(B \mid X \leq x)$，$P(X \leq x) \neq 0$

問題 1-1

1. 設 $P(A) = p$，$P(B) = 1 - \varepsilon$，ε 為很小之數，試證

   $$\frac{p-\varepsilon}{1-\varepsilon} \leq P(A \mid B) \leq \frac{p}{1-\varepsilon}$$

2. 試比較 $P(A)P(B)$ 與 $P(A \cap B)$ 之大小

   Ans. $P(A)P(B) \geq P(A \cap B)$

3. 擲一均勻銅板 n 次，求正反面交互出現之機率

   Ans. $\frac{1}{2^{n-1}}$

4. 將 n 個相同大小的球隨機地放入 N 個箱子中，求第 1 個箱子有 m 個球之機率。

   Ans. $\frac{\binom{n}{m}(N-1)^{n-m}}{N^n}$

5. b 個男生，g 個女生隨機地排成一列，求第 j 個位置為男生之機率

   Ans. $\frac{1}{b+g}$

6. 橋牌遊戲，某一家之 13 張牌中包含 A，2，3，4…J，Q，K 之各種號碼（不論它們之花色）之機率

   Ans. $\frac{4^{13}}{\binom{52}{13}}$

7. n 個不同球放入 n 個盒中，求恰有一盒是空的機率

Ans. $\binom{n}{2}n! \Big/ n^n$

8. 將 n 雙鞋子混在一起，然後任取 $2r$ 隻鞋子（$n > 2r$）求 (a) 無法湊成雙 (b) 恰湊成一雙 (c) 恰湊成二雙之機率

Ans. (a) $\binom{n}{2r}2^{2r} \Big/ \binom{2n}{2r}$ (b) $n\binom{n-1}{2r-2}2^{2r-2} \Big/ \binom{2n}{2r}$

(c) $\binom{n}{2}\binom{n-2}{2r-4}2^{2r-4} \Big/ \binom{2n}{2r}$

9. 有 n 個盒子，每個盒子均含 α 個白球 β 個黑球，現由第 1 個盒子取出一球放入第 2 個盒子，再由第 2 個盒子取出一球放入第 3 個盒子，……然後由第 n 個盒子取出一球，若由第 1 個盒子放入第 2 個盒子是白球，求由第 n 個盒子取出白球之機率 p_n，又 $\lim_{n\to\infty} p_n = ?$

Ans. $p_n = \dfrac{\alpha}{\alpha+\beta} + \dfrac{\beta}{(\alpha+\beta)(\alpha+\beta+1)^{n-1}}$; $\dfrac{\alpha}{\alpha+\beta}$

10. $X(1)$，$X(2)$……是獨立服從相同機率分佈之隨機變數敘列，其分佈律為

$X(k)$	-1	1
p_i	q	p

，$1 > p > 0$，$n = 1$，2，$3\cdots$，$p + q = 1$

令 $Y(n) = \sum_{k=1}^{n} X(k), n \geq 1$

求 (a) $P(Y(1) \geq 0，Y(2) \geq 0，Y(3) \geq 0)$

(b) $P(Y(1) \geq 1，Y(2) \geq 2，Y(3) \geq 1)$

Ans. (a) $p^3 + 2p^2q$ (b) $p^3 + p^2q$

1.2　隨機變數與分佈

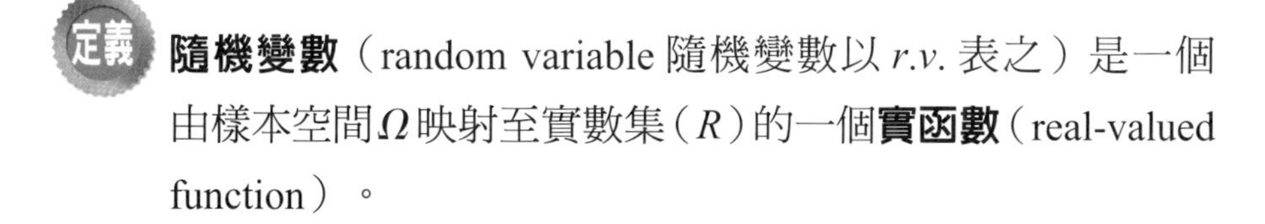

定義　**隨機變數**（random variable 隨機變數以 *r.v.* 表之）是一個由樣本空間 Ω 映射至實數集（R）的一個**實函數**（real-valued function）。

例 1.　擲一銅板 2 次，若定義 X＝出現正面次數，因樣本空間 $S=\{\omega_1=$（正，正），$\omega_2=$（正，反），$\omega_3=$（反，正），$\omega_4=$（反，反）$\}$ 則 $X(\omega_1)=2$，$X(\omega_2)=X(\omega_3)=1$，$X(\omega_4)=0$

隨機變數可分：

(a) 連續型隨機變數：若隨機變數之值域為實區間上之任何部分集合，則此隨機變數稱為連續型隨機變數

(b) 離散型隨機變數：若隨機變數之發生值為有限或**無限可數**（infinite countable）則此隨機變數稱為離散型隨機變數。

單變數隨機變數

1.2-2 $r.v.X$ 在區間（a，b]，（$a<b$）發生之機率為
$P(a<X\leq b)=P(\omega\in\Omega；X(\omega)\in(a，b])$ 則**分佈函數**（distribution function）為
$F(x)=P(X\leq x)$

1.2-1 $F(x)$ 為 $r.v.X$ 之分佈函數，則
(1) $0\leq F(x)\leq 1$
(2) $F(x)$ 為非遞減函數
(3) $\lim_{h\to 0^+}F(x+h)=F(x)$，即 $F(x)$ 為**右連續**（right continuous）
(4) $\lim_{x\to\infty}F(x)=1$ 且 $\lim_{x\to-\infty}F(x)=0$
(5) $P(a<X\leq b)=F_X(b)-F_X(a)$

我們用 $F_x(x)$ 只是強調 X 為 $r.v$，在不混淆情況下，也可寫成 $F(x)$

例 2. 若 $r.v.X$ 之 pdf 為

$$f(x)=\begin{cases}\frac{1}{3}，0<x<1\\ \frac{2}{3}，2<x<4\\ 0，其它\end{cases}$$ 求 X 之分布函數

解

(1) $x \leq 0$ 時　$F(x) = 0$

(2) $0 < x \leq 1$ 時　$F(x) = \int_0^x \frac{1}{3}\mathrm{d}t = \frac{x}{3}$

(3) $1 < x \leq 2$ 時　$F(x) = P(X \leq x) = \int_0^1 \frac{1}{3}\mathrm{d}t + \int_1^x 0\mathrm{d}t = \frac{1}{3}$

(4) $2 < x \leq 4$ 時　$\mathrm{F}(x) = P(X \leq x) = \int_0^1 \frac{1}{3}\mathrm{d}t + \int_1^2 0dt + \int_2^x \frac{1}{3}\mathrm{d}t = \frac{x-1}{3}$

(5) $x > 4$ 時　$F(x) = 1$

定義 1.2-3　X為一離散型$r.v.$，則定義$r.v.X$之**機率密度函數**（probability density function；pdf）或**機率質量函數**（probability mass function；pmf）$P(x)$為$P(x_i) = P(X = x_i) = P(\omega \in \Omega，X(\omega) = x_i)$且滿足

(1) $P(x_i) \geq 0$，$\forall\ x$　(2) $\sum_x P(x_i) = 1$，$\forall x$

X為連續型$r.v.$，若X之之機率密度函數$f(x)$，則$f(x) = \frac{\mathrm{d}}{\mathrm{d}x}F(x)$，且$f(x)$滿足

(1) $f(x) \geq 0$，$X \in (-\infty，\infty)$

(2) $\int_{-\infty}^{\infty} f(x)\ \mathrm{d}x = 1$

隨機變數之特徵數

定義 1.2-4（期望值）

1. X 為離散型 $r.v.$，其中 pmf 為 $P(X=x_i)=p_i$，$i=1$，$2\cdots$，若 $\sum_{i=1}^{\infty}|x_i|p_i<\infty$（即為有限值時），則 $r.v.X$ 之期望值 $E(X)$ 定義為 $E(X)\triangleq\sum_{i=1}^{\infty}x_ip_i$

2. $r.v.X$ 為連續型，其 pdf 為 $f(x)$，$x\in R$，若 $\int_{-\infty}^{\infty}|x|f(x)\,dx<\infty$ 則 $r.v.X$ 之期望值定義為 $E(X)\triangleq\int_{-\infty}^{\infty}xf(x)\,dx$

上述定義將 $r.v.X$ 是連續型還是離散型分開定義，在表達上較為麻煩，因此，隨機過程之學者遂引入了 Stieltjes 積分（也有人稱為 Lebesgue-Stieltjes 積分）：

期望值之 Stieltjes 積分形式為

$$E(X)\triangleq\int_{-\infty}^{\infty}x\,dF(x)$$

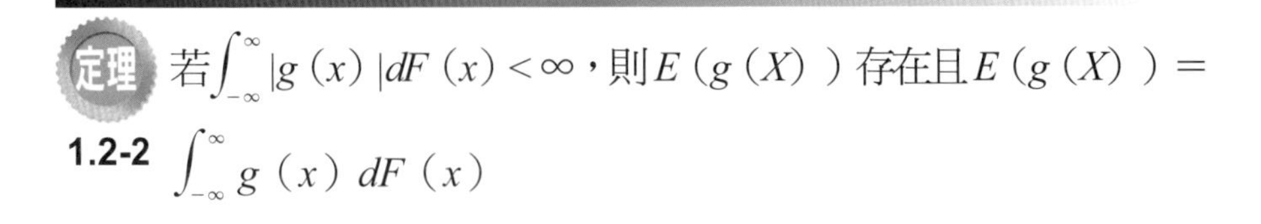

定理 1.2-2 若 $\int_{-\infty}^{\infty}|g(x)|dF(x)<\infty$，則 $E(g(X))$ 存在且 $E(g(X))=\int_{-\infty}^{\infty}g(x)\,dF(x)$

證明 設 X 之 pdf 為 $f(x)$，$Y=g(X)$ 之 pdf 為 $f_Y(y)$，則我們要證 $E(Y)=\int_{-\infty}^{\infty}g(x)f(x)\,dx$：

$$\int_{-\infty}^{\infty}xf_Y(x)\,dx=\int_{-\infty}^{0}xf_Y(x)\,dx+\int_{0}^{\infty}xf_Y(x)\,dx$$

但 $$\int_{o}^{\infty}xf_Y(x)\,dx=\int_{o}^{\infty}\left(\int_{o}^{x}dy\right)f_Y(x)\,dx=\int_{o}^{\infty}\int_{y}^{\infty}f_Y(x)\,dx\,dy=\int_{o}^{\infty}P(Y>y)\,dy$$

同法 $$\int_{-\infty}^{o}xf_Y(x)\,dx=-\int_{o}^{\infty}P(Y<-y)\,dy$$

$$\begin{aligned}
\therefore E(Y)&=\int_{0}^{\infty}P(Y>y)dy-\int_{0}^{\infty}P(Y<-y)dy\\
&=\int_{0}^{\infty}P(g(X)>y)dy-\int_{0}^{\infty}P(g(X)<-y)dy\\
&=\int_{0}^{\infty}\left(\int_{g(x)>y}f(x)dy\right)dy-\int_{0}^{\infty}\left(\int_{g(x)<-y}f(x)dx\right)dy\\
&=\int_{g(x)>0}\left(\int_{0}^{g(x)}dy\right)f(x)dx+\int_{g(x)<0}\left(\int_{0}^{-g(x)}dy\right)f(x)dx\\
&=\int_{g(x)>0}g(x)f(x)dx+\int_{g(x)<0}g(x)f(x)dx\\
&=\int_{-\infty}^{\infty}g(x)f(x)dx=\int_{-\infty}^{\infty}g(x)dF(x)
\end{aligned}$$

在隨機過程中，我們常會碰到期望值算子與 $\sum_{n=1}^{\infty}$ 是否可變的問題，下面定理即解答這個問題。

定理 1.2-3 若 X_1，$X_2\cdots$ 為非負 $r.v.$ 則 $E\left(\sum_{n=1}^{\infty}X_n\right)=\sum_{n=1}^{\infty}E(X_n)$，更一般地，對任意 $r.v.$ X_1，$X_2\cdots$，若 $\sum_{n=1}^{\infty}E(|X_n|)<\infty$ 則是 $E\left(\sum_{n=1}^{\infty}X_n\right)=\sum_{n=1}^{\infty}E(X_n)$

定理 1.2-3 之證明涉及分析學，故從略。

定理 1.2-4 若 $r.v.X$ 是非負的隨機變數，$F(x)$ 為 X 之分佈函數，令 $\overline{F}(x) = 1 - F(x)$ 則

(1) $E(X) = \mu = \int_0^\infty \overline{F}(x)\,\mathrm{d}x = \int_0^\infty P(X > x)\,\mathrm{d}x$

(2) $E(X^n) = \int_0^\infty nx^{n-1}\,\overline{F}(x)\,\mathrm{d}x = \int_0^\infty nx^{n-1}P(X > x)\,\mathrm{d}x$, $n > 0$

證明

(1)
$$\begin{aligned} E(X) &= \int_0^\infty x\mathrm{d}F(x) = \int_0^\infty \int_0^x \mathrm{d}t\mathrm{d}F(x) \\ &= \int_0^\infty \Big[\int_t^\infty \mathrm{d}F(x)\Big]\mathrm{d}t = \int_0^\infty F(x)\Big]_t^\infty \mathrm{d}t \\ &= \int_0^\infty (1 - F(t))\,\mathrm{d}t = \int_0^\infty \overline{F}(x)\,\mathrm{d}x = \int_0^\infty P(X > x)\,\mathrm{d}x \end{aligned}$$

(2)
$$\begin{aligned} E(X^n) &= \int_0^\infty P(X^n > x)\,\mathrm{d}x = \int_0^\infty P(X > x^{\frac{1}{n}})\,\mathrm{d}x \\ &\overset{y = x^{\frac{1}{n}}}{=\!=\!=} \int_0^\infty P(X > y)\,ny^{n-1}dy = \int_0^\infty ny^{n-1}P(X > y)\,dy \end{aligned}$$

即 $E(X^n) = \int_0^\infty nx^{n-1}P(X > x)\,\mathrm{d}x$

我們定義 $r.v.X$ **變異數**（variance）$V(X)$ 為

$$\begin{aligned} \mathrm{V}(X) &= E(X - E(X))^2 , \\ &= E(X^2) - E^2(X) \end{aligned}$$

若 $\mathrm{V}(X)$ 為 $r.v.X$ 之變異數則 $\sqrt{\mathrm{V}(X)}$ 為 $r.v.X$ 之**標準差**（standard deviation），因標準差是判斷數據分散的程度，負值並無意義，因此，若 $r.v.X$ 之變異數為 4，則標準差是 2，而不是 ±2。

習慣上，我們常用 μ，σ^2 表示 $r.v.X$ 之期望值與變異數。

動差生成函數與特徵函數

定義 1.2-5 $r.v.X$ 之**動差生成函數**（moment generating function mgf）以 $M(t)$ 表示：

$$M(t) \triangleq E(e^{tX}) = \int_{-\infty}^{\infty} e^{tx}\,dF(x)$$

$r.v.X$ 之**特徵函數**（characteristic function）以 $\phi(t)$ 表示：

$$\phi(t) \triangleq E(e^{itX}) = \int_{-\infty}^{\infty} e^{itx}\,dF(x)，i = \sqrt{-1}$$

顧名思義，我們可用動差生成函數求出 $r.v.X$ 之各級**動差**（moment）；一般常用之動差有二種：

1. 以期望值為中心之 r 級動差：

$$E((X-\mu)^r) = \int_{-\infty}^{\infty} (x-\mu)^r\,dF(x)$$

2. 以原點為中心之 r 級動差：$E(X^r) = \int_{-\infty}^{\infty} x^r\,dF(x)$

***r.v.X* 之動差生成函數不恒存在，若存在則與其機率分佈有一對一之對應關係**，亦即一旦知道 $r.v.X$ 之動差生成函數，我們便可確定其機率分佈，而**特徵函數恒存在，它與機率分佈間亦有一對一之關係**。換言之，若 $\phi_X(t)$，$\phi_Y(t)$ 存在，$F_X(\cdot) = F_Y(\cdot) \Leftrightarrow \phi_X(t) = \phi_Y(t)$，且由泰勒展開式易知：

$$E(X^n) = \frac{d^n}{dt^n} M_X(t)\Big|_{t=0}$$

或 $E(X^n) = i^{-n} \frac{d^n}{dt^n} \phi_X(t)\Big|_{t=0}$

兩個不等式

1. Markov 不等式

$r.v.X$ 為非負，$t > 0$，則

1.2-5 $P(X \geq t) \leq \dfrac{E(X)}{t}$

$$E(X) = \int_0^\infty x\mathrm{d}F(x)$$
$$= \int_0^t x\mathrm{d}F(x) + \int_t^\infty x\mathrm{d}F(x) \geq \int_t^\infty x\mathrm{d}F(x)$$
$$\geq t\int_t^\infty \mathrm{d}F(x) = tP(X \geq t)$$
$$\therefore P(X \geq t) \leq \frac{E(X)}{t}$$

2. Chebyshev 不等式

若 $r.v.X$ 之期望值 μ 與變異數 σ^2 均為有限，$k > 0$，

1.2-5-1 則 $P\ (|X - \mu| \geq k) \leq \dfrac{\sigma^2}{k^2}$

方法一：應用 Markov 不等式：

$(X - \mu)^2$ 為非負之隨機變數，由 Markov 不等式

$$P((X - \mu)^2 \geq k^2) \leq \frac{E(X - \mu)^2}{k^2} = \frac{\sigma^2}{k^2}$$

但 $P\left((X-\mu)^2 \geq k^2\right) = P\left(|X-\mu| \geq k\right)$

$\therefore P(|X-\mu| \geq k) \leq \dfrac{\sigma^2}{k^2}$

方法二：

$$E(X-\mu)^2 = \int_{-\infty}^{\infty} (X-\mu)^2 \mathrm{d}F = \int_A (X-\mu)^2 \mathrm{d}F + \int_{\bar{A}} (X-\mu)^2 \mathrm{d}F, (A = \{x \mid |X-\mu| \geq k\})$$
$$\geq \int_A (X-\mu)^2 \mathrm{d}F \geq k^2 \int_A \mathrm{d}F$$
$$= k^2 P\left(|X-\mu| \geq k\right)$$

$$\therefore P(|X-\mu| \geq k) \leq \frac{E(X-\mu)^2}{k^2} = \frac{\sigma^2}{k^2}$$

多變數隨機變數

1.2-6

1. 若 X，Y 為二離散型 $r.v.$，則：

(1) X，Y **結合機率質量函數**（joint probability mass function）定義為 $P_{XY}(x, y) = P(X = x, Y = y)$

(2) 結合分佈函數 $F_{XY}(x, y)$ 定義為

$$F_{XY}(x, y) = \sum_{a \leq x} \sum_{b \leq y} P_{XY}(a, b)$$

(3) X，Y 之**邊際密度函數**（marginal density function）$P_X(x)$，$P_Y(y)$ 分別定義為

$$P_X(x) = \sum_y P_{XY}(x, y)$$

$$P_Y(y) = \sum_x P_{XY}(x, y)$$

(4) X，Y 獨立記做 $X \perp\!\!\!\perp Y$，定義：為 $P_{XY}(x,y) = P_X(x)$ $P_Y(y)$

2. 若 X，Y 為二連續型 $r.v.$，則：

(1) X，Y 結合機率分佈函數定義為 $F_{XY}(x,y) = \int_{-\infty}^{x}\int_{-\infty}^{y} f_{XY}(x,y)\,du\,dv$

(2) X，Y 之結合密度函數 $f_{XY}(x,y)$ 定義為

$$f_{XY}(x,y) = \frac{\partial^2}{\partial x \partial y} F(x,y)$$

(3) X，Y 之邊際密度函數 $f_X(x)$，$f_Y(y)$ 分別定義為

$$f_X(x) = \int_{-\infty}^{\infty} f_{XY}(x,y)\,dy$$

$$f_Y(y) = \int_{-\infty}^{\infty} f_{XY}(x,y)\,dx$$

(4) X，Y 獨立記做 $X \perp\!\!\!\perp Y$，定義為 $F_{XY}(x,y) = F_X(x)F_Y(y)$

條件機率密度函數

因為連續 $r.v.X$ 之 $P(X=b)=0$，$P(a<X\leq b) = P(a<X<b \cup X=b) = P(a<X<b)+P(X=b) = P(a<X<b)$，所以連續 $r.v.X$ 時 $P(a<X<b) = P(a<X\leq b) = P(a\leq X<b) = P(a\leq X\leq b)$ 成立，但在離散 $r.v.$ 時，這些等式關係便不成立。

因為 X 為連續 rv 時，$P(X=x)=0$，使得 $P(Y\leq y \mid X=x)$ 無意義，因此，定義 $P(A \mid X=x) = \lim_{h\to 0} P(A \mid x<X\leq x+h)$ 現證明 $P(Y\leq y \mid x+h\geq X>x) \approx F(y|x)$：

$$\lim_{h\to 0} P(x+h \geq X > x) = \int_x^{x+h} f(s)\,\mathrm{d}s = f(\varepsilon)\,h\,,\ x+h \geq \varepsilon > x\,,$$

（積分中值定理）$\therefore \lim_{h\to 0} P\,(x+h \geq X > x) \approx fX\,(x)\,h$，其次

$$F\,(y \mid x) = P\,(Y \leq y \mid x+h \geq X > x)$$

$$= \frac{P\,(Y \leq y\,,x+h \geq X > x)}{P\,(x+h \geq X > x)} = \frac{\int_{-\infty}^{y}\int_{x}^{x+h} f\,(s\,,t)\,\mathrm{d}s\,\mathrm{d}t}{f_X\,(x)\,h}$$

$$= \frac{\int_{-\infty}^{y} f\,(x\,,t)\,h\mathrm{d}t}{f_X\,(x)\,h} = \frac{\int_{-\infty}^{y} f(x,t)\,dt}{f_X(x)}$$

$$= F\,(y \mid x+h \geq X > x)$$

$$\therefore f\,(y \mid x+h \geq X > x) = \frac{f\,(x\,,y)}{f_X(x)}$$

我們亦可推論出：

$$F(z \mid M) = P\,(Z \leq z \mid M) = \frac{P\,(Z \leq z\,,M)}{P\,(M)}$$

所以我們有以下定義：

定義 1.2-7

1. 若 X，Y 為離散型 $r.v.$ 其結合機率質量函數 $PXY\,(x，y)$ 及邊際密度函數 $PX\,(x)$，$PY\,(y)$ 則給定 $Y=y$ 下 X 之**條件機率質量函數**（conditional probability mass function）$PX|y\,(x \mid y)$ 定義為

$$PX|y\,(x \mid y) = \frac{P_{XY}(x\,,y)}{P_Y(y)}\text{，}PY\,(y) > 0.$$

給定 $Y=y$ 下 X 之條件分佈函數 $FX|y\,(x \mid y)$ 定義為：

$$FX|y\,(x \mid y) = \sum_{a \leq x} \frac{P_{XY}(a\,,y)}{P_Y(y)}\text{，}PY\,(y) > 0.$$

同法可定義 $PY|x\,(y \mid x)$ 與 $FY|x\,(y \mid x)$

2. 當 X，Y 為連續型 $r.v.$，X，Y 之結合密度函數 $fXY\,(x\,,y)$，

則有關之**條件機率密度函數**（conditional probability density function）與條件分布函數為：

$$f_{X|y}(x|y)=\frac{f_{XY}(x,y)}{f_Y(y)}，f_Y(y)>0$$

$$f_{Y|x}(y|x)=\frac{f_{XY}(x,y)}{f_X(x)}，f_X(x)>0$$

以及

$$F_{X|y}(x|y)=\int_{-\infty}^{x}\frac{f_{XY}(a,y)}{f_Y(y)}da$$

$$F_{Y|x}(y|x)=\int_{-\infty}^{y}\frac{f_{XY}(x,a)}{f_X(x)}da$$

在不致混淆下，$F_{x|y}(x|y)$ 亦可逕寫成 $F(x|y)$，$f_{Y|x}(y|x)$ 寫成 $f(y|x)$，以此類推其餘。

由定義 1.2-7 不難得知 $f(x,y|a<X\le b)=\dfrac{f(x,y)}{F_X(b)-F_X(a)}$，

$$b>x>a \text{ 與 } f_Y(y|a<X\le b)=\frac{\int_a^b f(x,y)\,dx}{F(b)-F(a)}$$

例 3. 試證

(a) $F(x|M)=\dfrac{P(M|X\le x)F_X(x)}{P(M)}$

(b) $P(M)=P(M|X\le x)F(x)+P(M|X>x)(1-F(x))$

解

(a) $F(x \mid M) = \dfrac{P(X \le x, M)}{P(M)} = \dfrac{P(M \mid X \le x) P(X \le x)}{P(M)}$

$= \dfrac{P(M \mid X \le x)}{P(M)} F_X(x)$

(b) $P(M) = P(M \mid X \le x) P(X \le x) + P(M \mid X > x)[1 - P(X \le x)] = P(M \mid X \le x) F(x) + P(M \mid X > x)(1 - F(x))$

共變數與相關係數

定義 1.2-8 二個 r.v. X，Y之**共變數**（covariance）以 Cov（X，Y）表之，Cov $(X, Y) \triangleq E(X - \mu_X)(Y - \mu_Y)$ X，Y之**相關係數**（correlation coefficient）ρ 為

$$\rho \triangleq \frac{\text{Cov}(X, Y)}{\sigma_X \sigma_Y}$$

我們可證明：

1. $\text{Cov}(X, Y) = E((X - \mu_X)(Y - \mu_Y)) = E(XY) - \mu_X \mu_Y$ 從而 $\rho = \dfrac{E(XY) - \mu_X \mu_Y}{\sigma_X \sigma_Y}$
2. $1 \ge \rho \ge -1$。
3. $\rho = 1$ 或 -1 時，X與Y有直線關係，其逆亦成立。
4. $V(X \pm Y) = V(X) \pm 2\text{Cov}(X, Y) + V(Y)$；$X \perp\!\!\!\perp Y$ 時 $V(X \pm Y) = V(X) + V(Y)$
5. $E(X^2) E(Y^2) \ge (E(XY))^2$，此即 Cauchy-Schwartz 不

等式。

例 4. X，Y 為期望值是 0，標準差為 1 之二個 *r.v.* 若 X，Y 之相關係數為 ρ，(a) 試證 $E(\max(X^2, Y^2)) \le 1+\sqrt{1-\rho^2}$ (b) 由 (a) 證 $P(|X-\mu_X| \ge \lambda\sigma_X$ 或 $|Y-\mu_Y| \ge \lambda\sigma_Y) \le \frac{1}{\lambda^2}(1+\sqrt{1-\rho^2})$，$\lambda > 0$

解

(a) 利用 $\max(\alpha, \beta) = \frac{1}{2}(\alpha+\beta+|\alpha-\beta|)$：

$$
\begin{aligned}
E(\max(X^2, Y^2)) &= \frac{1}{2}E[(X^2+Y^2+|X^2-Y^2|)] \\
&= \frac{1}{2}E(X^2+Y^2)+\frac{1}{2}E(|X^2-Y^2|) \\
&= 1+\frac{1}{2}E(|X^2-Y^2|) \qquad (1)
\end{aligned}
$$

$E(|X^2-Y^2|) = E(|X+Y||X-Y|)$

$$
\begin{aligned}
\text{但 } E^2(|X^2-Y^2|) &\le E(|X+Y|^2)\,E(|X-Y|^2) \\
&= E(X^2+Y^2+2XY)\,E(X^2+Y^2-2XY) \\
&= 2E(1+XY) \cdot 2E(1-XY) \\
&= 4(1+EXY)(1-EXY) \qquad (2)
\end{aligned}
$$

$$\text{又 } \rho = \frac{EXY-\mu_X\mu_Y}{\sigma_X\sigma_Y} = EXY \qquad (3)$$

$\therefore E^2(|X^2-Y^2|) \le 4(1+\rho)(1-\rho)$

$$E(|X^2-Y^2|) \le 2(1-\rho^2)^{1/2} \qquad (4)$$

代 (4) 入 (1) 得

$$E[\max(X^2, Y^2)] = 1 + \frac{1}{2}E(|X^2 - Y^2|) \le 1 + \frac{1}{2}\cdot 2(1-\rho^2)^{1/2}$$
$$= 1 + \sqrt{1-\rho^2}$$

(b) $Z_1 = \dfrac{X-\mu_X}{\sigma_X}, Z_2 = \dfrac{Y-\mu_Y}{\sigma_Y}$ 則 $E(Z_1) = 0$，$V(Z_1) = 1$

$E(Z_2) = 0$，$V(Z_2) = 1$

$P(|X-\mu_X| \ge \lambda\sigma_X$ 或 $|Y-\mu_Y| \ge \lambda\sigma_Y)$

$= P\left(\dfrac{|X-\mu_X|}{\sigma_X} \ge \lambda \text{ 或 } \dfrac{|Y-\mu_Y|}{\sigma_Y} \ge \lambda\right)$

$= P(Z_1^2 \ge \lambda^2 \text{ 或 } Z_2^2 \ge \lambda^2) = P(\max(Z_1^2, Z_2^2) \ge \lambda^2)$

$\le \dfrac{E[\max(Z_1^2, Z_2^2)]}{\lambda^2} \le \dfrac{1}{\lambda^2}(1+\sqrt{1-\rho^2})$，由（a）之結果

隨機變數的函數

本子節我們要復習的是隨機變數的函數，分：

(1) X 為一個 $r.v.$，$g(x)$ 為實變數 x 之函數，那麼 $Y = g(X)$ 仍為一個 $r.v.$，Y 的機率密度函數是？

(2) X, Y 為二個 $r.v.$，$g(x, y)$ 為實變數 x，y 之函數，那麼 $Z = f(X, Y)$ 仍為 $r.v.$，它的機率密度函數＝？

$Y = g(X)$

設 $y = g(x)$ 為 x 之一個單值函數，即一對一函數，且 $g'(x)$ 存在，則

$$F_X(x) = P(X \le x) = P(g^{-1}(Y) \le x) = P(Y \le g(x))$$
$$= \int_0^{g(x)} f_Y(y)\,dy$$

$$f_X(x) = f_Y(g(x)) \cdot g'(x) = f_Y(y)\left|\frac{dy}{dx}\right|$$

$$\therefore f_Y(y) = f_X(x)\left|\frac{dx}{dy}\right|, \left|\frac{dx}{dy}\right| \text{ 為 Jacobian 之絕對值。}$$

若 $y = g(x)$ 在區間 I 不為單值函數時，可將 I 作一切割，使得 $y = g(x)$ 在每個子區間均為 X 之單值函數，然後將定義域相同之 $g(y)$ 相加即可。

例 5. 若 $r.v.X \sim U(-1, 2)$ 求 $Y = X^2$ 之 pdf.

解

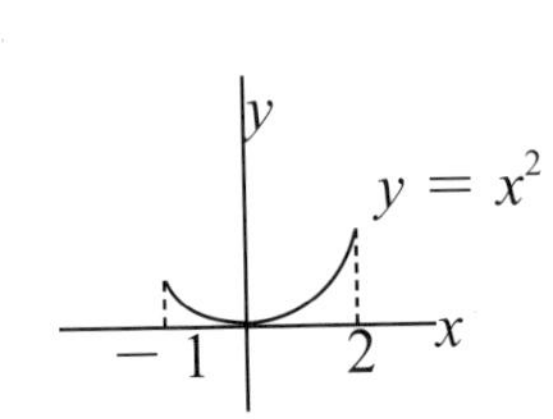

$y = x^2$ 在 $(-1, 2)$ 間不為單值函數，但我們將 $I = (-1, 2)$ 分成 $(-1, 0)$ 與 $(0, 2)$ 二區間，則 $y = x^2$ 在 $(-1, 0)$ 與 $(0, 2)$ 間均為單值函數，$U(-1, 2)$ 之 pdf 為

$$f(x) = \begin{cases} \frac{1}{3}, 2 > x > -1 \\ 0, \text{其它} \end{cases}$$

(1) $2 > x > 0$ 時，$4 > y > 0$

$$\therefore f_Y(y) = \frac{1}{3}\left|\frac{1}{2\sqrt{y}}\right| = \frac{1}{6\sqrt{y}}, 4 > y > 0 \quad (1)$$

(2) $0 > x > -1$ 時，$1 > y > 0$

$$\therefore f_Y(y) = \frac{1}{3}\left|\frac{1}{2\sqrt{y}}\right| = \frac{1}{6\sqrt{y}}, 1 > y > 0 \quad (2)$$

由 (1)，(2)

$$f_Y(y) = \begin{cases} \frac{1}{3\sqrt{y}}, 1 > y > 0 \\ \frac{1}{6\sqrt{y}}, 4 > y > 1 \end{cases}$$

$Y_1 = u_1(X_1, X_2)$，$Y_2 = u_2(X_1, X_2)$

給定 X_1，X_2 為連續 r.v.，結合密度函數 $f(x_1, x_2)$，μ_1，μ_2 均為可逆函數，若轉換 $y_1 = \mu_1(x_1, x_2)$，$y_2 = \mu_2(x_1, x_2)$，則可求出 $x_1 = \omega_1(y_1, y_2)$，$x_2 = \omega_2(y_1, y_2)$，以及 Jacobian，$|J|$

$$|J| = \begin{vmatrix} \frac{\partial x_1}{\partial y_1} & \frac{\partial x_1}{\partial y_2} \\ \frac{\partial x_2}{\partial y_1} & \frac{\partial x_2}{\partial y_2} \end{vmatrix}_+$$ ，$|\ \ |_+$ 表示行列式之絕對值

則我們可建立 Y_1，Y_2 之結合密度函數 $g(y_1, y_2)$：

$g(y_1, y_2) = f(\omega_1(y_1, y_2), \omega_2(y_1, y_2))|J|$，

一個常見的情況是：已知 X_1，X_2 之結合密度函數，要求 $Y_1 = u_1(X_1, X_2)$ 之機率密度函數。此時我們要找一個輔助函數 $Y_2 = \mu_2(X_1, X_2)$，求出 Y_1，Y_2 之結合密度函數，再求出 Y_1 之邊際密度函數。

例 6. r.v. X，Y 均獨立服從 $U(0, 1)$，求 $Z = X - Y$ 之機率密度函數。

解

$$f(x, y) = \begin{cases} 1, & 1 > x > 0,\ 1 > y > 0 \\ 0, & \text{其它} \end{cases}$$

令 $\begin{cases} z = x - y \\ \omega = y \end{cases}$ 則 $\begin{cases} z + \omega = x \\ \omega = y \end{cases}$

$\because \begin{cases} 1 > x > 0 \\ 1 > y > 0 \end{cases}$ $\therefore \begin{cases} 1 > z + \omega > 0 \\ 1 > \omega > 0 \end{cases}$

又 $|J| = \begin{vmatrix} \frac{\partial x}{\partial z} & \frac{\partial x}{\partial \omega} \\ \frac{\partial y}{\partial z} & \frac{\partial y}{\partial \omega} \end{vmatrix}_+ = \begin{vmatrix} 1 & 1 \\ 0 & 1 \end{vmatrix}_+ = 1$

$\therefore f(z, \omega) = 1$

$$f_Z(z) = \begin{cases} \int_0^{1-z} d\omega = 1 - z & , 1 > z > 0 \\ \int_{-z}^{1} d\omega = 1 + z & , 0 > z > -1 \end{cases}$$

幾個常見之機率分佈

本節將介紹一些基本之機率密度函數，並將重要之結果作一概述，讀者在學習過程中宜把握：

(1) 部份常用機率分佈之 μ 與 σ^2

(2) 某些機率分佈間之關係

(3) 部份機率分佈之$Y = \sum_{i=1}^{n} X_i$之分佈

1. **均匀分佈**（uniform distribution）

若 $r.v.X$ 之 pdf 為

$$f(x) = \begin{cases} \frac{1}{b-a}, & b > x > a \\ 0, & \text{其它} \end{cases}$$

則稱 $r.v.X$ 在（a，b）為均匀分佈，以 $r.v.X \sim U(a, b)$ 表之。

1.2-5

若 $r.v.X$ 之分佈函數為 $F(x)$，則 $Y = F(X) \sim U(0, 1)$

證明 $F_Y(y)=P(Y\le y)=P(F(X)\le y)=P(X\le F^{-1}(y))$
$=F(F^{-1}(y))=y$

$\therefore Y\sim U(0,1)$

例如 $r.v.\ X\sim n(\mu,\sigma^2)$，則

$$Y=\int_{-\infty}^{X}\frac{1}{\sqrt{2\pi}\,\sigma}\,e^{-\frac{(x-\mu)^2}{2\sigma^2}}\,dx\sim U(0,1)$$

上述定理在系統模擬中極為重要。

2. Bernoulli 分佈，二項分佈，幾何分佈與負二項分佈

Bernoulli 分佈，二項分佈，幾何分佈與負二項分佈基本上都有些關聯，它們有下列共通點：所有試行之結果只有成功與失敗兩種，成功與失敗之機率分別為 p，q（或 $1-p$），$p+q=1$，$1\ge p$，$q\ge 0$。且這些試行均為獨立。

(1) Bernoulli 分佈

若 $r.v.X$ 之 pmf 為

$$f(x,p)=\begin{cases}p^x(1-p)^{1-x}, & x=0,1\\ 0 & ,\text{其它}\end{cases}$$

則稱 $r.v.X$ 服從參數是 p 之 Bernoulli 分佈以 $r.v.X\sim\text{Ber}(p)$ 表之。若 $r.v.X\sim\text{Ber}(p)$ 則 $r.v.X\sim b(1,p)$，換言之 **$r.v.X\sim\text{Ber}(p)$ 與 $r.v.X\sim b(1,p)$ 同義**。

(2) 二項分佈

若 $r.v.X$ 之 pdf 為 $f(x,p)=\binom{n}{x}p^x(1-p)^{n-x}$，$x=0,1,2\cdots n$，則稱 $r.v.X$ 服從參數為 n，p 之二項分佈以 $r.v.X\sim b(n,p)$ 表之。

1.2-6 若 $r.v.X\sim b(n,p)$ 則 $\mu = np$，$\sigma^2 = np(1-p)$，動差生成函數 $M(t) = E(e^{tX}) = (pe^t + q)^n$

1.2-7 x_1，$x_2 \cdots x_n$ 均獨立服從 Ber（p）則
$Y = X_1 + X_2 + \cdots + X_n \sim b(n,p)$

1.2-8 X_1，$X_2 \cdots X_k$ 均獨立服從 $b(n_i,p)$，$i = 1, 2 \cdots k$ 則
$Y = X_1 + X_2 + \cdots + X_k \sim b(n_1 + n_2 + \cdots + n_k, p)$

(3) **幾何分佈**

若 $r.v.X$ 之 pdf 為 $f(x,p) = pq^{x-1}$，$x = 1, 2 \cdots$ $p + q = 1$ 則稱 $r.v.X$ 服從參數為 p 之幾何分佈以 $r.v.X \sim \text{Geo}(p)$ 表之。它的機率意義是"獨立試行 $x-1$ 次失敗後之第 x 次試行為成功之機率"

(4) **負二項分佈**

若 $r.v.X$ 之 pdf 為

$$f(x, p) = \binom{x-1}{r-1} p^r q^{x-r}，x = r, r+1, \cdots$$

則稱 $r.v.X$ 服從參數為 r，p 之負二項分佈以 $r.v.X \sim NB(x, r, p)$ 它的機率意義是：若事件成功之機率為 p，則第 r 次成功恰發生在第 n 次試行上之機率為 $P(X = n) = \binom{n-1}{r-1} p^r (1-p)^{n-r}$。

上述定義可看做"在前 $n-1$ 次試行恰成功 $r-1$ 次，且第 n 次試行成功”之機率，因此 $P(X=n)=\binom{n-1}{r-1}p^{r-1}(1-p)^{n-r}p=\binom{n-1}{r-1}$

• $p^r(1-p)^{n-r}$，$n=r$，$r+1\cdots$

取 $k=n-r$，它還有另一種表示方法：

$$P(X=k)=\binom{r+k-1}{r-1}p^r(1-p)^k，k=0,1,\cdots$$

定理 1.2-9 若 $r.v.X$~Geo（p）則 $r.v.\ X\sim NB$（1，p），若 X_1，$X_2\cdots X_n$ 均獨立服從 Geo（p）則 $Y=X_1+X_2+\cdots+X_n\sim NB(n,p)$

定理 1.2-10 若 $r.v.X$~NB（r，p）則

$$\mu=\frac{r}{p},\sigma^2=\frac{rq}{p^2}$$

3. **卜瓦松分佈，指數分佈與 Gamma 分佈**

(1) **卜瓦松分佈**

若 $r.v.X$ 之 pdf 為

$f(x,\lambda)=\dfrac{e^{-\lambda}\lambda^x}{x!},x=0,1,2\cdots$ 則稱 $r.v.X$ 服從參數 λ 之卜瓦松分佈，以 $r.v.X\sim Po(\lambda)$ 表之。

定理 1.2-11 若 $r.v.X$~$P_o(\lambda)$ 則 $\mu=\sigma^2=\lambda$，$M(t)=E(e^{tX})=e^{\lambda(e^t-1)}$

定理 1.2-12 若 $r.v.X_1$，$X_2 \cdots X_n$ 均獨立服從 $P_o(\lambda_i)$ $i=1$，$2\cdots$則 $Y = X_1 + X_2 + \cdots + X_n \sim P_o(\lambda_1 + \lambda_2 + \cdots + \lambda_n)$

定理 1.2-13 若 $r.v.X \sim b(n, p)$，當 $n \to \infty$ 時且若 $\lambda = np$ 為定值則 $b(n, p) \to P_o(\lambda)$

證明見問題 1-4 第 4 題。

(2) **指數分佈**

若 $r.v.X$ 之 pdf 為

$f(x, \lambda) = \lambda e^{-\lambda x}$，$x > 0$ 則稱 $r.v.X$ 服從期望數（平均數）為 $\frac{1}{\lambda}$ 之指數分佈以 $r.v.X \sim \text{Exp}(\lambda)$ 表之。

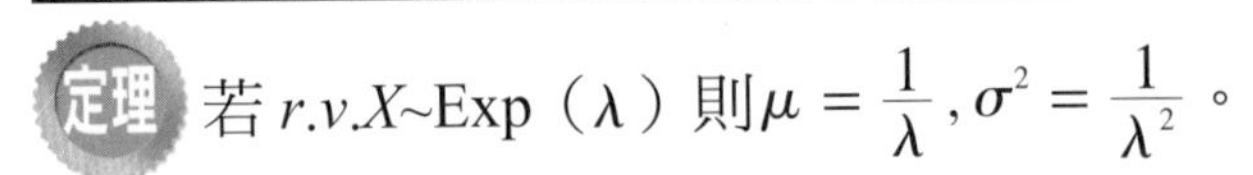

定理 1.2-14 若 $r.v.X \sim \text{Exp}(\lambda)$ 則 $\mu = \frac{1}{\lambda}, \sigma^2 = \frac{1}{\lambda^2}$。

定義 1.2-8 若且惟若 $r.v.X$ 滿足 $P(X > s + t \mid X > t) = P(X > s)$ 則該 $r.v.$ 具有**健忘性**（memoryless）

定理 1.2-15 若 $r.v.\ X \sim \text{Exp}(\lambda)$ 則 $P(X > s + t \mid X > t) = P(X > s)$，其逆亦成立。

證明 "⇒"

$P(X>s+t \mid X>t)$

$$=\frac{P(X>s+t,X>t)}{P(X>t)}=\frac{P(X>s+t)}{P(X>t)}=\frac{e^{-\lambda(s+t)}}{e^{-\lambda t}}=e^{-\lambda s}$$

$=P(X>s)$

"⇐"

$P(X>s+t \mid X>t)=P(X>s)$

$$\Rightarrow \frac{P(X>s+t)}{P(X>t)}=P(X>s)$$

$$\Rightarrow \frac{\overline{F}(s+t)}{\overline{F}(t)}=\overline{F}(s)$$

令 $g(x)=\overline{F}(x)$，則上式變為

$g(s+t)=g(s)g(t)$

$$\because g\left(\frac{2}{n}\right)=g\left(\frac{1}{n}+\frac{1}{n}\right)=g\left(\frac{1}{n}\right)g\left(\frac{1}{n}\right)=\left[g\left(\frac{1}{n}\right)\right]^2$$

$\vdots$

$$g\left(\frac{m}{n}\right)=g\underbrace{\left(\frac{1}{n}+\frac{1}{n}+\cdots+\frac{1}{n}\right)}_{m\text{個}}=\left[g\left(\frac{1}{n}\right)\right]^m$$

$$\therefore g(1)=g\left(\frac{n}{n}\right)=\left[g\left(\frac{1}{n}\right)\right]^n$$

$$g\left(\frac{m}{n}\right)=[g(1)]^{\frac{m}{n}}$$

又 $g(x)$ 為右方連續（right-continuous）

$\therefore g(x)=[g(1)]^x=e^{x\ln g(1)}$

取 $\lambda=-\ln g(1)$，即 $g(x)=e^{-\lambda x}$，$g'(x)=-\lambda e^{-\lambda x}$

又 $g(x)=\overline{F}(x)$ $\therefore g'(x)=-f(x)=-\lambda e^{-\lambda x}$，$x>0$。

得 $f(x)=\lambda e^{-\lambda x}$，$x>0$。

定理 1.2-15 告訴我們：**指數分佈是惟一具有健忘性之機率分佈**。

(3) Gamma 函數

若 $r.v.X$ 之 pdf 為

$$f(x,k,\lambda)=\frac{\lambda(\lambda x)^{k-1}e^{-\lambda x}}{\Gamma(k)},x>0，\lambda>0，k>1$$

則稱 $r.v.X$ 服從參數為 k，λ 之 Gamma 分佈以

$r.v.X\sim G(k,\lambda)$ 表之，顯然 **$G(1,\lambda)$ 即為 $Exp(\lambda)$**

上式之

$$\Gamma(\alpha)=\begin{cases}\int_0^\infty x^{\alpha-1}e^{-x}\,dx, & \alpha>1\\(\alpha-1)! & ,\ \alpha\in Z^+\end{cases}$$

定理 1.2-16 若 $r.v.X\sim G(k，\lambda)$ 則 $E(X)=\frac{k}{\lambda}$，$V(X)=\frac{k}{\lambda^2}$

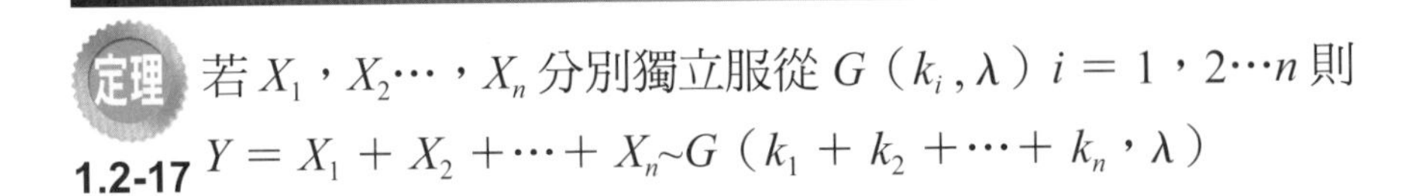

定理 1.2-17 若 X_1，$X_2\cdots$，X_n 分別獨立服從 $G(k_i,\lambda)$ $i=1，2\cdots n$ 則 $Y=X_1+X_2+\cdots+X_n\sim G(k_1+k_2+\cdots+k_n，\lambda)$

例 7. 若 $P(s\leq X\leq s+t\,|\,X\geq s)=P(X\leq t)$，對所有 $s,t\in R^+$ 均成立，求 $P(X\leq t)$

解

$$P(s\leq X\leq s+t\,|\,X\geq s)=\frac{P(s\leq X\leq s+t,X\geq s)}{P(X\geq s)}$$

$$=\frac{P(s\leq X\leq s+t)}{P(X\geq s)}=P(X\leq t)$$

即

$P(s \leq X \leq s+t) = P(X \leq t)\,P(X \geq s)$

$$\frac{P(s \leq X \leq s+t)}{t} = \frac{P(X \leq t)}{t} P(X \geq s)$$

$$\frac{\int_s^{s+t} f(x)\,dx}{t} = \frac{\int_0^t f(x)\,dx}{t}(1 - F(s))$$

$$\lim_{t \to 0} \frac{\int_s^{s+t} f(x)\,dx}{t} = \lim_{t \to 0} \frac{\int_0^t f(x)\,dx}{t}(1 - F(s))$$

即$f(s) = f(0)(1 - F(s)) = c(1 - F(s))$，在此 $c = f(0)$

兩邊同時對 s 微分，可得下列微分方程式：

$y' = c(-y)$，$y = f(s)$

$\therefore y' + cy = 0$，積分因子為$e^{\int c ds} = e^{cs}$

$e^{cs}(y' + cy) = e^{cs} \cdot 0 = 0$

$\therefore (y e^{cs})' = 0$，

得$y e^{cs} = c'$ $\therefore y = c' e^{-cs}$，$s \geq 0$

現要確定 c'：

$$\because \int_0^{\infty} y ds = \int_0^{\infty} c' e^{-cs} ds = \frac{-c'}{c} e^{-cs}\Big]_0^{\infty} = \frac{c'}{c}$$

但$\int_0^{\infty} y ds = 1 \therefore c' = c$

即$f(s) = ce^{-cs}$，$s \geq 0$

$$\therefore P(X \leq t) = \int_0^t ce^{-cs} ds = 1 - e^{-ct}$$

例 8. 設 X，Y 分別獨立服從期望值為$\frac{1}{\lambda_1}, \frac{1}{\lambda_2}$之指數分佈，求 $P(X > Y)$

解

解法一

$$P(X>Y)=\int_0^\infty\int_0^x \lambda_1 e^{-\lambda_1 x}\cdot\lambda_2 e^{-\lambda_2 y}dydx$$

$$=\frac{\lambda_2}{\lambda_1+\lambda_2}\text{（讀者可自行解出）}$$

解法二

$$P(X>Y)=\int_0^\infty P(X>Y\mid Y=y)f_Y(y)\,dy$$

$$=\int_0^\infty P(X>y)f_Y(y)\,dy$$

$$=\int_0^\infty e^{-\lambda_1 y}\cdot\lambda_2 e^{-\lambda_2 y}dy$$

$$=\lambda_2\int_0^\infty e^{-(\lambda_1+\lambda_2)y}dy=\frac{\lambda_2}{\lambda_1+\lambda_2}$$

定理 1.2-18

$$\sum_{k=n}^{\infty}\frac{e^{-\lambda t}(\lambda t)^k}{k!}=\int_0^t\frac{\lambda(\lambda z)^{n-1}e^{-\lambda z}}{\Gamma(n)}dz$$

證明見本節作業第 3 題。

這個定理可由數學歸納法導出，它在卜瓦松過程與更新過程上極為重要。

4. **常態分佈**

若 $r.v.X$ 之 pdf 為

$$f(x,\mu,\sigma^2)=\frac{1}{\sqrt{2\pi}\,\sigma}e^{-\frac{(x-\mu)^2}{2\sigma^2}},\infty>x>-\infty$$

則 $r.v.X$ 服從期望值 μ，變異數 σ^2 之常態分佈，以 $r.v.X\sim n$（μ，σ^2）表之。

定理 1.2-19 若 $r.v. X \sim n(\mu, \sigma^2)$ 則 $E(X) = \mu$，$V(X) = \sigma^2$，$M(t) = e^{\mu t + \frac{1}{2}\sigma^2 t^2}$

定理 1.2-20 若 $X_1 \sim n(\mu_1, \sigma_1^2)$，$X_2 \sim n(\mu_2, \sigma_2^2)$，$X_1 \perp\!\!\!\perp X_2$ 則

$$Y = X_1 + X_2 \sim n(\mu_1 + \mu_2, \sigma_1^2 + \sigma_2^2)$$

$$Z = X_1 - X_2 \sim n(\mu_1 - \mu_2, \sigma_1^2 + \sigma_2^2)$$

問題 1-2

1. N 為非負之整數隨機變數，試證

$$E(N) = \sum_{k=1}^{\infty} P(N \geq k) = \sum_{k=0}^{\infty} P(N > k)$$

2. 自 N 個號球（號球標記 1，2⋯N），以抽出不投返方式取 n 個號球，令 $X = n$ 號號球中最大號數，求

(a) X 之 pdf　　(b) $E(X)$　　★ (c) $V(X)$

Ans. (a) $P(X=k) = \dfrac{\binom{k-1}{n-1}}{\binom{N}{n}}$，$k = n, n+1, \cdots N$

(b) $E(X) = \dfrac{n}{n+1}(N+1)$

(c) $V(X) = \dfrac{n(N-n)(N+1)}{(n+1)^2(n+2)}$

3. 試證定理 1.2-18。

4. 若 X，Y 均獨立服從參數 λ 之指數分佈，求證 $\frac{X}{X+Y}$ 與 $X+Y$ 為獨立。
5. 舉一個例子說明二個隨機變數 X，Y 之相關係數為 0，但 X，Y 並不為獨立。
6. X 為非負隨機變數，$X_c = \min(X, c)$，c 為已知常數，試證 $E(X_c) = \int_0^c (1 - F(x))\, dx$
7. X，Y 為獨立服從 $U\left(-\frac{1}{2}, \frac{1}{2}\right)$，試求 $Z = X - Y$ 之 pdf

   Ans. $f_z(z) = \begin{cases} 1+z, & -1 \le z \le 0 \\ 1-z, & 0 \le z \le 1 \\ 0, & \text{其它} \end{cases}$
8. 若 $M(t)$ 為 $r.v.X$ 之動差生成函數，試證下列 Chernoff 上界

   $P(X \ge a) \le e^{-ta} M(t)$，$t > 0$

   $P(X \le a) \le e^{-ta} M(t)$，$t > 0$
9. X，Y 為二 $i.i.d.$ $r.v.$ 試證 $P(a < \min(X, Y) \le b) = P^2(X > a) - P^2(X > b)$
10. X 為正值隨機變數，若 $Y = \ln X$ 服從 $n(\mu, \sigma^2)$ 則稱 $r.v.Y$ 服從對數常態分佈，試求 $E(Y)$ 及 $V(Y)$

    Ans. $E(Y) = \exp\left(\mu + \frac{\sigma^2}{2}\right)$，

    $V(Y) = \exp(2\mu + 2\sigma^2) - \exp(2\mu + \sigma^2)$
11. 自 a 個白球 b 個黑球任取 k 個球不計色彩放在一旁後，求自其餘之 $a+b-k$ 球任取一球為白球之機率。

    Ans. $\frac{a}{a+b}$

1.3 條件期望值

要學好隨機過程，**條件期望值**（conditional expectation）之觀念及應用技巧扮演關鍵重要角色。

在大學機率統計學或一般機率學教材對條件期望值之定義為：（以連續型隨機變數為例）

給定二元隨機變數（X，Y），其**結合機率密函數**（joint probability density function）為 f（x，y）則條件期望值

$$E(Y|X=x)=\int_{-\infty}^{\infty} yf(y|x)\,\mathrm{dy}$$
$$=\int_{-\infty}^{\infty}(yf(x,y)/f_X(x))\,\mathrm{dy}$$

條件期望值算子

現在我們用 stieltjes 積分方式定義條件期望值：

1.3-1 給定 $Y=y$ 之條件下，隨機變數 X 之條件期望值 $E(X|Y=y)$ 定義為 $E(X|Y=y)=\int_{-\infty}^{\infty} x\mathrm{d}F(x|y)$

同樣地，給定 $X=x$ 之條件下，隨機變數 Y 之條件期望值 $E(Y|X=x)$ 定義為 $E(Y|X=x)=\int_{-\infty}^{\infty} y\mathrm{d}F(y|x)$

定義 1.3-1 可擴到 $E(g(X)|Y=y)=\int_{-\infty}^{\infty} g(X)dF(X|y)$ 與 $E(h(Y)|X=X)=\int_{-\infty}^{\infty} h(y)dF(y|X)$，這些可應用分析證明的。

條件期望值之觀念與技巧在隨機過程研究上極為重要，條件期望值有下列三種常見之形態：

(1) $E(X \mid Y=3)$ 是一個數　(2) $E(X \mid Y=y)$ 是 y 之函數　(3) $E(X \mid Y)$ 是隨機變數。

條件期望值之性質

1.3-1 X, Y, Z 為 r.v.，$a, b \in R$，$g: R \to R$，假定所有之有關期望值均存在，則

(1) $E(a \mid Y) = a$

(2) $E(aX + bY \mid Z) = aE(X \mid Z) + bE(Y \mid Z)$

(3) $X \geq 0$ 則 $E(X \mid Y) \geq 0$

(4) 若 $X \perp\!\!\!\perp Y$ 則 $E(X \mid Y) = E(X)$

(5) $E(E(X \mid Y)) = E(X)$，假設 $E(X \mid Y)$ 存在

(6) $E(Xg(Y) \mid Y) = g(Y)E(X \mid Y)$，
　由此 $E(X \mid X) = X$

(7) $E(g(Y) \mid Y) = g(Y)$

(8) $V(Y) = E(V(Y \mid X)) + V(E(Y \mid X))$

(1) $E(a \mid Y=y) = \int_{-\infty}^{\infty} af(x \mid y)\,\mathrm{d}x = a\int_{-\infty}^{\infty} f(x \mid y)\,\mathrm{d}x = a$

$\therefore E(a \mid Y) = a$

(4) $E(X \mid Y=y)=\int_{-\infty}^{\infty} xf(x \mid y)\,\mathrm{d}x=\int_{-\infty}^{\infty} x\frac{f(x, y)}{f_Y(y)}\,\mathrm{d}x$（$X \perp\!\!\!\perp Y$）

$$=\int_{-\infty}^{\infty}\frac{xf_X(x)f_Y(y)}{f_Y(y)}\,\mathrm{d}x=\int_{-\infty}^{\infty} xf_X(x)\,\mathrm{d}x=E(X)$$

$\therefore E(X \mid Y)=E(X)$

(5) 令 $E(X \mid Y=y)=\phi(y)$，則 $\phi(Y)=E(X \mid Y)$

$$\therefore E(E(X \mid Y))=E(\phi(Y))=\int_{-\infty}^{\infty}\phi(y)f_Y(y)\,\mathrm{d}y$$

$$=\int_{-\infty}^{\infty} f_Y(y)\left[\int_{-\infty}^{\infty}\frac{xf(x, y)}{f_Y(y)}\mathrm{d}x\right]\mathrm{d}y$$

$$=\int_{-\infty}^{\infty}\int_{-\infty}^{\infty} xf(x, y)\,\mathrm{d}x\mathrm{d}y=E(X)$$

(6) $E(Xg(Y) \mid Y)$ 考慮 $E(Xg(Y) \mid Y=y)$

$$E(Xg(Y) \mid Y=y)=\int_{-\infty}^{\infty} xg(y)f(x \mid y)\,\mathrm{d}x$$

$$=g(y)\int_{-\infty}^{\infty} xf(x \mid y)\,\mathrm{d}x$$

$\therefore E(Xg(Y) \mid Y)=g(Y)E(X \mid Y)$

(7) 考慮 $E(g(Y) \mid Y=y)$：

$$E(g(Y) \mid Y=y)=\int_{-\infty}^{\infty} g(y)f(x \mid y)\,\mathrm{d}x=g(y)\int_{-\infty}^{\infty} f(x \mid y)\,dx$$

$=g(y)\cdot 1=g(y)$

$\therefore E(g(Y) \mid Y)=g(Y)$

在求 $E(g(X) \mid Y)$ 時，先從 $E(g(X) \mid Y=y)$ 著手，然後再用所求結果化成 $E(g(X) \mid Y)$，這是求條件期望值常用之技巧，如例 1，2

例 1. X，Y 為服從 $U(0, 1)$ 之二獨立隨機變數，$Z=X+Y$

求 (a) $E(Z \mid X)$　(b) $E(XZ \mid X)$　(c) $E\left(Z \middle| X=\frac{1}{3}\right)$

解

(a) $E(Z|X)=E(X+Y|X)=E(X|X)+E(Y|X)$

$$=X+E(Y)=X+\frac{1}{2}$$

(b) $E(XZ|X)=XE(Z|X)=X\left(X+\frac{1}{2}\right)$

(c) $E\left(Z\middle|X=\frac{1}{3}\right)=\frac{1}{3}+\frac{1}{2}=\frac{5}{6}$

例 2. 若 $r.v.X.Y$ 分別獨立服從 λ，μ 之卜瓦松分佈，
求 (a) $P(X|X+Y=n)$
(b) $E(X|X+Y=n)$
(c) $E(X|X+Y)$

解

(a) X，Y 分別獨立服從 $P_o(\lambda)$，$P_o(\mu)$ $\therefore Z=X+Y\sim P_o(\lambda+\mu)$

則 $P(X=k|Z=n)$

$$=\frac{P(X=k,Z=n)}{P(Z=n)}=\frac{P(X=k,X+Y=n)}{P(Z=n)}$$

$$=\frac{P(X=k,Y=n-k)}{P(Z=n)}=\frac{P(X=k)P(Y=n-k)}{P(Z=n)}$$

$$=\frac{\dfrac{e^{-\lambda}\lambda^k}{k!}\dfrac{e^{-\mu}\mu^{(n-k)}}{(n-k)!}}{\dfrac{e^{-(\lambda+\mu)}(\lambda+\mu)^n}{n!}}=\frac{n!}{k!(n-k)!}\left(\frac{\lambda}{\lambda+\mu}\right)^k\left(\frac{\mu}{\lambda+\mu}\right)^{n-k}$$

即 $X|X+Y=n\sim b\left(n,\frac{\lambda}{\lambda+\mu}\right)$

(b) $E(X|X+Y=n)=n\cdot\frac{\lambda}{\lambda+\mu}=\frac{n\lambda}{\lambda+\mu}$

(c) $E(X \mid X+Y) = \dfrac{(X+Y)\lambda}{\lambda+\mu}$，（(b) 之 n 用 $X+Y$ 取代之）

例 3. 若 X_1，$X_2 \cdots X_n$ 為服從同一分配之獨立隨機變數，
(a) 求 $E(X \mid X=a)$
(b) 利用 (a) 之結果證明 $E(X_1+X_2+\cdots+X_k \mid X_1+X_2+\cdots+X_n=y) = \dfrac{k}{n}y$

解

(a)

$$E(X \mid X=a)$$

$$= \lim_{\varepsilon \to 0} \int_{-\infty}^{\infty} xf(x \mid a+\varepsilon \geq X > a)\,dx$$

$$= \lim_{\varepsilon \to 0} \frac{\int_a^{a+\varepsilon} xf(x)\,dx}{F(a+\varepsilon)-F(a)} = \lim_{\varepsilon \to 0} \frac{H(a+\varepsilon)-H(a)}{F(a+\varepsilon)-F(a)}$$

（令 $\int_a^{a+\varepsilon} xf(x)\,dx = H(a+\varepsilon)-H(a)$），

L'Hospital 法則 $\lim_{\varepsilon \to 0} \dfrac{(a+\varepsilon)f(a+\varepsilon)}{f(a+\varepsilon)} = a$

別解

$E(X \mid X) = X \therefore E(X \mid X=a) = a$

(b)

令 $Y = X_1+X_2+\cdots+X_n$，則 $E(Y \mid Y=y) = y$

又 X_1，$X_2 \cdots X_n$ 為服從同一分配之獨立隨機變數

$\therefore E(X_1 \mid X_1+\cdots+X_n=y) = E(X_2 \mid X_1+X_2+\cdots+X_n=y)$

$$= \cdots = E(X_n \mid X_1+X_2+\cdots+X_n=y) = \frac{1}{n}y$$

得

$$E(X_1+X_2\cdots+X_k \mid X_1+X_2+\cdots+X_n=y)$$

$$= \sum_{i=1}^{k} E(X_i \mid X_1 + X_2 + \cdots + X_n = y) = \frac{k}{n} y$$

例 4. $r.v. X \sim U(0, a)$，$r.v. Y \sim U(X, a)$ 求 $E(Y \mid X = x)$，$0 < x < a$

解

依題意，$f(y \mid x) = \begin{cases} \dfrac{1}{a-x}, & 0 < x < y < a \\ 0 & \text{，其它} \end{cases}$

$$\therefore E(Y \mid X = x) = \int_x^a \frac{y\mathrm{d}y}{a-x} = \frac{a+x}{2}$$

讀者應體會出為何 $r.v. Y \sim U(X, a)$ 會聯想到 $f(y \mid x) = \dfrac{1}{a-x}$，$0 < x < y < a$

例 5. $r.v. X \sim P_o(\lambda)$，若 λ 亦為隨機變數，Λ 服從期望值為 $\frac{1}{a}$ 之指數分佈，求 X 之機率分佈

解

依題意 $f(x \mid \lambda) = \dfrac{e^{-\lambda}\lambda^X}{x!}$，$g(\lambda) = ae^{-a\lambda}$，$\lambda > 0$，$x = 0，1，2\cdots$

$$\begin{aligned} \therefore P(X = x) &= \int_0^\infty f(x \mid \lambda)\, g(\lambda)\, \mathrm{d}\lambda \\ &= \int_0^\infty \frac{e^{-\lambda}\lambda^x}{x!} \cdot ae^{-a\lambda} \mathrm{d}\lambda = \frac{a}{x!}\int_0^\infty e^{-(a+1)\lambda}\lambda^x \mathrm{d}\lambda \\ &= \frac{a}{x!}\frac{x!}{(a+1)^{x+1}} = \frac{a}{(a+1)^{x+1}}，x = 0，1，2\cdots \end{aligned}$$

對隨機變數取“條件”以求機率之方法

在隨機過程中，在求一事件 A 發生之機率，往往可藉對某一隨機變數或事件取條件而得以簡化計算過程：

$$P(A)=\int_{-\infty}^{\infty}P(A\mid Y=y)\,\mathrm{d}F_Y(y)$$

例 6. X，Y 為服從同一機率分佈 $f(x)$，$x\in R$ 之二獨立隨機變數，求 $P(X>Y)$

解

$$P(X>Y)=\int_{-\infty}^{\infty}P(X>Y\mid Y=y)\,\mathrm{d}F_Y(y)$$
$$=\int_{-\infty}^{\infty}[1-P(X\le Y\mid Y=y)]\,\mathrm{d}F_Y(y)$$
$$=\int_{-\infty}^{\infty}[1-P(X\le y)]\,\mathrm{d}F_Y(y)$$
$$=\int_{-\infty}^{\infty}[1-F_X(y)]\,\mathrm{d}F_Y(y)=\int_{-\infty}^{\infty}[1-F_Y(y)]\mathrm{d}F_Y(y)$$ （$\because$ X，Y 服從同一機率密度函數）
$$=F_Y(y)-\frac{1}{2}F_Y^2(y)\Big]_{-\infty}^{\infty}$$
$$=\frac{1}{2}$$

例 7. 設 X，Y 為二獨立隨機變數，求 $Z=X+Y$ 之分配函數

解

$$\begin{aligned}F_z(z)&=P(Z\le z)\\&=P(X+Y\le z)\\&=\int_{-\infty}^{\infty}P(X+Y\le z\mid Y=y)\,f_Y(y)\,\mathrm{d}y\\&=\int_{-\infty}^{\infty}P(X\le z-y)f_Y(y)\,\mathrm{d}y\\&=\int_{-\infty}^{\infty}F_X(z-y)\,f_Y(y)\,\mathrm{d}y\end{aligned}$$

這是二個獨立 $r.v. X$，Y，$Z = X + Y$ **摺積**（convolution）公式

例 8. 設 2 個獨立 $r.v. X_1$， X_2 為分別服從參數是 λ_1，λ_2 之指數分佈，求 $T = X_1 + X_2$ 之 pdf，但 $\lambda_1 \neq \lambda_2$

解

利用摺積公式 $T = X_1 + X_2$

$$\begin{aligned} f_T(t) &= \int_0^t f_{X_1}(y)\, f_{X_2}(t-y)\,\mathrm{d}y \\ &= \int_0^t \lambda_1 \mathrm{e}^{-\lambda_1 y} \cdot \lambda_2 \mathrm{e}^{-\lambda_2(t-y)}\mathrm{d}y \\ &= \lambda_1\lambda_2 \mathrm{e}^{-\lambda 2t} \int_0^t \mathrm{e}^{(\lambda 2-\lambda 1)y}\mathrm{d}y \\ &= \frac{\lambda_1\lambda_2\mathrm{e}^{-\lambda 2t}}{\lambda_2-\lambda_1}\left(\mathrm{e}^{(\lambda 2-\lambda 1)y}\right]_0^t) \\ &= \frac{\lambda_2}{\lambda_2-\lambda_1}\lambda_1 \mathrm{e}^{-\lambda_1 t} + \frac{\lambda_1}{\lambda_1-\lambda_2}(\lambda_2 \mathrm{e}^{-\lambda_2 t}) \end{aligned}$$

例 9. 一電動鼠在一個房間某處靜止待動。房間有 A，B，C 三個門，其中只有 A 被打通，B，C 是密封。其遊戲規則是：電動鼠由靜止處任選一路徑，若它選到 A 門它就停止，若它選 B，C 門則到 B，C 門後即刻折返到原先靜止處再任選一條路徑，直到它到達 A 門為止，若由靜止處到 A 門需 a 秒，由靜止處到 B，C 門後返回靜止處分別需時 b，c 秒。求此電動鼠自啟動到到達 A 門之期望時間。

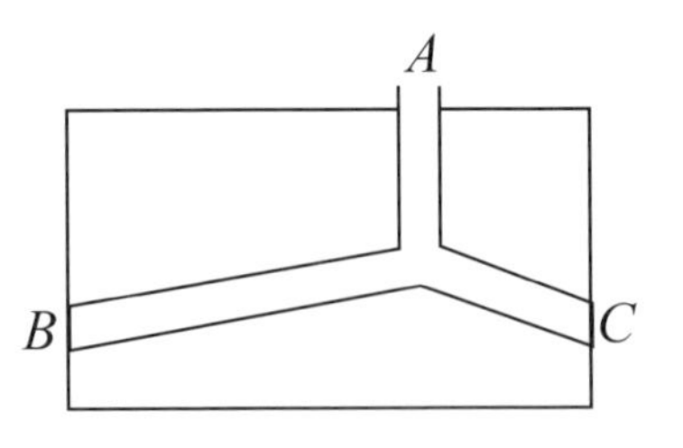

解

X：電動鼠到達 A 門之事件

$Y = i$：電動鼠走到第 i 門（$i = A$，B，C）之事件

則

$E(X)=E(X|Y=A)P(Y=A)+E(X|Y=B)P(Y=B)+E(X|Y=C)P(Y=C)$

其中

$E(X|Y=A)$ 表示電動鼠開始就選往 A 門之路徑之期望時間，故

$E(X|Y=A)=a$

$E(X|Y=B)$ 表示電動鼠選往 B 門之路徑，但到 B 門後電動鼠還要花 b 秒折返，再恢復到原先狀態，因此

$E(X|Y=B)=b+E(X)$

同理

$E(X|Y=C)=c+E(X)$

$$\therefore E(X)=a\cdot\frac{1}{3}+(b+E(X))\cdot\frac{1}{3}+(c+E(X))\cdot\frac{1}{3}$$

得 $E(X)=a+b+c$。

例 10 是一個用條件期望值之性質求非條件期望值的例子。

例 10. 設一獨立試行，每次成功之機率為 p，一直試行到第 1 次成功為止，N 為第一次成功止所需之試行次數，求 $E(N)$

解

此為幾何分佈模型，可用幾何級數之代數手法求出 $E(N)$，但在此，我們用條件期望值。

令 $N=$ 所需之次數，及

$$Y=\begin{cases}1, & \text{第 1 次試行成功}\\ 0, & \text{第 1 次試行失敗}\end{cases}$$

則

$$E(N) = E(N|Y=1)P(Y=1) + E(N|Y=0)P(Y=0)$$

但 $E(X|Y=1)$ 意指第 1 次試行成功，至第 1 次試行成功所需之期望次數即為 1，亦即 $E(N|Y=1)=1$

又 $E(N|Y=0)$ 表示第 1 次試行失敗，故至第 1 次試行成功所需之期望次數為 $E(N)+1$（∵每次試行獨立）

$$\therefore E(N) = E(N|Y=1)P(Y=1) + E(N|Y=0)P(Y=0)$$
$$= 1 \cdot p + (1+E(N))(1-p)$$

解之　$E(N) = \dfrac{1}{p}$

Wald 方程式

引例：若我們求 $\sum_{i=1}^{3} x_i$，只需將 x_1，x_2，x_3 加總，即 $\sum_{i=1}^{3} x_i = x_1 + x_2 + x_3$，推廣到 $\sum_{i=1}^{n} x_i = x_1 + x_2 + \cdots + x_n$，這裏的 n 是一個定值，如果，我們求 $\sum_{i=1}^{N} x_i$，而 N 是服從某機率分配之隨機變數，便是本子節之重點。

定義 1.3-2 （**時停** Stopping time）N 為整數值之隨機變數，$\{X_1$，$X_2 \cdots\}$ 為隨機變數敘列，若 $\{N=n\}$ 與 X_{n+1}，X_{n+2}，…無關，則稱 N 為一個時停。

由定義，N **是否為時停，只需看** N **是否會影響到** x_{n+1}

例 11.

(a) $N_1 = \min(x_1 + x_2 + x_3 = 2)$ 則 N_1 與 x_4 無關，故 N_1 為時停。

(b) $N_2 = \begin{cases} 3, x_1 = 0 \\ 4, x_1 \neq 0 \end{cases}$ 則 N_2 與 x_2 無關，故 N_2 為時停

定理 1.3-2 $N(t) + 1$ 是 $\{X_n ; n \geq 1\}$ 之時停。

證明

$N(t) + 1 \leq n$ 則 $N(t) \leq n - 1$，即 $N(t) < n$

$\therefore S_n > t$，又 $S_n = X_1 + X_2 + \cdots + X_n > t$ 與 X_{n+1} 無關，$N(t) + 1$ 為 $\{X_n ; n \geq 1\}$ 之時停。

定理 1.3-3 若 X_1，X_2，…是服從同一機率分佈之獨立隨機變數，$E(X) < \infty$，N 是 X_1，X_2…的時停，$E(N) < \infty$，則

$$E\left(\sum_{i=1}^{N} X_i\right) = E(N)\,E(X)$$

證明

令 $I_n = \begin{cases} 1, N \geq n \\ 0, N < n \end{cases}$，則 $\sum_{n=1}^{N} X_n = \sum_{n=1}^{\infty} X_n I_n$

$$E\left(\sum_{n=1}^{N} X_n\right) = E\left(\sum_{n=1}^{\infty} X_n I_n\right) = \sum_{n=1}^{\infty} E(X_n I_n)$$

因為 $I_n = 1$ 為時停之充要條件是 I_n 由 X_1，$X_2 \cdots X_{n-1}$ 所確定且與 X_n 獨立

$$\therefore E\left(\sum_{n=1}^{N} X_n\right) = \sum_{n=1}^{\infty} E(X_n)E(I_n)$$

$$= E(X)\sum_{n=1}^{\infty} E(I_n)$$

$$= E(X)\sum_{n=1}^{\infty} P(N \geq n) = E(X)E(N)$$

別證

$$E(S_N \mid N = n)$$

$$= E(X_1 + X_2 + \cdots + X_N \mid N = n)$$

$$= E(X_1 + X_2 + \cdots + X_n)$$

$$= E(X_1) + E(X_2) + \cdots + E(X_n)$$

$$= nE(X)$$

$$E(S_N \mid N) = NE(X)$$

$$E\left(\sum_{i=1}^{N} X_i\right)$$

$$= E[E(S_N \mid N)]$$

$$= E[NE(X)]$$

$$= E(N)E(X)$$

推論 1.3.1-1 若 X_1，X_2，…是服從同一機率分佈之獨立隨機變數，$E(X) < \infty$，N 是 X_1，$X_2 \cdots$ 的時停，$E(N) < \infty$，則

$$V\left(\sum_{i=1}^{N} X_i\right) = \sigma^2 E(N) + \mu^2 V(N)$$

證明

令 $S_N=\sum_{i=1}^{N}X_i$ 則

$$V(S_N)=E[V(S_N|N)]+V[E(S_N|N)]$$

(1) $V[E(S_N|N)]$

$=V[NE(X)]$

$=\mu^2V(N)$

(2) $E[V(S_N|N)]$

$=E[V(X_1+X_2+\cdots+X_N|N)]$

$=E[NV(X|N)]$

$=E[NV(X)]$

$=\sigma^2E(N)$

$$\therefore V(S_n)=V\left(\sum_{i=1}^{N}X_i\right)=\sigma^2E(N)+\mu^2V(N)$$

問題 1-3

1. 試證 $E[E(g(X,Y)|X)]=E(g(X,Y))$
2. 試證 $E[g(X)h(Y)|X]=g(X)E(h(Y)|X)$
3. 試證 $E(X|X)=X$
4. 試證 $E[XE(X|Y)]=E[E^2(X|Y)]$
5. 試證 $E(Y|X\leq 0)=\frac{1}{F_X(0)}\int_{-\infty}^{0}E(Y|x)f_X(x)\,dx$
6. 試證 $|E(X|Y=y)|\leq E(|X||Y=y)$
7. 若 $r.v.X$ 之 pdf 對稱於 y 軸，$E(X^n)<\infty$，$\forall n\in Z^+$，且 $E(Y|X)=aX+b$，試證 $X^{2m}\perp\!\!\!\perp Y$

8. 若 $r.v.N \sim P_o(\lambda)$，X_k 為獨立且服從同一機率分佈之隨機變數，設 $P(X_k = 1) = p$，$P(X_k = 0) = q$，$k = 1, 2, \cdots$，$N \perp\!\!\!\perp X_k$
求 $S_N = X_1 + X_2 + \cdots + X_N$ 之機率分佈
Ans. $S_N \sim P_o(\lambda p)$
9. 若正值 $r.v.X$ 之 pdf 為 $f(x)$，(a) 求 $f(x \mid x > t)$；(b) 若定義 $\beta(t) = f(t \mid X > t)$ 則 $\beta(t) = \dfrac{f(t)}{1 - F(t)}$，試證 $f(x) = \beta(x)\exp\left[-\int_0^x \beta(t)\,dt\right]$，$x \geq 0$；(c) 承 (b) 求 $\int_0^\infty \beta(t)$；(d) 若 $f(x \mid X \geq t) = f(x - t)$，求證 $f(x) = ce^{-cx}$，$x \geq 0$
10. 試證 $V(Y) = E(V(Y \mid X)) + V(E(Y \mid X))$，並由此證明 $V(X) \geq V(E(X \mid Y))$

1.4 極限定理

本節我們將介紹二個機率學中很重要的課題——大數法則與中央極限定理。

大數法則

我們在前已談過 Chebyshev 不等式，我們可由此導出一個機率學上最重要之定理——**大數法則**（law of large numbers），大數法則有幾種形式，在此提到的是**強大數法則**（strong law of large numbers；SLLN），還有一種弱大數法則，留作本節問題第 4 題。

定理 1.4-1（強大數法則）設 X_1，$X_2 \cdots X_n$ 均為服從同一分佈之獨立隨機變數。若 $E(X_i)=\mu$，$i=1，2\cdots n$ 則

$$n\to\infty 時 \frac{X_1+X_2+\cdots+X_n}{n}\longrightarrow\mu \text{ . w. p. 1.}$$

（w.p.1 表示 with probability 1）

此外，還有一些有名的大數法則，例如 Bernoulli 大數法則就是其中之一，它說明了，在 n 次獨立之重複試行中，事件 A 發生之次數為 Y，而事件 A 在每次試行發生之機率為 p，則對任一正數 $\varepsilon>0$ 而言，

$$\lim_{n\to\infty}P\left(\left|\frac{Y}{n}-p\right|<\varepsilon\right)=1$$（你（妳）能說出它的機率意義嗎？）

中央極限定理

中央極限定理（central limit theorem；CLT）這個機率學最重要定理，它的歷史可追溯自 1733 年法國數學家 De Movire 之論文，1812 年 Laplace 發表論文指出二項分佈可用常態分佈來逼近，

1901 年俄數學家 Liapunov 給出了中央極限定理之精確證明。

定理 1.4-2（中央極限定理）：令 X_1，$X_2 \cdots X_n$ 為服從同一分佈之獨立隨機變數，若 $E(X_i)=\mu$，$V(X_i)=\sigma^2$，$i=1$，$2\cdots n$，均為有限值，則

$$n\to\infty\text{時}P\left(\frac{X_1+X_2+\cdots+X_n-n\mu}{\sigma\sqrt{n}}\le a\right)\longrightarrow\frac{1}{\sqrt{2\pi}}\int_{-\infty}^{a}e^{-\frac{x^2}{2}}dx$$

例 1. 試證

$$\lim_{n\to\infty}e^{-n}\sum_{k=0}^{n}\frac{n^k}{k!}=\frac{1}{2}$$

解

考慮參數為 1 之卜瓦松分佈：若 *r.v.* X_1，$X_2\cdots X_n$ 均獨立服從 $P_o(1)$ 則 $Y_n=\sum_{i=1}^{n}X_i\sim P(n)$

根據 CLT，$n\to\infty$時

$$\frac{\sum_{i=1}^{n}X_i-n\mu}{\sqrt{n}\,\sigma}=\frac{Y_n-n}{\sqrt{n}}\longrightarrow n(0,1)$$

$\therefore n\to\infty$時

$$P\left(\frac{Y_n-n}{\sqrt{n}}\le 0\right)=\frac{1}{2}\text{從而}P(Y_n\le n)=\frac{1}{2}$$

但 $P(Y_n\le n)=\sum_{k=0}^{n}\frac{e^{-n}n^k}{k!}$

$$\therefore\lim_{n\to\infty}e^{-n}\sum_{k=0}^{n}\frac{n^k}{k!}=\frac{1}{2}$$

問題 1-4

1. 用 CLT 證明 $\lim_{n\to\infty}\int_0^n e^{-t}\frac{t^{n-1}}{(n-1)!}dt=\frac{1}{2}$
2. 求證 $\lim_{t\to\infty}\sum_{n=k+1}^{\infty}\frac{(\lambda t)^n e^{-\lambda t}}{n!}=1$
3. $r.v.\ X\sim b(n,p)$，若 $np=\lambda$ 試證 $n\to\infty$ 時，$b(n,p)\to P_o(\lambda)$
4. 用 Chebyshev 不等式證明弱大數法則（weak law of large numbers）：

   X_1，$X_2\cdots X_n$ 為獨立服從同一機率分佈之 $r.v.$ $E(X_i)=\mu$，$V(X_i)=\sigma^2$，則 $n\to\infty$ 時 $P\left\{\left|\frac{X_1+X_2+\cdots+X_n}{n}-\mu\right|>\varepsilon\right\}\to 0$

1.5 隨機過程

定義 1.5-1 **隨機過程**（stochastic process）$\{X(t),t\in T\}$ 是隨機變數之集合，即對所有 $t\in T$，$X(t)$ 是一個隨機變數。

因為在隨機過程之研究上，指標 t 通常被視做時間，因此，我們稱 $X(t)$ 為在 t 時過程之**狀態**（state）而定義中之 T 稱為過程之**指標集合**（index set），當 T 為**可數集合**（countable set）則稱隨機過程為**離散時間過程**（discrete time process），若 T 為實數線之任一區間時，我們稱此隨機過程為**連續時間過程**

（continuous time process）

計數過程（counting process）是隨機過程之一支，所研究之**卜瓦松過程**（Poisson process），**更新過程**（renewal process）都是計數過程。

若 $\{N(t), t\geq 0\}$ 為一個數過程，則它必須滿足

1.5-2 (1) $N(t)\geq 0$

(2) $N(t)$ 為**整數值**（integer-valued）

(3) 若 $s\leq t$ 則 $N(s)\leq N(t)$，換言之，它必須是非遞減的

若 $s<t$ 則 $N(t)-N(s)$ 表示在 $(s, t]$ 間發生之件數，有時我們用 $N(s, t)$ 表示區間 $(s, t]$ 發生之件數，

即

$N(s, t]=N(t)-N(s), s<t$

$N(s, t]$ 為一隨機變數

隨機過程常用之特徵數

$\{X(t), t\in T\}$ 是為一隨機過程，則有以下之統計特徵數：

1.5-3 1. $X(t)$ 之平均值函數 $m(t)$：

$m(t)\triangleq E(X(t)), t\in T$。若 $X(t)$ 之分佈函數為 $F(t, x)$ 則 $m(t)=\int_{-\infty}^{\infty}x(t)\,dF(t, x), t\in T$

2. $X(t)$ 之變異數函數 $V(t)$：

$V(t) \triangleq E[X(t)-m(t)]^2$

3. $X(t)$ 之共變數函數 $\mathrm{Cov}(X(s), X(t))$：

$\mathrm{Cov}(X(s), X(t)) \triangleq E[(X(s)-m(s))(X(t)-m(t))]$，$s$，$t \in T$，因 Cov（X（s），X（t））之結果為 s，t 之函數。$K(s, t)=\mathrm{Cov}(X(s), X(t))$ 稱為**共變數核**（covariance kernel），顯然 $V(X(t))=K(t, t)$，$t \in T$

4. 相關函數：$R(s, t)=E(X(s)X(t))$，s，$t \in T$

例 1. 設隨機過程 $X(t)=A+Bt+Ct^2$，A，B，C 為互相獨立之 $r.v.$ 且 $E(A)=E(B)=E(C)=0$，$V(A)=\sigma^2$，$V(B)=2\sigma^2$，$V(C)=3\sigma^2$ 求共變數核 $K(s, t)$

解

$$m(t)=E(A+Bt+Ct^2)=E(A)+tE(B)+t^2E(C)=0$$

$$\begin{aligned}K(s, t)&=\mathrm{Cov}((X(t)-m(t)), (X(s)-m(s)))\\&=\mathrm{Cov}((A+Bt+Ct^2), (A+Bs+Cs^2))\\&=E(A^2)+stE(B^2)+s^2t^2E(C^2)\\&=\sigma^2+st(2\sigma^2)+s^2t^2(3\sigma^2)\\&=(1+2st+3s^2t^2)\sigma^2\end{aligned}$$

例 2. $f(t)$ 為週期是 T 之週期函數，$r.v. Y \sim U(0, T)$，令 $X(t)=f(t-Y)$，求證 $E(X(t)X(t+\varepsilon))=$

$$\frac{1}{T}\int_o^T f(t)\,f(t+\varepsilon)\,\mathrm{dt}$$

解

$$E(X(t)X(t+\varepsilon))=E(f(t-Y)f(t-Y+\varepsilon))$$
$$=\int_o^T f(t-y)\,f(t-y+\varepsilon)\,\frac{1}{T}\mathrm{dy}$$
$$=\frac{1}{T}\int_o^T f(t-y)\,f(t-y+\varepsilon)\,\mathrm{dy}$$
$$\underline{\underline{s=t-y}}\frac{1}{T}\int_t^{t-T} f(s)\,f(s+\varepsilon)\,\mathrm{ds}$$
$$=\frac{1}{T}\int_o^T f(s)\,f(s+\varepsilon)\,\mathrm{ds}\text{（}\because f(t)\text{ 之週期為 }T\text{）}$$
$$=\frac{1}{T}\int_o^T f(t)\,f(t+\varepsilon)\,\mathrm{dt}\text{（積分變數為 dummy 變數）}$$

例 3. $\{X(t),t\geq 0\}$ 當 $X(t)\sim n(0,\sigma^2)$ 時，試用共變數核 $K(s,t)$ 表示 (a) $E[X^2(t)]$ 與 (b) $V[X^2(t)]$

解

(a) $V(X(t))=E(X^2(t))-[E(X(t))]^2=E(X^2(t))$

但 $V(X(t))=K(t,t)$ $\therefore E(X^2(t))=K(t,t)$

(b) $X(t)\sim n(0,\sigma^2)$，則

$\left(\frac{X(t)}{\sigma}\right)^2\sim\chi^2(1)$ 即自由度為 1 之**卡方分佈**（Chi square distibution），由統計學知若 $r.v.X\sim\chi^2(n)$ 則 $E(X)=n$，$V(X)=2n$

$$\therefore V\left[\left(\frac{X(t)}{\sigma}\right)^2\right]=2$$

得 $V(X^2(t))=2\sigma^4=2[V(X(t))]^2=2K^2(t,t)$

獨立增量與平穩增量

在計數過程中有 2 種增量很重要：

1.5-4 $\{N(t), t \geq 0\}$ 為一計數過程，若二個互不相交之時段 $(t_{j-1}, t_j]$ $j = 1, 2\cdots n$，事件發生之次數 $N(t_j) - N(t_{j-1})$，$j = 1, 2\cdots n$ 為互為獨立，稱此過程為**獨立增量**（independent increment）

1.5-5 $\{N(t), t \geq 0\}$ 為一計數過程，若二長度相等時段 $(s, t]$ 與 $(s+h, t+h]$ 內發生事件之次數服從相同之相率分佈，則稱此計數過程具有**平穩增量**（stationany incement）

布朗運動（Brownian Motion）

布朗運動為隨機過程之一重要課題，我們可藉布朗運動之一些例子來了解平穩，獨立增量。

1.5-6 $\{X(t), \infty > t > -\infty\}$ 為一隨機過程，若 $X(t)$ 滿足下列條件，則稱 $\{X(t), \infty > t > -\infty\}$ 為布朗運動：

(1) $X(0) = 0$

(2) $\{X(t), t \geq 0\}$ 具平穩增量與獨立增量（合稱平穩獨立增量）

(3) X（t）服從平均數為 0，變異數為 $\sigma^2 t$ 之常態分佈

因為布朗運動具有平穩獨立增量，因此定義 1.5-6 之 (3) 可定義為 $X(t)-X(s)\sim n(0, \sigma^2(t-s))$，$\forall\ t>s\geq 0$

定義 1.5-6 (3) 若定義成 $X(t)\sim n(\mu t, \sigma^2 t)\ \forall\ t>0$，$\mu$，$\sigma$ 為二常數則 μ 稱為布朗運動之**偏差**（drift），σ^2 為**擴散係數**（diffusion coefficient）。

若布朗運動 $X(t)\sim n(0, t)$，$t>0$（即 $\mu=0$，$\sigma^2=1$），則稱此布朗運動為**標準布朗運動**（standard Brownian motion），以 $B(t)$ 表之。若 $X(t)$ 為布朗運動，$B(t)=\dfrac{X(t)-\mu t}{\sigma\sqrt{t}}$，因此我們在對論布朗運動時常只考慮標準布朗運動。

例 4. $B(t)$ 為標準布朗運動，求 $E(B(t)B(s))$，$t\geq s>0$

解

方法一

設 $t\geq s>0$，$E(B(t))=0$ 及 $B(t)-B(s)$ 與 $B(s)-B(0)=B(s)$ 獨立（布朗運動之獨立增量性）

$\therefore E(B(t)B(s))=E[(B(t)-B(s))(B(s)-B(0))+B^2(s)]$

$=E(B(t)-B(s))E[B(s)-B(0)]+E(B^2(s))$

$=E(B(t)-B(s))\underbrace{E(B(s))}_{0}+E(B^2(s))$

$=E(B^2(s))=V(B(s))+E^2(B(s))=V(B(s))=s$

同法可證 $s\geq t>0$ 時 $E(B(t)B(s))=t$

$\therefore E(B(t)B(s))=\min(t, s)$

方法二

$t \geq s > 0$ 時

$E(B(t)B(s)) = E((B(t)-0)(B(s)-0))$

$= \text{Cov}(B(t), B(s)) = \text{Cov}((B(s), (B(t))$

$= \text{Cov}(B(s), B(s)+B(t)-B(s))$

$= \text{Cov}(B(s), B(s)) + \text{Cov}(B(s), B(t)-B(s))$

$= V((B(s)) + \text{Cov}(B(s)-B(0), B(t)-B(s))$

$= s$（$\because$ $(0, s]$ 發生件數之事件與 $(s, t]$ 發生件數之事件為獨立，得 $\text{Cov}(B(s)-B(0), B(t)-B(s)=0)$，同理，$s \geq t > 0$ 時，$E(B(t)B(s)) = t$

$\therefore E(B(t)B(s)) = \min(t, s)$

例 5. 若 $\{X(t), \infty > t > -\infty\}$ 為標準布朗運動，求 $V(X(s+t))$

$V(X(s+t)) = V[(X(s+t)-X(t)) + X(t)]$

$= V(X(s+t)-X(t)) + V(X(t))$（獨立增量）

$= \sigma^2(s) + \sigma^2(t)$

定理 1.5-1 若 $\{X(t), \infty > t > -\infty\}$ 為布朗運動，若且惟若 $E(X(t)) = 0$，$E(X(t)X(s)) = s$，$\forall\ t \geq s > 0$ 則 $\{X(t), \infty > t > -\infty\}$ 為標準布朗運動

（必要性見例 4），在此只需證明充分性。

(1) 先證“獨立增量”：

不失一般性，取 $a \geq b \geq c \geq d > 0$ 則

$E[(X(c)-X(d))(X(a)-X(b))]$

$= E[X(c)X(a) - X(c)X(b) - X(d)X(a) + X(d)X(b)]$

$= E(X(c)X(a)) - E(X(c)X(b)) - E(X(d)X(a)) + E(X(d)X(b))$

$= c - c - d + d = 0$

但 $E(X(t)) = E(X(s)) = 0$

$\therefore E[X(t)X(s)] = E[(X(t)-0)(X(s)-0)]$

$= \mathrm{Cov}(X(t), X(s)) = 0$

$\Rightarrow X(t) \perp\!\!\!\perp X(s)$，即 $(X(c)-X(d))$ 與 $(X(a)-X(b))$ 獨立，亦即 $\{X(t), \infty > t > -\infty\}$ 具獨立增量。

(2) 次證 $X(t)-X(s) \sim n(0, t-s)$：

1° $E(X(t)-X(s)) = 0$，

2° $E(X(t)-X(s))^2$

$= E(X^2(t) + X^2(s) - 2X(t)X(s))$

$= E(X^2(t)) + E(X^2(s)) - 2E(X(t)X(s))$

$= t + s - 2s = t - s \qquad t \geq s > 0$

$\therefore X(t)-X(s) \sim n(0, t-s)$

綜 1°，2° 得 $\{X(t), \infty > t > -\infty\}$ 為標準布朗運動

例 6. $B(t)$ 是標準布朗運動，$a > 0$，試證 $W(t)$ 亦為標準布朗運動。

(a) $W(t) = -B(t)$，$t \geq 0$

(b) $W(t) = B(t+a) - B(a)$，$t \geq 0$，$a \geq 0$

解 不失一般性，設 $t \geq s > 0$

(a)

$E(W(t)) = E(-B(t)) = -E(B(t)) = 0$

$E(W(t)W(s)) = E(-B(t)(-B(s)))$

$= E(B(t)B(s))$

$= s$

$\therefore W(t)$ 為標準布朗運動

(b)

① $E(W(t)) = E(B(t+a) - B(a))$

$= E(B(t+a)) - E(B(a)) = 0 - 0 = 0$

② $E(W(t)W(s)) = E[(B(t+a) - B(a))(B(s+a) - B(a))]$

$= E[B(t+a)(s+a) - B(a)B(s+a) - B(t+a)B(a) + B^2(a)]$

$= E(B(t+a)(s+a)) - E(B(a)B(s+a)) - B(t+a)E(B(a)) + E(B^2(a))$

$= (s+a) - a - a + \underbrace{V(B(a))}_{a} = s$

$\therefore W(t) = B(t+a) - B(a)$ 亦為標準布朗運動。

布朗運動之馬可夫性

由布朗運動之獨立增量性質，我們有

$P(X(t) \leq x \mid X(t_0) = x_0, X(t_1) = x_1 \cdots, X(t_n) = x_n)$

$= P(X(t) \leq x \mid X(t_0) = x_0)$

上述結果稱為布朗運動之**馬可夫性**（Markovian property）。因此若 $X(t)$ 為布朗運動，由馬可夫性，若 $t_1 < t_2 < t_3$，則

$P(X(t_3)) = x_3 \mid X(t_2) = x_2) = P(X(t_3) = x_3 \mid X(t_2) = x_2, X(t_1) = x_1)$，因此在 $X(0) = 0$ 下我們可導出 $X(t_1)$，$X(t_2)$，$0 < t_1 < t_2$ 之結合機率密度函數：

$X_1 = X(t_1) = x_1, X_2 - X_1 = x_2 - x_1$

$\therefore f(x_1, x_2) = p(x_1, t_1)\, p(x_2 - x_1, t_2 - t_1), t_2 > t_1 > 0$

其中 $p(x, t) = \frac{1}{\sqrt{2\pi t}} e^{-\frac{x^2}{2t}}$

問題 1-5

1. 設 $P_n(t) = \frac{e^{-\lambda t}(\lambda t)^n}{n!}$，$n = 0, 1, 2\cdots$，定義 $Q_n(t) = \frac{d}{dt} P_n(t)$，

   (a) 求證 $Q_n(t) = \begin{cases} \lambda P_{n-1}(t) - \lambda P_n(t), & n \geq 1 \\ -\lambda P_0(t), & n = 0 \end{cases}$

   (b) 求 $\int_0^\infty Q_n(t)\, dt$

   Ans. $\int_0^\infty Q_n(t)\, dt = \begin{cases} 0, & n \geq 1 \\ -1, & n = 0 \end{cases}$

2. 隨機過程 $X(t) = At + b$，$t \in R^+$，b 為常數，A 為服從 $n(0, 1)$ 之 $r.v.$，求 $X(t)$ 之平均數函數，變異數函數、共變數核及相關函數

   Ans. (a) b，(b) t^2，(c) $st(1 + b^2)$，(d) $b^2 + st$

3. 隨機過程 $X(t)$ 之共變數核為 $K(s, t)$

   變異數函數為 $\sigma^2(t)$ 試證

   $|K(s, t)| \leq \frac{1}{2}(\sigma^2(s) + \sigma^2(t))$

4. 設 X，Y 為服從期望值為 λ 之指數分佈之二獨立 $r.v.$，若 $X(t) = X + tY$，求 (a) $X(t)$ 之平均數函數 (b) 相關函數

Ans. (a) $(1+t)\lambda$ (b) $\lambda^2(2+(s+t)+2st)$

5. X，Y 為服從 $n(0，1)$ 之獨立 $r.v.$，令 $X(t) = e^{X+tY}$
求 (a) $X(t)$ 之平均數函數 (b) $X(t)$ 之相關函數

Ans. (a) $e^{\frac{1}{2}(1+t^2)}$ (b) $e^{2+\frac{1}{2}(s+t)^2}$

6. $\{X(t)，t \geq 0\}$ 為布朗運動，$X(t) \sim n(\mu，\sigma^2)$；定義幾何布朗運動（geometric Brown motion）為
$Y(t) = e^{X(t)}$，若 $t > s$，求
$E(Y(t) \mid Y(u)，0 \leq u \leq s)$

Ans. $Y(s)\,e^{(t-s)\left(\mu+\frac{\sigma^2}{2}\right)}$

7. $\{B(t)，t \geq 0\}$ 為標準布朗運動，取 $Y(t) = B(t) - tB(1)$
求 $\mathrm{Cov}(Y(s)，Y(t))$

Ans. $s(1-t)$

8. $\{B(t)，t \geq 0\}$ 是標準布朗運動，試判斷 $X(t) = cB\left(\frac{t}{c^2}\right)$，$c > 0$ 是否為標準布朗運動？

Ans. 是

第2章

卜瓦松過程

2.1 引子

卜瓦松過程（Poisson process）是最簡單也是最基本之計數過程，下章之**更新過程**（Renewal process）是卜瓦松過程之一般化，或者說，更新過程是卜瓦松過程之推廣。

在本質上，**卜瓦松過程是一個計數過程，它描述了在一個特定時間 t 為止，事件發生之次數，它是連續馬可夫過程之特例，**只要事件每發生一次，它便要“跳”到一個更高之狀態，因此，也有人稱卜瓦松過程為**“跳躍過程”**（jump process）

卜瓦松過程定義

卜瓦松過程之定義有下列二種，可證明的是，它們都是同義（equivalent）的：

定義 2.1-1 $\{N(t), t\geq 0\}$ 為一計數過程，若滿足

(1) $N(0)=0$

(2) $N(t)$ 具有獨立增量

(3) 對任何一個 t 和 s

$$P(N(t+s)-N(s)=k)=\frac{\lambda^k}{k!}e^{-\lambda t}, k=0, 1, 2\cdots \text{又 } s, t\geq 0$$

其中 λ 是一給定的參數。

則稱 $\{N(t), t\geq 0\}$ 為**強度**（intensity）λ，$\lambda>0$ 之卜瓦松過程。

$o(h)$

卜瓦松過程之另一定義因用到 $o(h)$ 之觀念，因此我們先介紹 $o(h)$ 之定義及其性質。

2.1-2

函數 $f(\cdot)$ 若滿足 $\lim_{h\to 0}\frac{f(h)}{h}=0$ 則稱 $f(\cdot)$ 為 $o(h)$

由定義，若 $f(\cdot)$，$g(\cdot)$ 均是 $o(h)$，則

(1) $cf(\cdot)$ 為 $o(h)$

(2) $af(\cdot)+bg(\cdot)$ 亦為 $o(h)$

$$\lim_{h\to 0}\frac{af(h)+bg(h)}{h}=a\lim_{h\to 0}\frac{f(h)}{h}+b\lim_{h\to 0}\frac{g(h)}{h}=0+0=0$$

2.1-3

$\{N(t), t\geq 0\}$ 為一計數過程，若滿足：

(1) $N(t)$ 為平穩增量與獨立增量

(2) $P(N(h)=1)=\lambda h+o(h)$，$h>0$

(3) $P(N(h)\geq 2)=o(h)$

則稱 $N(t)$ 是強度 λ，$\lambda>0$ 之卜瓦松過程。

2.1-1

定義 2.1-1 與 2.1-3 是同義。

定義 2.1-1 之 (2)、(3) 實已蘊含獨立穩定增量，令 $P_n(t)=P(N(t)=n)$，現我們只需證明：

「給定 $P(N(t+h)-N(t)=1)=\lambda h+o(h)$，

$P(N(t+h)-N(t)\geq 2)=o(h)\Rightarrow P_n(t)=e^{-\lambda t}\frac{(\lambda t)^n}{n!}$，
$n=0，1，2\cdots$」：

$$P_0(t+h)=P(N(t+h)=0)$$
$$=P(N(t+h)-N(0)=0)$$
$$=P(N(t+h)-N(t)=0，N(t)-N(0)=0)$$
$$=P(N(t+h)-N(t)=0)P(N(t)-N(0)=0)$$
$$=\underbrace{(1-(\lambda h+o(h))-o(h))}_{\text{定義 2.1-3}}P_0(t)$$
$$=P_0(t)(1-\lambda h+o(h))$$

上式兩邊同減 $P_0(t)$ 並同除 h

$$\frac{P_0(t+h)-P_0(t)}{h}=-\lambda P_0(t)+\frac{o(h)}{h}$$
$$\lim_{h\to 0}\frac{P_0(t+h)-P_0(t)}{h}=\lim_{h\to 0}\left(-\lambda P_0(t)+\frac{o(h)}{h}\right)$$
$$=-\lambda P_0(t)$$

$\therefore P_0'(t)=-\lambda P_0(t)$，移項：

$P_0'(t)+\lambda P_0(t)=0$，此為一階線性常微分方程式，取積分因子 $e^{\int\lambda dt}=e^{\lambda t}$ 後同乘上式二邊：

$$e^{\lambda t}P_0'(t)+\lambda e^{\lambda t}P_0(t)=0$$
$$\therefore (e^{\lambda t}P_0(t))'=0$$

得 $e^{\lambda t}P_0(t)=c$，即

$$P_0(t)=ce^{-\lambda t}$$

又 $P_0(0)=P(N(0)=0)=1$

$$\therefore P_0(t)=e^{-\lambda t} \qquad *$$

當 $n\geq 1$ 時

$$P_n(t+h)=P(N(t+h)=n)$$

$$= P(N(t+h)-N(0)=n)$$
$$= P(N(t+h)-N(t)=0，N(t)-N(0)=n)$$
$$+ P(N(t+h)-N(t)=1，N(t)-N(0)=n-1)$$
$$+\sum_{j=2}^{n} P(N(t+h)-N(t)=j, N(t)-N(0)=n-j)$$
$$= P(N(t+h)-N(t)=0)P(N(t)-N(0)=n)$$
$$+ P(N(t+h)-N(t)=1)P(N(t)-N(0)=n-1)$$
$$+\sum_{j=2}^{n} \underbrace{P(N(t+h)-N(t)=j)}_{o(h)} P\underbrace{(N(t)-N(0)=n-j)}_{o(h)}$$
$$= P_0(h)P_n(t)+P_1(h)P_{n-1}(t)+o(h)$$
$$= (1-\lambda h+o(h))P_n(t)+(\lambda h+o(h))P_{n-1}(t)+o(h)$$

$$\frac{P_n(t+h)-P_n(t)}{h} = -\lambda P_n(t)+\lambda P_{n-1}(t)+\frac{o(h)}{h}$$

$$\lim_{h\to 0}\frac{P_n(t+h)-P_n(t)}{h} = \lim_{h\to 0}\left(-\lambda P_n(t)+\lambda P_{n-1}(t)+\frac{o(h)}{h}\right)$$

即

$$P_n'(t) = -\lambda P_n(t)+\lambda P_{n-1}(t)$$
$$P_n'(t)+\lambda P_n(t) = \lambda P_{n-1}(t)$$

兩邊同乘 $e^{\lambda t}$

$$e^{\lambda t}(P_n'(t)+\lambda P_n(t)) = \lambda e^{\lambda t}P_{n-1}(t)$$

$$\therefore \frac{d}{dt}(e^{\lambda t}P_n(t)) = \lambda e^{\lambda t}P_{n-1}(t) \qquad **$$

現在我們用數學歸納法證 $P_n(t)=e^{-\lambda t}\dfrac{(\lambda t)^n}{n!}$，$n=0，1，2\cdots$，由 **：

(1) $n=1$ 時

$$\frac{d}{dt}(e^{\lambda t}P_1(t)) = \lambda e^{\lambda t}P_0(t) = \lambda e^{\lambda t}e^{-\lambda t} = \lambda \quad (\text{由} *P_0(t)=e^{-\lambda t})$$

$\therefore e^{\lambda t}P_1(t) = \lambda t + c$

即 $P_1(t) = (\lambda t + c)e^{-\lambda t}$

又 $P_1(0) = 0$，代入上式得 $c = 0$，即

$P_1(t) = \lambda t e^{-\lambda t}$

(2) 假設 $n = k - 1$ 時成立

$$P_{k-1}(t) = e^{-\lambda t}\frac{(\lambda t)^{k-1}}{(k-1)!}$$

(3) $n = k$ 時

$$\frac{d}{dt}(e^{\lambda t}P_k(t)) = \lambda e^{\lambda t}P_{k-1}(t)\ (由 **)$$

$$= \lambda e^{\lambda t}\cdot e^{-\lambda t}\frac{(\lambda t)^{k-1}}{(k-1)!} = \lambda\cdot\frac{(\lambda t)^{k-1}}{(k-1)!} = \lambda^k\cdot\frac{t^{k-1}}{(k-1)!}$$

$$\therefore e^{\lambda t}P_k(t) = \lambda^k\cdot\frac{t^k}{k!} + c = \frac{(\lambda t)^k}{k!} + c$$

即

$$P_k(t) = e^{-\lambda t}\cdot\frac{(\lambda t)^k}{(k)!} + ce^{-\lambda t}$$

但 $P_k(0) = 0\ \therefore c = 0$

即 $P_k(t) = e^{-\lambda t}\dfrac{(\lambda t)^k}{(k)!}$，$k = 0$，1，2…

即當 $n \in Z^+$ 時 $P_n(t) = e^{-\lambda t}\dfrac{(\lambda t)^n}{n!}$ 均成立。

例 1. 設 $\{N(t), t \geq 0\}$ 服從強度為 λ 之卜瓦松過程，求

(a) $N(t) = n$ 之條件下，$N(s)$ 之條件分佈，$t > s \geq 0$

(b) $E(N(s) \mid N(t) = n)$

解

(a) $P(N(s) = k \mid N(t) = n)$

$$= \frac{P(N(t)=n, N(s)=k)}{P(N(t)=n)}$$

$$= \frac{P(N(s)-N(0)=k, N(t)-N(s)=n-k)}{P(N(t)-N(0)=n)}$$

$$= \frac{P(N(s)-N(0)=k)P(N(t)-N(s)=n-k)}{P(N(t)-N(0)=n)}$$

$$= \frac{\dfrac{e^{-\lambda s}(\lambda s)^k}{k!} \cdot \dfrac{e^{-\lambda(t-s)}(\lambda(t-s))^{n-k}}{(n-k)!}}{\dfrac{e^{-\lambda t}(\lambda t)^n}{n!}}$$

$$= \frac{n!}{k!(n-k)!} \frac{s^k(t-s)^{n-k}}{t^n}$$

$$= \binom{n}{k}\left(\frac{s}{t}\right)^k\left(1-\frac{s}{t}\right)^{n-k}$$

(b) 由 (a)

$$N(s) \mid N(t)=n \sim b\left(n, \frac{s}{t}\right)$$

$$\therefore E(N(s) \mid N(t)=n) = n\left(\frac{s}{t}\right) = \frac{ns}{t}$$

$N(t)$ 之動差

定理 2.1-2 $\{N(t), t \geq 0\}$ 為強度是 λ 之卜瓦松過程，則

(1) $E(N(t)) = \lambda t$

(2) $V(N(t)) = \lambda t$

(1) $E(N(t)) = \sum_{n=0}^{\infty} nP(N(t)=n) = \sum_{n=0}^{\infty} ne^{-\lambda t}\frac{(\lambda t)^n}{n!}$

$$= e^{-\lambda t}\sum_{n=1}^{\infty}\frac{(\lambda t)^{n}}{(n-1)!} = \lambda t e^{-\lambda t}\sum_{n=1}^{\infty}\frac{(\lambda t)^{n-1}}{(n-1)!}$$

$$\underline{\underline{m=n-1}}\,\lambda t e^{-\lambda t}\sum_{m=0}^{\infty}\frac{(\lambda t)^{m}}{m!}$$

$$= \lambda t e^{-\lambda t}\cdot e^{\lambda t} = \lambda t$$

(2) $V(N(t)) = E(N^2(t)) - (E(N(t)))^2$

但 $E(N^2(t)) = \sum_{n=0}^{\infty} n^2 \frac{e^{-\lambda t}(\lambda t)^n}{n!}$

$$= \sum_{n=1}^{\infty}(n-1)n\cdot\frac{e^{-\lambda t}(\lambda t)^n}{n!} + E(N(t))$$

$$= e^{-\lambda t}\sum_{n=1}^{\infty}(n-1)\cdot\frac{(\lambda t)^n}{(n-1)!} + \lambda t = e^{-\lambda t}\sum_{n=2}^{\infty}\frac{(\lambda t)^n}{(n-2)!} + \lambda t$$

$$\underline{\underline{m=n-2}}\,e^{-\lambda t}(\lambda t)^2\sum_{m=0}^{\infty}\frac{(\lambda t)^m}{m!} + \lambda t$$

$$= e^{-\lambda t}(\lambda t)^2 e^{\lambda t} + \lambda t$$

$$= (\lambda t)^2 + \lambda t$$

$$\therefore V(N(t)) = E(N^2(t)) - [E(N(t))]^2$$

$$= (\lambda t)^2 + \lambda t - (\lambda t)^2 = \lambda t$$

例 2. $\{N(t), t \geq 0\}$ 為強度是 λ 之卜瓦松過程，求 $E(N(t)N(t+s))$

解

$$E(N(t)N(t+s))$$

$$= E[N(t)(N(t) + N(t+s) - N(t))]$$

$$= E[N^2(t)] + E[N(t)(N(t+s) - N(t))]$$

$$= [V(N(t)) + E^2(N(t))] +$$

$$E(N(t))E(N(t+s) - N(t))$$

$$= (\lambda t + \lambda^2 t^2) + \lambda t \cdot \lambda s$$
$$= \lambda t + \lambda^2 t (t + s)$$

例 3. 承上例，求 $E(N(t+s) \mid N(t))$

解

$$E(N(t+s) \mid N(t)) = E(N(t+s) - N(t) + N(t) - N(0) \mid N(t)) = E(N(t+s) - N(t) \mid N(t)) + E(N(t) - N(0) \mid N(t))$$
$$= E(N(t+s) - N(t)) + N(t)$$
$$= \lambda s + N(t)$$

在上例，我們應用了 $E(X \mid X) = X$ 之結果。

空間卜瓦松過程

右圖是平面上之**點分佈**（configuration），現在我們有興趣的是：若 S 是 R^2 之子集合，$\{A_1, A_2 \cdots A_n\}$ 為 S 之一個**分割**（seperation），即 $A_i \cap A_j = \phi$，$\forall i \neq j$，$\bigcup_{i=1}^{n} A_i = S$，$N(A_i)$ 表 A_i 內之點數，而 $|A_i|$ 表示 A 之大小（size），它可能是長度，面積…

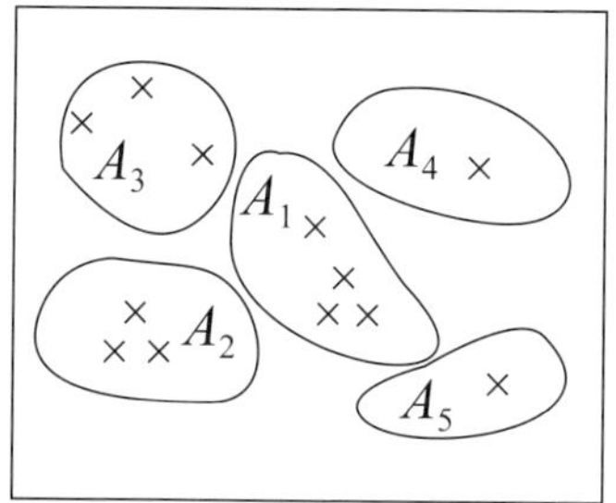

那麼我們就可基於下列公設建立**空間卜瓦松過程**（spatial Poisson process）：

公設 1. $A_1, A_2 \cdots A_n$ 為互斥區域，$N(A_1), N(A_2) \cdots N(A_n)$ 為獨立隨機變數，且 $N(A_1 \cup A_2 \cdots \cup A_n) = N(A_1) + N(A_2) + \cdots + N(A_n)$

公設 2. $N(A)$ 之機率分佈只與 A 之大小，即 $|A|$ 有關

公設 3. 存在一個 $\lambda>0$ 使得 $P(N(A)\geq 1)=\lambda|A|+o(|A|)$

公設 4. $\lim\limits_{|A|\to 0}\dfrac{P(N(A)\geq 1)}{P(N(A)=1)}=1$

若滿足上述公設則

2.1-3 $P(N(A)=k)=\dfrac{e^{-\lambda|A|}(\lambda|A|)^k}{k!}$，$k=0，1，2\cdots$

略

$P(N(A)=k)=\dfrac{e^{-\lambda|A|}(\lambda|A|)^k}{k!}$，$k=0，1，2\cdots$稱為強度是 λ 之**二維卜瓦松過程**（2-dimensional Poisson process with intensity λ）之機率密度函數。

例 4. 給定一個強度為 λ 之二維卜瓦松過程，若 $B\subset A$，求

(a) $P(N(B)=1\,|\,N(A)=1)$

解

$$P(N(B)=1\,|\,N(A)=1)$$

$$=\frac{P(N(B)=1,N(A)=1)}{P(N(A)=1)}$$

$$=\frac{P(N(B)=1,N(A\cap\overline{B})=0)}{P(N(A)=1)}$$

$$=\frac{P(N(B)=1)P(N(A\cap\overline{B})=0)}{P(N(A)=1)}$$

$$= \frac{\frac{(\lambda|B|)e^{-\lambda|B|}}{1!} \cdot \frac{(\lambda|A\cap\overline{B}|)^0 e^{-\lambda|A\cap\overline{B}|}}{0!}}{\frac{(\lambda|A|)e^{-\lambda|A|}}{1!}}$$

$$= \frac{\lambda|B|e^{-\lambda(|B|+|A\cap\overline{B}|)}}{\lambda|A|e^{-\lambda|A|}} = \frac{\lambda|B|e^{-\lambda|A|}}{\lambda|A|e^{-\lambda|A|}} = \frac{|B|}{|A|}$$

例 5. 若平面之上點的分佈可用強度為 λ 之 2 維卜瓦松過程來描述，定義 X 為平面上任一點與其最近點之距離，求 X 之 pdf 及 $E(X)$

解

(a) 設 $x > 0$，則

$F(x) = P(X \leq x) = 1 - P(X > x)$

$= 1 - P$（以該粒子為中心，x 為半徑之圓形區域內均無其它粒子）

$$= 1 - \frac{e^{-\lambda\pi x^2}(\lambda\pi x^2)^0}{0!}，|A| = \pi x^2$$

$$= 1 - e^{-\lambda\pi x^2}$$

$\therefore f(x) = 2\lambda\pi x e^{-\lambda\pi x^2}，x > 0$

(b) $E(X) = \int_0^\infty (1 - F(x))\,dx = \int_0^\infty (1 - (1 - e^{-\lambda\pi x^2}))\,dx$

$$= \int_0^\infty e^{-\lambda\pi x^2}dx$$

但 $\left(\int_0^\infty e^{-\lambda\pi x^2}dx\right)^2 = \int_0^\infty \int_0^\infty e^{-\lambda\pi x^2} \cdot e^{-\lambda\pi y^2}dxdy$

$$= \int_0^\infty \int_0^\infty e^{-\lambda\pi(x^2+y^2)}dxdy$$

利用重積分極坐標變換求法：

取 $x = r\cos\theta$，$y = r\sin\theta$，$r > 0$，$\frac{\pi}{2} > \theta > 0$，$|J| = r$

$$\therefore \int_0^\infty \int_0^\infty e^{-\lambda\pi(x^2+y^2)}\,dxdy$$

$$=\int_0^\infty \int_0^{\frac{\pi}{2}} re^{-\lambda\pi r^2}d\theta dr=\frac{\pi}{2}\int_0^\infty re^{-\lambda\pi r^2}dr$$

$$=\frac{\pi}{2}\cdot\frac{1}{2\lambda\pi}=\frac{1}{4\lambda}$$

$$\therefore E(X)=\frac{1}{2\sqrt{\lambda}}$$

問題 2-1

$\{N(t), t\geq 0\}$ 為強度 λ 之卜瓦松過程，解第 1 ～ 4 題：

1. $\mathrm{Cov}(N(s), N(t))$

Ans. $\lambda\min(s, t)$

2. 若 $0<t_1<t_2<t$ 求 $P(N(t_2)-N(t_1)=j|N(t)=n)$，$0\leq j\leq n$

Ans. $\binom{n}{j}\left(\frac{t_2-t_1}{t}\right)^j\left(1-\frac{t_2-t_1}{t}\right)^{n-j}$

3. 求 $P(N(s)=a, N(t)=b)$，$t>s>0$，$b>a>0$，a，$b\in Z^+$

Ans. $\dfrac{e^{-\lambda t}\lambda^b(t-s)^{b-a}}{a!(b-a)!}$

4. 若 $\{N(t), t\geq 0\}$ 為強度 λ 之卜瓦松過程，求

(a) $P(N(3)=2, N(5)=7, N(8)=10)$

(b) $P(N(5)=7, N(8)=10|N(3)=2)$

(c) $P(N(8)=10|N(3)=2, N(5)=7)$

Ans. (a) $\dfrac{e^{-8\lambda}\lambda^{10}6^5}{2!\,3!\,5!}$ (b) $\dfrac{2^5\cdot 3^3}{3!\,5!}e^{-5\lambda}\lambda^8$ (c) $\dfrac{27\lambda^3e^{-3\lambda}}{3!}$

5. $P_n(t)$ 之生成函數（gererating function）$g(t,s)\triangleq\sum_{n=0}^{\infty}P_n(t)s^n$，

$|s|<1$。我們可用生成函數法解出卜瓦松過程之數學式：將

$$\begin{cases}\dfrac{\mathrm{d}}{\mathrm{d}t}P_0(t)=-\lambda P_0(t)\\ \dfrac{\mathrm{d}}{\mathrm{d}t}P_n(t)=\lambda P_{n-1}(t)-\lambda P_n(t)\end{cases}$$

各乘 s^n，對 s 加總然後

(a) 試證 $\dfrac{\partial}{\partial t}g(t,s)=\lambda(s-1)g(t,s)$

(b) 解 $g(t,s)$

(c) 由關於 n 之冪級數，解出 $P_n(t)$

6. 若 $\{N_1(t),t\geq 0\}$ 與 $\{N_2(t),t\geq 0\}$ 為二獨立之卜瓦松過程，且若它們的強度分別為 λ，μ。令 $X_1(t)=N_1(t)-N_2(t)$ 與 $X_2(t)=N_1(t)+k$，$k\in Z^+$，問它們何者是卜瓦松過程，若是並求其強度。

   Ans：均非卜瓦松過程

7. $\{N(t),t\geq 0\}$ 為任意計數過程，若每一個到著 X 為一隨機變數，設 $E(X)=\mu$，$V(X)=\sigma^2$，試證 $P(N(t)\geq n)\geq 1-\dfrac{n\sigma^2}{(t-n\mu)^2}$

8. 由 $P(N(t)=k)=\dfrac{e^{-\lambda t}(\lambda t)^k}{k!}$，$k=0$，1，2…證 $h\to 0$ 時 $P(N(t+h)-N(t)\geq 2)=o(h)$

9. $\{N(t),t\geq 0\}$ 強度 λ 之卜瓦松過程。

   (a) 求 $N(t)$ 之特徵函數

   (b) 若 $\{X(t),t\geq 0\}$ 與 $\{Y(t),t\geq 0\}$ 分別是強度為 λ 與 μ 之獨立卜瓦松過程，應用(a)之結果，求 $Z(t)=X(t)+Y(t)$ 之特徵函數，並證明 $Z(t)$ 是強度為 $\lambda+\mu$ 之卜瓦松過程。

   (c) 承 (b) 求 $W(t)=X(t)-Y(t)$ 之特徵函數，問 $W(t)$ 是否仍為卜瓦松過程

Ans. (a) $\psi_N(v)=e^{\lambda t(e^{iv}-1)}$，$i=\sqrt{-1}$　(c) 否

10. 給定一個強度 λ 之 2 維卜瓦松過程，求 $P(N(B)=k \mid N(A)=n)$，假定 $B\subset A$ 且 $n\geq k$

Ans. $\binom{n}{k}\left(\frac{|B|}{|A|}\right)^k\left(1-\frac{|B|}{|A|}\right)^{n-k}$

11. 承例 5 若我們考慮 3 維空間（R^3），求 X 之 pdf.

Ans. $f(x)=4\lambda\pi x^2 e^{-\frac{4\pi\lambda}{3}x^3}$，$x>0$

12. $\{N(t), t\geq 0\}$ 為一強度 λ 之卜瓦松過程，它在每一事件發生後緊接就有一段固定時間 T 不會有任何事件發生，T 稱為“死區”（dead period）

求證 $P(N(t)<n)=\sum_{k=0}^{n-1}e^{-\lambda(t-nT)}\frac{[\lambda(t-nT)]^k}{k!}$

2.2　時間間隔分佈

定義 2.2-1　$\{N(t), t\geq 0\}$ 為一計數過程，X_n 為第 $n-1$ 個事件與第 n 個事件發生之**時間間隔**（interarrival times），則第 n 個事件之**到達時間**（arrival time 或 arriving time）S_n 為

$S_n=X_1+X_2+\cdots+X_n$，$n=1,2\cdots$

X_1，$X_2\cdots X_n$ 與 S_n 之關係，我們可由下圖得以了解

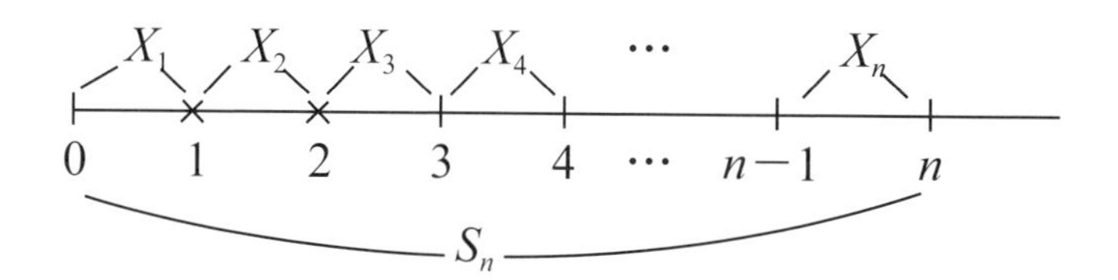

顯然，**S_1 是第 1 個事件發生之時間，S_n 是第 n 個事件發生之時間，因此 $S_1 = X_1$，而 S_n 也稱為 n 個事件之等候時間**（waiting time）

$N(t)$ 與 S_n 之關係

$$N(t) \geq n \Leftrightarrow S_n \leq \mathrm{t}$$

它表達了：在 t 時前發生之次數大於或等於 n 之充要條件為第 n 次發生必需在 t 時前發生。

例 1. 下列敘述何者成立？

1. $N(t) < n \Leftrightarrow S_n > t$
2. $N(t) \leq n \Leftrightarrow S_n \geq t$
3. $N(t) > n \Leftrightarrow S_n < t$

解

1. $N(t) < n \Leftrightarrow S_n > t$ 成立：
   $N(t) < n$ 表示截至 t 時為止，事件發生次數比 n 少，因此，第 n 個事件發生之時間一定大於 t（注意：$N(t) = \max\{n, S_n \leq t\}$），故 $N(t) < n \Rightarrow S_n > t$，其逆敘述亦成立。
2. $S_n \geq t \Rightarrow N(t) \leq n$ 成立：
   因 $S_n \geq t$ 表示第 n 次事件發生之時間 $\geq t$，因此，截至 t 時止發生之次數一定比 n 來得小。

但 $N(t) \leq n \Rightarrow S_n \geq t$ 不恒成立：

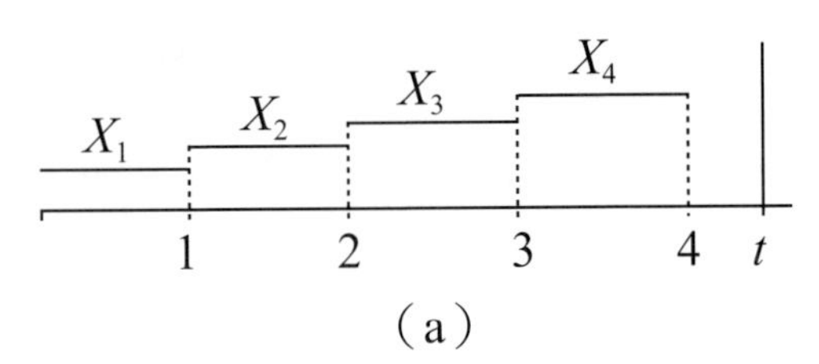

(a)

$N(t)=4\leq 4$。

$S_4 \ngeq t$。

3. $N(t)>n \Rightarrow S_n<t$ 成立：可仿上面二個子題作類似推論
   $S_n<t \Rightarrow n(t)>n$ 不成立：由 (a) 圖亦可看出 $S_4<t$ 但 $N(t)=4 \ngtr 4$。

2.2-1 $\{N(t), t\geq 0\}$ 是強度為 λ 之卜瓦松過程，則時間間隔 X_n ($n=1, 2\cdots$) 獨立服從期望值為 $\dfrac{1}{\lambda}$ 之指數分佈

（我們只證明 X_1，X_2 之情況）

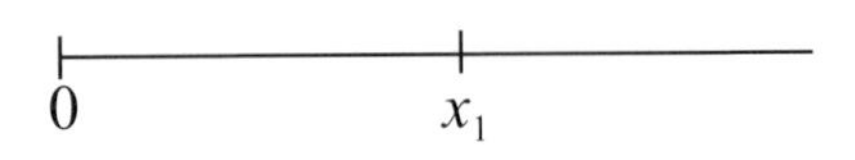

1. X_1：

$$F_{x_1}(t)=P(X_1\leq t)=1-P(X_1>t)$$
$$=1-P(N(t)=0)=1-\frac{e^{-\lambda t}(\lambda t)^0}{0!}$$
$$=1-e^{-\lambda t},$$

$\therefore f_{x_1}(t)=\lambda e^{-\lambda t}$，$t\geq 0$

2. X_2：

為了求 X_2 之分佈，我們對 X_1 在 $X_1=s$ 作條件化（condition

on $X_1 = s$)

$P(X_2 \le t \mid X_1 = s)$

$= 1 - P(X_2 > t \mid X_1 = s)$（如下圖）

$= 1 - P(N(t+s) - N(s) = 0 \mid X_1 = s)$

$= 1 - P(N(t+s) - N(s) = 0)$

$= 1 - \dfrac{e^{-\lambda t}(\lambda t)^0}{0!} = 1 - e^{-\lambda t}$

$X_1 = s$

0　　s　　$t+s$

第1個事件　　第2個事件

$\therefore F_{X_2}(t) = 1 - e^{-\lambda t}$ 或 $f_{X_2}(t) = \lambda e^{-\lambda t}$，$t \ge 0$

等候時間

定理 2.2-2　$\{N(t), t \ge 0\}$ 為強度 λ 之卜瓦松過程，第 n 個事件之等候時間 S_n 服從 $G(n, \lambda)$，即 $f(t) = \dfrac{\lambda(\lambda t)^{n-1}}{(n-1)!}e^{-\lambda t}$，$t > 0$

證明　$S_n = X_1 + X_2 + \cdots X_n$，因為 X_i 獨立服從期望值為 $\dfrac{1}{\lambda}$ 之指數分佈，即 $G(1, \lambda)$ $\therefore S_n \sim G(n, \lambda)$，即 S_n 之 pdf $f(t) = \dfrac{\lambda(\lambda t)^{n-1}}{(n-1)!}e^{-\lambda t}, t > 0$

$P(N(t)=n)=P(S_n\le t)-P(S_{n+1}\le t)$ 。

2.2-3

證明

$$P(N(t)=k)=P(X_1+X_2+\cdots+X_n\le t\text{，}X_1+X_2+\cdots+X_n+X_{n-1}>t)$$
$$=P(S_n\le t\text{，}S_{n+1}>t)$$
$$=P(S_n\le t)-P(S_{n+1}\le \mathrm{t})$$

例 2 （論例）若 $\{N(t)\text{，}t\ge 0\}$ 為強度 λ 之卜瓦松過程，$t>s$ 時求 $P(S_1\le s\mid N(t)=1)$ 與 $f_{s_1\mid N(t)=1}(s)$

解

(a) $P(S_1\le s\mid N(t)=1)$

$$=\frac{P(S_1\le s,N(t)=1)}{P(N(t)=1)}$$

$$=\frac{P(N(s)-N(0)=1,N(t)-N(s)=0)}{P(N(t)-N(0)=1)}$$

$$=\frac{P(N(s)-N(0)=1)P(N(t)-N(s)=0)}{P(N(t)-N(0)=1)}$$

$$=\frac{\dfrac{\mathrm{e}^{-\lambda s}(\lambda s)}{1!}\cdot\dfrac{\mathrm{e}^{-\lambda(t-s)}(\lambda(t-s))^0}{0!}}{\dfrac{\mathrm{e}^{-\lambda t}(\lambda t)}{1!}}=\frac{s}{t}$$

(b) $f_{s_1\mid N(t)=1}(s)=\begin{cases}\dfrac{1}{t}\text{，}0<s\le t\\ 0\text{，其它}\end{cases}$

上例的意思是：在 $(0,t]$ 中有 1 個事件發生下，則該事件在（0，t] 間任一時點出現之機率相同，由例 2 我們可以將此結果擴張到 $N(t)=n$ 之情況，而有下列定理。

2.2-4 $\{N(t),t\geq 0\}$ 為一卜瓦松過程，則在 $N(t)=0$ 之條件下，n 個到達時刻 S_1，$S_2\cdots S_n$ 之分佈為

$$f(t_1,t_2,\cdots t_n \mid N(t)=n)=\frac{n!}{t^n}，0<t_1<t_2\cdots t_n<t$$

證明

取 h_i 為一充分小的數使得 $t_i\leq S_i\leq t_i+h_i$，$i=1，2\cdots n$ 則

$P(t_i<S_i\leq t_i+h_i，i=1，2\cdots n \mid N(t)=n)$

$$=\frac{P(\,(t_i,t_i+h_i]\text{ 間有 1 事件發生，}i=1，2\cdots n，\text{在}(0,t\,]\text{ 之其餘部分無事件發生})}{P(N(t)=n)}$$

$$=\frac{\prod_{i=1}^{n}\frac{e^{-\lambda hi}(\lambda h_i)^1}{1!}\cdot\frac{e^{-\lambda(t-h1-h2\cdots-hn)}(\lambda(t-h_1-h_2\cdots h_n))^0}{0!}}{\frac{e^{-\lambda t}(\lambda t)^n}{n!}}$$

$$=\frac{n!}{t^n}h_1h_2\cdots h_n$$

$$\therefore\ \frac{P(t_i\leq S\leq t_i+h_i,i=1,2\cdots n \mid N(t)=n)}{h_1h_2\cdots h_n}=\frac{n!}{t^n}$$

取 $h_i\to 0$ 則有

$$f(t_1，t_2，\cdots t_n \mid N(t)=n)=\frac{n!}{t^n}，0<t_1<t_2\cdots<t_n<t$$

t_1+h_1　t_2+h_2　t_n+h_n

0　t_1　t_2　$\cdots$　t_n　t

定理 2.2-4 有下列之統計意義：

自均勻分佈 $U(0, t]$ 抽出 U_1，U_2，$\cdots U_n$ 為一組隨機樣本，它們依小到大之**順序統計量**（order statistic）為 $U_{(1)}$，$U_{(2)}\cdots U_{(n)}$，那麼（$U_{(1)}$，$U_{(2)}$，$\cdots$，$U_{(n)}$）之結合分佈函數為：

$$h(u_1, u_2 \cdots u_n) = \frac{n!}{t^n}, 0 < u_1 < u_2 \cdots < u_n < t \qquad (2)$$

比較（1），（2）二式我們知道，在給定 $N(t) = n$ 之條件下，S_1，S_2，$\cdots S_n$ 之機率分佈與自 $U(0, t)$ 抽出 n 個隨機變數 U_1，$U_2 \cdots U_n$ 之順序統計量（$U_{(1)}$，$U_{(2)}$，$\cdots U_{(n)}$）有相同之機率分佈。

因此，我們可推得以下結果

1° $\sum_{i=1}^{n} S_i \mid N(t) = n$ 與 $\sum_{i=1}^{n} U_{(i)}$ 有相同之機率分佈。

因為 $(S_1, S_2 \cdots S_n) \mid N(t) = n$ 與 $(U_{(1)}, U_{(2)} \cdots U_{(n)})$ 有相同分佈 $\therefore \sum_{i=1}^{n} S_i \mid N(t) = n$ 與 $\sum_{i=1}^{n} U_{(i)}$ 有相同之機率分佈。

2° h 為實函數，$\sum_{i=1}^{n} h(S_i) \mid N(t) = n$ 與 $\sum_{i=1}^{n} h(U_{(i)})$ 有相同機率分布。

例 3 求 $\{N(t), t \geq 0\}$ 為一卜瓦松過程，在 $N(t) = n$ 之條件下，求第 k 個事件到著時間之機率分佈，即 $f(t_k \mid N(t) = n)$

解

解法一

$$f(t_1, t_2 \cdots t_n \mid N(t) = n) = \frac{n!}{t^n}, 0 < t_1 < t_2 \cdots t_n < t$$

又

$$f(t_1, t_2 \cdots t_{k-1} \mid N(t) = n) = \frac{(k-1)!}{s^{k-1}}, 0 < t_1 < t_2 \cdots t_{k-1} < s$$

$$f(t_{k+1}, t_{k+2}, \cdots t_n | N(t)=n) = \frac{(n-k)!}{(t-s)^{n-k}},$$

$$s < t_{k+1} < \cdots t_{k+2} \cdots < t_n < t$$

在 $N(t)=n$ 之條件下

$(t_1, t_2 \cdots, t_{k-1})$，$(t_k)$ 與 $(t_{k+1}, t_{k+2} \cdots t_n)$ 為條件獨立，

$$\therefore f(t_1, t_2 \cdots t_n | N(t)=n) = f(t_1, t_2 \cdots t_{k-1} | N(t)=n) \cdot$$
$$f(t_k | N(t)=n) f(t_{k+1}, \cdots t_n | N(t)=n)$$

$$\frac{n!}{t^n} = \frac{(k-1)!}{s^{k-1}} \cdot f(t_k | N(t)=n) \cdot \frac{(n-k)!}{(t-s)^{n-k}}$$

$$\therefore f(t_k | N(t)=n) = \frac{n!}{(k-1)!(n-k)!} \cdot \frac{s^{k-1}(t-s)^{n-k}}{t^n}$$

$$= \frac{n!}{(k-1)!(n-k)!} \frac{1}{t} \cdot \left(\frac{s}{t}\right)^{k-1} \left(1-\frac{s}{t}\right)^{n-k}$$

解法二

令 h 為一個充分小的數，則

$$P(s < T_k \leq s+h | N(t)=n)$$

$$= \frac{P(s < T_k \leq s+h, N(t)=n)}{P(N(t)=n)}$$

$$= \frac{P(s < T_k \leq s+h, N(t)-N(s+h)=n-k)}{\frac{e^{-\lambda t}(\lambda t)^n}{n!}}, t > s + h > s > 0$$

$$= P(s < T_k \leq s+h) P(N(t)-N(s+h)=n-k) \cdot e^{\lambda t}(\lambda t)^{-n} n! \quad (1)$$

$$P(s < T_k \leq s+h) = f(s) \cdot h$$

$$= \frac{\lambda(\lambda s)^{k-1} e^{-\lambda s}}{(k-1)!} \cdot h$$

$$P(N(t)-N(s+h)=n-k) = \frac{e^{-\lambda(t-s-h)}[\lambda(t-s-h)]^{n-k}}{(n-k)!}$$

代入上述結果入（1），然後同除 h 並令 $h\to 0$ 得

$$(1)=\frac{\lambda(\lambda s)^{k-1}e^{-\lambda s}}{(k-1)!}\cdot\frac{e^{-\lambda(t-s)}(\lambda(t-s))^{n-k}}{(n-k)!}e^{\lambda t}(\lambda t)^{-n}n!$$

$$\therefore f(t_k|N(t)=n)=\frac{n!}{(k-1)!(n-k)!}\frac{1}{t}\left(\frac{s}{t}\right)^{k-1}\left(1-\frac{s}{t}\right)^{n-k}$$

問題 2-2

1. $\{N(t), t\geq 0\}$ 是強度為 λ 之卜瓦松過程，若 T 是服從參數為 α 之指數分佈，且若 $T \perp\!\!\!\perp N(t)$，求 (a) $N(T)$ 之機率分佈 (b) $E(N(T))$

   Ans. (a) $\lambda^k\alpha/(\alpha+\lambda)^{k+1}$ (b) $\frac{\lambda}{\alpha}$

2. 考慮強度為 λ 之卜瓦松過程，T 為第 1 個事件發生之時刻，$N\left(\frac{T}{a}\right)$ 為第 1 個事件發生後，$\frac{T}{a}$ 時間內發生之次數。求

   (a) $E\left(N\left(\frac{T}{a}\right)T\right)$ (b) $E\left(\left(N\left(\frac{T}{a}\right)T\right)^2\right)$

   Ans. (a) $\frac{2}{a\lambda}$ (b) $\frac{6}{a\lambda^2}+\frac{24}{a^2\lambda^2}$

3. $\{N(t), t\geq 0\}$ 為強度 λ 之卜瓦松過程，求 (a) $E(S_n)$ 與 (b) $V(S_n)$

   Ans. (a) $\frac{n}{\lambda}$ (b) $\frac{n}{\lambda^2}$

4. 設病人到醫院看病之人數是服從強度 λ 之卜瓦松過程，X_i 為第 i 個病人到達時刻，假設醫生看診是在 t 時，求 $[0, t]$ 間所有病人之期望等候時間

   Ans. $\frac{1}{2}\lambda t^2$

5. 設 $\{N_1(t), t\geq 0\}$ 與 $\{N_2(t), t\geq 0\}$ 為二個獨立的卜瓦松過程，若 $N_1(t)$，$N_2(t)$ 之強度分別為 λ，μ，求 $N_2(t)$ 任意二個相鄰事件發生之區間內，$N_1(t)$ 發生之次數的機率分佈

   Ans. $P(N_1(t)=k)=\frac{\mu}{\lambda+\mu}\left(\frac{\lambda}{\lambda+\mu}\right)^k$，$k=0$，1，2…

6. 承上題，求在 $N_2(t)$ 三個連續事件發生之時間區間內，$N_2(t)$ 發生之次數。

   Ans. $(k+1)\left(\frac{\mu}{\lambda+\mu}\right)^2\left(\frac{\lambda}{\lambda+\mu}\right)^k$

7. $\{N_1(t), t\geq 0\}$ 與 $\{N_2(t), t\geq 0\}$ 為二獨立卜瓦松過程，它們的強度分別為 λ，μ。若 $S_k^{(1)}$ 為 $N_1(t)$ 之第 k 個事件到達時間，$S_1^{(2)}$ 為 $N_2(t)$ 之第 1 個事件到達時間，求 $P(S_k^{(1)}<S_1^{(2)})$

   Ans. $\left(\frac{\lambda}{\lambda+\mu}\right)^k$

8. 求 X_3 之 pdf。

   Ans. $\lambda e^{-\lambda x}$，$x\geq 0$

9. (a) 求 S_1，S_2 之 j pdf　(b) 請“猜” S_1，S_2，S_3 之 j pdf.

   Ans. (a) $\lambda^2 e^{-\lambda S_2}$，$\infty>s_2>s_1>0$

   (b) $\lambda^3 e^{-\lambda S_3}$，$\infty>s_3>s_2>s_1>0$

2.3 非齊次卜瓦松過程

定義 2.3-1 若 $\{N(t), t \geq 0\}$ 為一計數過程，若滿足下列條件則稱 $N(t)$ 為**強度函數**（intensity function）是 $\lambda(t)$ 之**非齊次卜瓦松過程**（non-homogeneous Poisson process）：

(1) $N(0) = 0$

(2) $N(t)$ 為獨立增量

(3) $P(N(t+h) - N(t) = 1) = \lambda(t)h + o(h)$

(4) $P(N(t+h) - N(t) \geq 2) = o(h)$

當 $\lambda(t) = c$（常數）時，非齊次卜瓦松過程即為強度為 c 之卜瓦松過程。因為 $N(t)$ 具獨立增量，因此非重疊之區間（non-overlapping interval）發生次數是互相獨立的。

2.3-1 若 $\{N(t), t \geq 0\}$ 為強度函數 $\lambda(t)$ 之非齊次卜瓦松過程，令 $m(t) = \int_0^t \lambda(x)\,dx$，則：

1° $P(N(t) = k) = \dfrac{[(m(t))]^k}{k!} e^{-m(t)}$，$k = 0, 1, 2\cdots$

2° $P(N(t+s) - N(s) = k)$

$$= \frac{e^{-(m(t+s)-m(s))}(m(t+s)-m(s))^k}{k!} \quad k = 0, 1, 2\cdots,$$

在此 $m(t+s)-m(t)=\int_t^{t+s}\lambda(x)\,dx$

$E(N(t))=m(t)$，因此 $m(t)$ 稱為**平均值函數**（mean value function）。

對任何一個固定 t，定義 $P_n(s)=P(N(t+s)-N(t)=n)$，

則 $P_0(s+h)=P(N(t+s+h)-N(t)=0)$

$=P(N(t+s)-N(t)=0$ 且 $N(t+s+h)-N(t+s)=0)$

$=P(N(t+s)-N(t)=0)P(N(t+s+h)-N(t+s)=0)$

$=P_0(s)[1-\lambda(t+s)h+o(h)]$

$$\frac{P_0(s+h)-P_0(s)}{h}=-\lambda(t+s)P_0(s)+\frac{o(h)}{h}$$

$$\therefore \lim_{h\to 0}\frac{P_0(s+h)-P_0(s)}{h}=-\lambda(t+s)P_0(s)$$

即 $P_0'(s)=-\lambda(t+s)P_0(s)$

$$\frac{P_0'(s)}{P_0(s)}=-\lambda(t+s)$$

得 $\ln P_0(s)=-\int_0^s\lambda(t+u)\,du\ \underline{\underline{x=t+u}}\ -\int_t^{t+s}\lambda(x)\,dx$

$\therefore P_0(s)=\exp[-((m(t+s)-m(t))]$

現在我們要推導 $P_n(s+h)$ 之情況：

$P_n(s+h)=P(N(t+s+h)-N(t)=n)$

$=P(N(t+s)-N(t)=n, N(t+s+h)-N(t+s)=0)+P(N(t+s)-N(t)=n-1, N(t+s+h)-N(t+s)=1)+P(N(t+s)-N(t)=n-2, N(t+s+h)-N(t+s)=2)+\cdots$

$$= P(N(t+s)-N(t)=n)P(N(t+s+h)-N(t+s)=0)+P(N(t+s)-N(t)=n-1)P(N(t+s+h)-N(t+s)=1)+P(N(t+s)-N(t)=n-2)P(N(t+s+h)-N(t+s)=2)+\cdots$$

$$= P_n(s)[1-\lambda(t+s)h+o(h)]+P_{n-1}(s)[\lambda(t+s)h]+o(h)$$

$$\frac{P_n(s+h)-P_n(s)}{h} = -\lambda(t+s)P_n(s)+\lambda(t+s)P_{n-1}(s)+\frac{o(h)}{h}$$

$$\therefore P_n'(s) = \lim_{h\to 0}\frac{P_n(s+h)-P_n(s)}{h} = -\lambda(t+s)P_n(s)+\lambda(t+s)P_{n-1}(s)$$

當 $n=1$ 時

$$P_1'(s) = -\lambda(t+s)P_1(s)+\lambda(t+s)P_0(s) = -\lambda(t+s)P_1(s)+\lambda(t+s)\exp[-(m(t+s)-m(t)]$$

此為一階線性微分方程式，又 $P_1(0)=0$ （$\because P_1(0)=P(N(0)=1)=0$）

解之，可得：

$$P_1(s) = [m(t+s)-m(t)]\exp[-(m(t+s)-m(t))]$$

其餘部分可用數學歸納法證明。

對於非齊次卜瓦松過程而言，$S_n \le t \Leftrightarrow N(t) \ge n$ 之關係仍然成立，即 $P(S_n \le t) = P(N(t) \ge n)$ 或

$$\int_0^t \frac{\lambda(x)(m(x))^{n-1}}{(n-1)!}e^{-m(x)}dx = \sum_{i=n}^{\infty}\frac{[(m(t)]^i}{i!}e^{-m(t)}$$

上式亦可用數學歸納法導證之，見本節問題第 7 題。

例 1. 若 $\{N(t), t \geq 0\}$ 為強度函數 $m(t) = t^2 + t$，$t \geq 0$ 之非齊次卜瓦松過程。求在 $t = 1$ 至 $t = 2$ 間有 k 個事件發生之機率

解

$$P(N(2) - N(1) = k)$$
$$= \frac{(m(2)-m(1))^k e^{-(m(2)-m(1))}}{k!}$$
$$= \frac{(6-2)^k e^{-(6-2)}}{k!} = \frac{4^k e^{-4}}{k!}$$

例 2. 若某巴士站在下午 1 時到下午 2 時間候車人數為卜瓦松過程，其到達率大致呈直線性關係：若下午 1 時候車人數為 2 人，下午 2 時候車人數為 6 人，求在下午 1 時到 2 時間有 3 人候車之機率。

解

$$\because \lambda(0) = 2，\lambda(1) = 6 \quad \therefore \lambda(t) = a + bt = 2 + 4t$$
$$\therefore m(t) = \int_0^1 (2+4t)\,dt = 4$$
$$P(N(2) - N(1) = 3)$$
$$= P(N(1) = 3) = \frac{e^{-4}(4)^3}{3!} = \frac{32}{3}e^{-4}$$

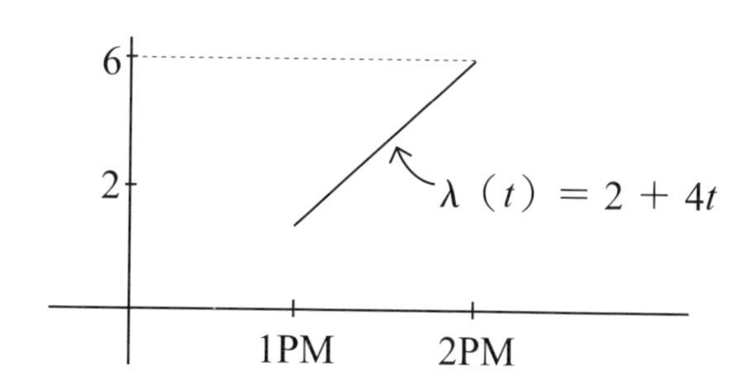

例 3. $\{N(t), t\geq 0\}$ 為強度函數 $\lambda(t)$ 之非齊次卜瓦松過程，X_1，X_2 分表第 1 次，第 2 次到著時間，求 (a) X_1 之分佈 (b) X_1，X_2 是否服從同一機率分佈？是否為獨立？

解

(a)

$$P(X_1 > t) = P(N(t) = 0) = e^{-m(t)} \cdots\cdots\cdots\cdots\cdots\cdots (1)$$

$\therefore F_{X_1}(t) = 1 - e^{-m(t)}$ 得 $f_{X_1}(t) = m'(t)\, e^{-m(t)}$，$t\geq 0$

(b)

$$P(X_2 > t) = \int_0^\infty P(X_2 > t \mid X_1 = s) f_{X_1}(s)\, ds$$

$$= \int_0^\infty P(\ (s, s+t]\text{ 間無事件發生} \mid X_1 = s) f_{X_1}(s)\, ds$$

$$= \int_0^\infty P(N(s+t) - N(s) = 0) f_{X_1}(s)\, ds$$ （∵獨立增量性質）

$$= \int_0^\infty e^{-(m(t+s)-m(s))} m'(s)\, e^{-m(s)}\, ds$$ （利用（a）之結果）

$$= \int_0^\infty e^{-m(t+s)} m'(s)\, ds \qquad (2)$$

由 (1)、(2) 知 X_1，X_2 不服從同一機率分佈。又 X_2 之分佈函數含 s，表示 X_1，X_2 不為獨立。

例 4. $\{N(t), t\geq 0\}$ 為平均值函數 $m(t)$ 之非齊次卜瓦松過程，求 $P(S_1 \leq s \mid (N(t) = 1)$，$t\geq s$

解

$$P(S_1 \leq s \mid (N(t) = 1)$$

$$= \frac{P(S_1 \leq s, N(t) = 1)}{P(N(t) = 1)}$$

$$= \frac{P(N(s)=1, N(t)-N(s)=0)}{P(N(t)=1)}$$

$$= \frac{P(N(s)=1)P(N(t)-N(s)=0)}{P(N(t)=1)}$$

$$= \frac{\dfrac{m(s)\mathrm{e}^{-m(s)}}{1!} \cdot \dfrac{\mathrm{e}^{-(m(t)-m(s))}(m(t)-m(s))^0}{0!}}{\dfrac{\mathrm{e}^{-m(t)}\ m(t)}{1!}}$$

$= \dfrac{m(s)}{m(t)}$，$s \leq t$。

定理 2.3-2 $\{N(t), t \geq 0\}$ 為強度函數 $\lambda(t)$ 之非齊次卜瓦松過程，$m(t)$ 為平均值函數，令 $N^*(t) = N(m^{-1}(t))$ 則 $N^*(t)$ 為強度是 1 之卜瓦松過程。

證明

$$P(N^*(t) = k) = P(N(m^{-1}(t)) = k)$$

$$= \frac{[m(m^{-1}(t)]^k}{k!}\mathrm{e}^{m(m^{-1}(t))}$$

$$= \frac{t^k}{k!}\mathrm{e}^t = \frac{(1t)^k}{k!}\mathrm{e}^{1t}$$

即 $N^*(t)$ 服從強度為 1 之卜瓦松過程。

問題 2-3

1. 若 $\{N(t), t \geq 0\}$ 是強度函數 $\lambda(t) = \dfrac{1}{2}(1 + \sin\omega t)$ 之非齊次卜瓦松過程，求 $E(N(t))$ 與 $V(N(t))$，$\omega \neq 0$

Ans: $\frac{1}{2}\left(t+\frac{1}{\omega}(1-\cos\omega t) \right)$

2. $\{N(t), t\geq 0\}$ 為強度函數 $\lambda(t)$ 之非齊次卜瓦松過程，$m(t)=E(N(t))$，試證

   $g(s)=\frac{\lambda(s)}{m(t)}$ $t\geq s\geq 0$ 為一機率密度函數

3. 若 $\{N(t), t\geq 0\}$ 為一平均值函數 $m(t)$ 之非齊次卜瓦松過程，求 $P(X_1\leq x)$

   Ans. $1-e^{-m(x)}$

4. 承上題，試證 $P(X_n\leq x)=1-\int_0^{\infty} e^{-m(t+x)}\frac{[(m(t)]^{n-2}}{(n-2)!}\lambda(t)\,dt$

5. $\{N(t), t\geq 0\}$ 是強度函數 $\lambda(t)=\alpha\beta(\alpha t)^{\beta-1}$ 之非齊次卜瓦松過程，求 X_1 之分佈函數

   Ans. $F(t)=1-\exp\{-(\alpha t)^{\beta}\}$

6. $\{N(t), t\geq 0\}$ 為強度函數是 $\lambda(t)$，$t\geq 0$ 的非齊次卜瓦松過程，求 $E[N(t+s)N(t)]$

   Ans. $\int_0^t \lambda(u)\,du[1+\int_0^{t+s}\lambda(u)\,du]$

7. $\{N(t), t\geq 0\}$ 為強度函數是 $\lambda(t)$，$t\geq 0$ 之非齊次卜瓦松過程，試用數學歸納法證明

   $$\int_0^t \frac{\lambda(x)(m(x))^{n-1}}{(n-1)!}e^{-m(x)}dx=\sum_{i=n}^{\infty}\frac{[m(t)]^i}{i!}e^{-m(t)}$$

2.4 複合卜瓦松過程

2.4-1 $\{N(t), t \geq 0\}$ 為強度 λ 之卜瓦松過程，$\{Y_k, k = 1, 2\cdots\}$ 是獨立服從同一機率分佈之隨機敘列，且 $\{Y_k\}$ 與 $N(t)$ 獨立，令 $X(t) = \sum_{k=1}^{N(t)} Y_k$，$t \geq 0$ 則稱 $\{X(t), t \geq 0\}$ 為**複合卜瓦松過程**（compound Poisson process）

2.4-1 若 $\{N(t), t \geq 0\}$ 為強度 λ 之卜瓦松過程，$\{Y_j\}$ 為服從期望值 μ，變異數 σ^2 之獨立隨機敘列，若 $N(t) \perp\!\!\!\perp \{Y_k\}$，

$X(t) = \sum_{k=1}^{N(t)} Y_k$

則 $E(X(t)) = \lambda t E(Y)$ 與 $V(X(t)) = \lambda t E(Y^2)$

證明 1. $E(X(t)) = \lambda t E(Y)$：

$$\because E\left(\sum_{k=1}^{N(t)} Y_k \middle| N(t) = n\right)$$

$$= E\left(\sum_{k=1}^{n} Y_k\right) = \sum_{k=1}^{n} E(Y_k) = n\mu$$

$$\therefore E(X(t) | N(t)) = N(t) \cdot \mu$$

$$E(X(t)) = E(E(X(t) | N(t)))$$

$$= E(N(t) \cdot \mu) = E(N(t)) \cdot \mu = \lambda t \mu$$

或 $\lambda t E(Y)$

2. $V(X(t)) = \lambda t E(Y^2)$：

$E(X^2(t) \mid N(t) = n)$

$$= E\left(\left(\sum_{k=1}^{n} Y_k\right)^2 \middle| N(t) = n\right)$$

$$= E\left(\sum_{k=1}^{n} Y_k\right)^2 = V\left(\sum_{k=1}^{n} Y_k\right) + \Bigg[\underbrace{E\left(\sum_{k=1}^{n} Y_k\right)}_{n\mu}\Bigg]^2$$

$$= n\sigma^2 + n^2\mu^2$$

$\therefore E(X^2(t) \mid N(t)) = N(t)\sigma^2 + (N(t))^2\mu^2$

$$\begin{aligned} E(X^2(t)) &= E(E(X^2(t) \mid N(t))) \\ &= E(N(t)\sigma^2 + (N(t))^2\mu^2) \\ &= \sigma^2 E(N(t)) + \mu^2(V(N(t)) + E^2(N(t))) \\ &= \sigma^2\lambda t + \mu^2(\lambda t + (\lambda t)^2) \end{aligned}$$

$$\begin{aligned} V(X(t)) &= E(X^2(t)) - [E(X(t))]^2 \\ &= \sigma^2\lambda t + \mu^2(\lambda t + (\lambda t)^2) - (\lambda t\mu)^2 \\ &= (\sigma^2 + \mu^2)\lambda t \end{aligned}$$

或 $V(X(t)) = \lambda t E(Y^2)$

例 1. $\{N(t), t \geq 0\}$ 是強度為 2 之卜瓦松過程，Y 為一隨機變數，

若 $P(Y=0) = \frac{1}{6}$，$P(Y=1) = \frac{1}{3}$，$P(Y=2) = \frac{1}{2}$。

令 $X(t) = \sum_{i=1}^{N(t)} Y_i$，$N(t) \perp\!\!\!\perp Y_i$

求 (a) $E(X(6))$　(b) $V(X(6))$

解

$\because E(Y) = \frac{4}{3}, E(Y^2) = \frac{7}{3}$

$E(X(6)) = E(N(6))E(Y) = 2 \cdot 6 E(Y) = 12 \cdot \frac{4}{3}$

$$= 16$$

$$V(X(6)) = E(N(6))E(Y^2) = 2 \cdot 6E(Y^2)$$
$$= 12 \cdot \frac{7}{3} = 28$$

例 2. 學生在圖書館借書人數是強度 20（人 / 小時）之卜瓦松過程，若規定每人一次不得借 3 本書，且依以往統計，每位借書者每次借 1，2，3 本之機率分別為 0.2，0.5，0.3，求 1 小時內平均讀者借書之總冊數，假設每個人借書之冊數是獨立的。

解

Y_i ＝借 i 本書之事件　$i = 1，2，3$

$$X(t) = \sum_{i=1}^{N(t)} Y_i$$

$$E(X(t)) = \lambda t E(Y)$$
$$= (20 \times 1)[1 \times 0.2 + 2 \times 0.5 + 3 \times 0.3]$$
$$= 20 \times 2.1 = 42 \text{（本）}$$

例 3. 設某類昆蟲每隻出生到 t 時止之產卵數是服從強度為 λ 之卜瓦松過程，而每個卵能孵化成幼蟲之機率為 p，若每個孵化成幼蟲與否是互相獨立的，令 $X(t)$ 是該昆蟲每隻在 $(0，t]$ 時能孵化出幼蟲之個數，求 (a) $P(X(t) = k)$，$k = 0，1，2 \cdots$ (b) $E(X(t))$

解

設 $\{N(t), t \geq 0\}$ 為 $(0，t]$ 內之產卵數

$$Y_i = \begin{cases} 1 & \text{第 } i \text{ 個卵孵化成幼蟲} \\ 0 & \text{第 } i \text{ 個卵未被卵孵化成幼蟲} \end{cases}$$

$$\therefore X(t)=\sum_{i=1}^{N(t)} Y_i$$

(b) $E(X(t))=\lambda tE(Y)=\lambda t\cdot p$

(a) $\because X(t)$ 之強度為 λp。

$$\therefore P(X(t)=k)=\frac{e^{-\lambda pt}(\lambda pt)^k}{k!}, k=0, 1, 2\cdots$$

問題 2-4

1. 設 $\{N(t), t\geq 0\}$ 為強度 λ 之卜瓦松過程，若 $T \perp\!\!\!\perp N(t)$ 且 $T \cup \text{Exp}(a)$，求 (a) $P(N(T)=n)$ (b) $E(N(T))$

   Ans. (a) $\dfrac{\lambda^n a}{(\lambda+a)^{n+1}}$ (b) $\dfrac{\lambda}{a}$

2. 設一製程，平均每小時有 α 個不良品出現，若該製程每天作業時間 Z_j 為一服從 $U(a, b)$（單位：小時）之獨立隨機變數，求該製程平均每天有多少不良品

   Ans. $\dfrac{(a+b)\alpha}{2}$

3. $\{N(t), t\geq 0\}$ 為強度 λ 之卜瓦松過程，試求複合卜瓦松過程 $\left\{X(t)=\sum_{i=1}^{N(t)} Y_i, t\geq 0\right\}$ Y_i 獨立服從均勻分佈 $U(a, b)$，

   $Y_i \perp\!\!\!\perp N(t)$

   求 (a) $E(X(t))$ (b) $V(X(t))$

   Ans. (a) $\left(\dfrac{b+a}{2}\right)\lambda t$ (b) $\left(\dfrac{b^2+ab+a^2}{3}\right)\lambda t$

4. $X_1, X_2\cdots X_n$ 為服從同一分佈之獨立隨機變數，N 為非負之正整值隨機變數，且 N 與 $X_1, X_2\cdots X_n$ 相互獨立，令 $Y=\sum_{i=1}^{N} X_i$，

   求 (a) $\phi_Y(t)$，(b) $E(Y^2)$ 及 (c) $V(Y)$

Ans. (a) $E(\phi_X(t))^N$ (b) $E(N)V(X)+EN^2E^2(X)$

(c) $E^2(X)\cdot V(N)+E(N)V(X)$

5. $\{N(t), t\geq 0\}$ 為強度 λ 之卜瓦松過程，求複合卜瓦松過程 $\left\{X(t)=\sum_{i=1}^{N(t)}Y_i, t\geq 0\right\}$ 之動差生成函數 $\phi_{X(t)}(v)$，但 $N(t) \perp\!\!\!\perp Y_i$

Ans. $\exp\{\lambda t(\phi_Y(v)-1\}$，（利用上題 (a) 之結果）

2.5 卜瓦松過程之合成與分解

卜瓦松過程之合成

2.5-1 若二個卜瓦松過程：$\{N_1(t), t\geq 0\}$ 之強度為 λ，$\{N_2(t), t\geq 0\}$ 之強度為 μ，$N_1(t) \perp\!\!\!\perp N_2(t)$，$N^*(t)=N_1(t)+N_2(t)$ 則 $\{N^*(t), t\geq 0\}$ 為強度 $\lambda+\mu$ 之卜瓦松過程。

$$
\begin{aligned}
&P(N^*(t)=n)\\
&=P(N_1(t)+N_2(t)=n)\\
&=\sum_{k=0}^{n}P(N_1(t)=k, N_2(t)=n-k)\\
&=\sum_{k=0}^{n}P(N_1(t)=k)P(N_2(t)=n-k)
\end{aligned}
$$

$$= \sum_{k=0}^{n} \frac{e^{-\lambda t}(\lambda t)^k}{k!} \cdot \frac{e^{-\mu t}(\mu t)^{n-k}}{(n-k)!}$$

$$= \sum_{k=0}^{n} \frac{n!}{k!(n-k)!} \cdot \frac{e^{-(\lambda+\mu)t}(\lambda t)^k(\mu t)^{n-k}}{n!}$$

$$= \frac{e^{-(\lambda+\mu)t}}{n!} t^n \sum_{k=0}^{n} \binom{n}{k} \lambda^k \mu^{n-k}$$

$$= \frac{e^{-(\lambda+\mu)t}}{n!} t^n \cdot (\lambda+\mu)^n$$

$$= \frac{((\lambda+\mu)t)^n}{n!} e^{-(\lambda+\mu)t}，n = 0，1，2\cdots$$

即 $\{N^*(t), t \geq 0\}$ 服從強度為 $\lambda + \mu$ 之卜瓦松過程。

上述定理之一般化結果如下：

定理 2.5-2 $\{N_i(t), t \geq 0\}$ $i = 1，2，\cdots n$ 為強度分別是 λ_1，λ_2，$\cdots\lambda_n$ 之卜瓦松過程。若 $N_i(t)$ 均為獨立，$N(t) = N_1(t) + N_2(t) + \cdots + N_n(t)$ 則 $\{N(t), t \geq 0\}$ 為強度 $\lambda_1 + \lambda_2 + \cdots + \lambda_n$ 之卜瓦松過程。

卜瓦松過程之分解

定理 2.5-3 若 $\{N(t), t \geq 0\}$ 為強度是 λ 之卜瓦松過程，若在時刻 s 發生次數被歸成型 I 事件之機率為 $P(s)$，歸成型 II 事件之機率為 $1 - P(s)$。各事件在 s 時被歸成型 I，型 II 之機率為獨立。若 $N_i(t)$，$i = 1，2$ 表示在 $(0，t]$ 時型 I，

II 事件發生之次數，則 $N_1(t)$，$N_2(t)$ 分別獨立服從強度為 λp，$\lambda(1-p)$ 之卜瓦松過程，且 $p=\frac{1}{t}\int_0^t P(s)\,ds$

證明

$P(N_1(t)=k, N_2(t)=n-k)$

$=P(N_1(t)=k, N_2(t)=n-k \mid N(t)=n)P(N(t)=n)$ (1)

現，我們要證明 $p=\frac{1}{t}\int_0^t P(s)\,ds$：

在 $(0, t]$ 中發生之任一事件，如果它發生之時間為 s，則該事件為型 I 之機率為 $P(s)$，又此事件發生之時間在 $(0, t]$ 上是均勻分佈，因此它是型 I 事件之機率

$$p=\int_0^t P(s)\frac{1}{t}ds=\frac{1}{t}\int_0^t P(s)\,ds$$

又 $P(N_1(t)=k, N_2(t)=n-k \mid N(t)=n)$

$=\binom{n}{k}p^k(1-p)^{n-k}$

$\therefore P(N_1(t)=k, N_2(t)=n-k \mid N(t)=n)P(N(t)=n)$

$$=\binom{n}{k}p^k(1-p)^{n-k}\frac{e^{-\lambda t}(\lambda t)^n}{n!}$$

$$=\frac{n!}{k!(n-k)!}p^k(1-p)^{n-k}\frac{e^{-\lambda t}(\lambda t)^n}{n!}$$

$$=\frac{(\lambda pt)^k e^{-\lambda pt}}{k!}\cdot\frac{e^{-\lambda(1-p)t}(\lambda(1-p)t)^{n-k}}{(n-k)!}$$

$\therefore N_1(t) \sim$ 強度為 λp 之卜瓦松過程，$N_2(t) \sim$ 強度為 $\lambda(1-p)$ 之卜瓦松過程，且 $N_1(t) \perp\!\!\!\perp N_2(t)$

例 1. 某一車道之車流是服從卜瓦松過程，經統計，A，B，C 車道每分鐘分別駛入 5，4，6 輛車，同時各車道車輛可由其他車道駛出或向原車道回駛，車輛行駛各車道之機率為

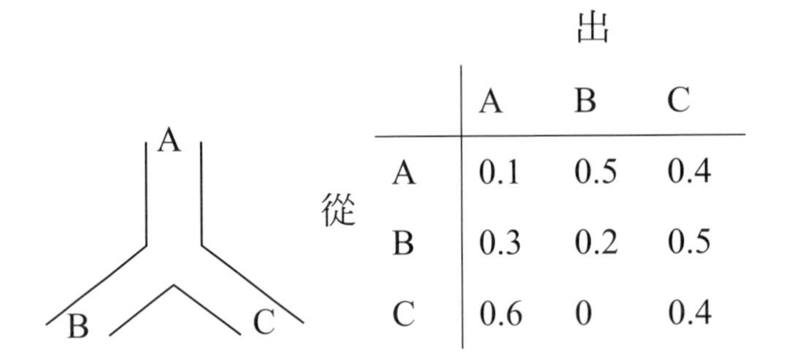

從 \ 出	A	B	C
A	0.1	0.5	0.4
B	0.3	0.2	0.5
C	0.6	0	0.4

求各車道之車流強度？

解

依題意，我們可建立下列分流表：

	A 道分流	B 道分流	C 道分流
A 道駛入 $\lambda_1 = 5$	$0.1\lambda_1$	$0.5\lambda_1$	$0.4\lambda_3$
B 道駛入 $\lambda_2 = 4$	$0.3\lambda_2$	$0.2\lambda_2$	$0.5\lambda_2$
C 道駛入 $\lambda_3 = 6$	$0.6\lambda_3$	0	$0.4\lambda_3$
駛出強度（車 / 分）	$\lambda_1 = 5.3$	$\lambda_2 = 3.3$	$\lambda_3 = 6.4$

∴ A 車道之車流是卜瓦松過程，強度為 5.3 輛 / 分

B 車道之車流是卜瓦松過程，強度為 3.3 輛 / 分

C 車道之車流是卜瓦松過程，強度為 6.4 輛 / 分

由例 1，我們可看出卜瓦松過程之分解實則為原過程強度之全分攤。

問題 2-5

1. $\{N_1(t), t \geq 0\}$ 與 $\{N_2(t), t \geq 0\}$ 為二獨立卜瓦松過程，其強度分別為 1.2 與 0.8，$N^*(t) = N_1(t) + N_2(t)$

   (a) 求 $P(N^*(t) \geq 1)$

   (b) $f_{s_1|N^*(t)=1}$

   Ans: (a) $1 - e^{-2t}$ (b) $\frac{1}{t}$，$1 > t > 0$

2. 某工作站要處理生產線 I，II 輸送過來的元件，假定二者到達時間均可用卜瓦松過程來建模，依過去統計，生產線 I 平均每 16 分鐘有一元件到工作站，生產線 II 為 24 分鐘。假定二條生產線元件到達時間是獨立的，求

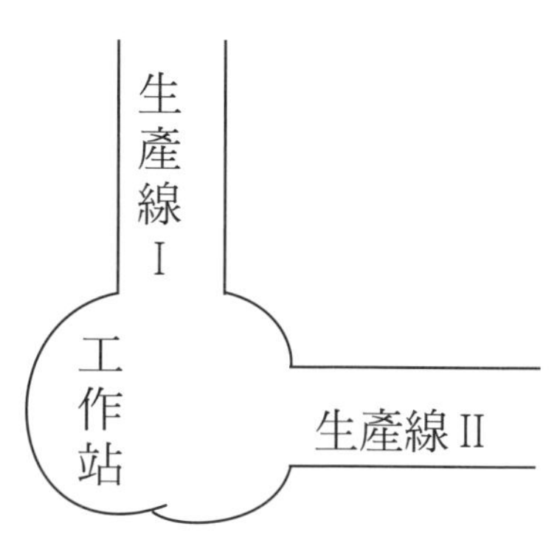

   (a) 生產線 I 在 32 分鐘內恰有 3 個元件，且生產線 II 在 36 分鐘內有 2 個元件抵工作站之機率。

   (b) 工作站收到來自生產線 I 或生產線 II 之第一個元件的期望時間（以分鐘計）

   (c) 生產線 I 之 2 個元件至少在 32 分鐘才抵達工作站之機率

   Ans (a) $\frac{3}{2}e^{-\frac{7}{2}}$ (b) $\frac{48}{5}$ (c) $3e^{-2}$

2.6 條件卜瓦松過程

條件卜瓦松過程（conditional Poisson process）是假設卜瓦松過程之強度 λ 為服從某種分佈函數 $G(x)$，$x \geq 0$ 之隨機變數，其正式定義如下：

定義 2.6-1 $\{N(t), t \geq 0\}$ 為計數過程，設 $\wedge$ 為一正值隨機變數，$\wedge$ 之分佈函數為 $G(x)$，$x \geq 0$。若對所有 $s \geq 0$，$t \geq 0$，$\lambda > 0$，$P(N(t+s)-N(s)=n \mid \wedge=\lambda)=\frac{(\lambda t)^n}{n!}e^{-\lambda t}$，$n=0$，1，2 … 均成立，則稱 $\{N(t), t \geq 0\}$ 為強度 λ 之條件卜瓦松過程。

定理 2.6-1 設 $\{N(t), t \geq 0\}$ 為強度 λ 之條件卜瓦松過程，即 $P(N(t+s)-N(s)=n \mid \wedge=\lambda)=\frac{(\lambda t)^n e^{-\lambda t}}{n!}$，$\wedge$之分佈函數為 $G(x)$，$x \geq 0$ 則

$$P(N(t+s)-N(s)=n)=\begin{cases}\displaystyle\int_0^{\infty}\frac{e^{-\lambda t}(\lambda t)^n}{n!}dG(\lambda) \text{ 或} \\ \displaystyle\sum_i \frac{e^{-\lambda_i t}(\lambda_i t)^n}{n!}P(\wedge=\lambda_i)\end{cases}$$

（只證明Λ為連續型 *r.v.* 之情況）

$$P(N(t+s)-N(s)=n)$$
$$=\int_0^{\infty} P(N(t+s)-N(s)=n) \mid \Lambda=\lambda)\,dG(\lambda)$$
$$=\int_0^{\infty} \frac{e^{-\lambda t}(\lambda t)^n}{n!}dG(\lambda)$$

上述定理之結果指出$P(N(t+s)-N(s)=n)$與s無關，故**條件卜瓦松過程具穩定增量**。

例 1. $\{N(t), t\geq 0\}$為強度λ之條件卜瓦松過程，若Λ為一服從分佈函數$G(\lambda)$之正值隨機變數

求$P(N(t+s)-N(t)=n \mid N(t)=k)$

解

$$P(N(t+s)-N(t)=n \mid N(t)=k)$$
$$=\frac{P(N(t+s)-N(t)=n, N(t)=k)}{P(N(t)=k)}$$
$$=\frac{\int_0^{\infty} P(N(t+s)-N(t)=n, N(t)=k \mid \Lambda=\lambda)dG(\lambda)}{P(N(t)=k)}$$
$$=\frac{\int_0^{\infty} P(N(t+s)-N(t)=n \mid \Lambda=\lambda)P(N(t)=k \mid \Lambda=\lambda)dG(\lambda)}{\int_0^{\infty} P(N(t)=k \mid \Lambda=\lambda)dG(\lambda)}$$
$$=\frac{\int_0^{\infty} \frac{e^{-\lambda s}(\lambda s)^n}{n!}\cdot\frac{e^{-\lambda t}(\lambda t)^k}{k!}dG(\lambda)}{\int_0^{\infty} \frac{e^{-\lambda t}(\lambda t)^k}{k!}dG(\lambda)}$$

上例結果與s有關，故**條件卜瓦松過程不具獨立增量**。

條件卜瓦松過程，$N(t+s)-N(t)=n \mid \Lambda=\lambda$ 與 $N(t)=k \mid \Lambda=\lambda$ 為獨立，不是 $N(t+s)-N(t)=n$ 與 $N(t)=k$

獨立。

例 2. 若 $\{N(t), t\geq 0\}$ 在 $\wedge=\lambda$ 之條件下服從強度 λ 之卜瓦松過程，$\wedge$ 為一服從分佈函數 $G(x)$，$x\geq 0$ 之隨機變數，求 $P(S_{N(t)+1}>t+s \mid N(t)=n)$

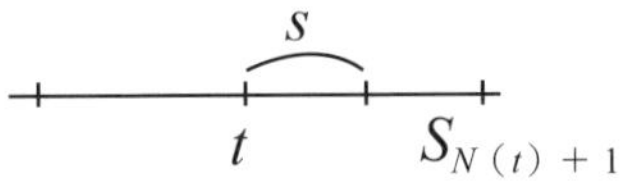

解

$P(S_{N(t)+1}>t+s \mid N(t)=n)$

$=P((t, t+s]$ 間無事件發生 $\mid N(t)=n)$

$=P(N(t+s)-N(t)=0 \mid N(t)=n)$

$$=\frac{P(N(t+s)-N(t)=0, N(t)=n)}{P(N(t)=n)}$$

$$=\frac{\int_0^\infty P(N(t+s)-N(t)=0, N(t)=n \mid \wedge=\lambda)\,dG(\lambda)}{\int_0^\infty P(N(t)=n \mid \wedge=\lambda)\,dG(\lambda)}$$

$$=\frac{\int_0^\infty P(N(t+s)-N(t)=0 \mid \wedge=\lambda)P(N(t)=n \mid \wedge=\lambda)\,dG(\lambda)}{\int_0^\infty P(N(t)=n \mid \wedge=\lambda)\,dG(\lambda)}$$

$$=\frac{\int_0^\infty e^{-\lambda s}\cdot\frac{e^{-\lambda t}(\lambda t)^n}{n!}\,dG(\lambda)}{\int_0^\infty \frac{e^{-\lambda t}(\lambda t)^n}{n!}\,dG(\lambda)}$$

$$=\frac{\int_0^\infty \lambda^n e^{-\lambda(t+s)}\,dG(\lambda)}{\int_0^\infty \lambda^n e^{-\lambda t}\,dG(\lambda)}$$

問題 2-6

1. 某工廠突然斷電之平均強度 $\wedge$ 為一隨機變數，其實現值可分嚴重 (λ_1)，輕微 (λ_2) 兩種，其機率為 $P(\wedge=\lambda_1)=$

p，$P(\wedge=\lambda_2)=1-p$。假設工廠在 $(0, t]$ 間斷電次數 $N(t)\mid\wedge$ 服從強度為 λ 之卜瓦松過程。

求 $P(\wedge=\lambda_1\mid N(t)=n)$

Ans. $\dfrac{p\lambda_1^n e^{-\lambda_1 t}}{p\lambda_1^n e^{-\lambda_1 t}+(1-p)\lambda_2^n e^{-\lambda_2 t}}$

2. 若條件卜瓦松過程之 $\wedge\sim G(m, \alpha)$，即

$g(\lambda)=\dfrac{\alpha(\lambda\alpha)^{m-1}}{(m-1)!}e^{-\lambda\alpha}$，$\infty>\lambda>0$

(a) 求 $P(N(t)=n)$

(b) 求證 $\wedge\mid N(t)=n\sim G(m+n, \alpha+t)$

Ans. (a) $\dbinom{m+n-1}{n}\left(\dfrac{\alpha}{\alpha+t}\right)^m\left(\dfrac{t}{\alpha+t}\right)^n$

設 $N(t)\mid\wedge=\lambda\cup$強度為 λ 之卜瓦松過程，試解 3 ～ 4

3. 求 $P(X_i>s\mid X_j>t)$，$j>i$，$t>s$

Ans. $\displaystyle\int_0^\infty e^{-\lambda(s+t)}dG\Big/\int_0^\infty e^{-\lambda t}dG$

4. 求證 $\displaystyle\lim_{h\to 0}\frac{P(N(h)\geq 1)}{h}=\int_0^\infty P(\wedge>a)da$

5. 若 $\wedge$ 為離散型 *r.v.* 試求 $P(\wedge=\lambda_k\mid N(t)=n)$

Ans. $\dfrac{\dfrac{e^{-\lambda_k t}(\lambda_k t)^n}{n!}P(\wedge=\lambda_k)}{\displaystyle\sum_j\dfrac{e^{-\lambda_j t}(\lambda_j t)^n}{n!}P(\wedge=\lambda_j)}$

第 3 章

更新過程

3.1 引子

卜瓦松過程之間隔時間 X_1，$X_2 \cdots X_n$ 均為獨立服從同一指數分佈之隨機變數，若我們將間隔時間 X 不限於服從指數分佈，只要 X_1，$X_2 \cdots$ **獨立服從同一機率分佈 $F(x)$，$x > 0$ 則此時之計數過程 $\{N(t)，t \geq 0\}$ 稱為更新過程（renewal process）。若間隔時間 X_1，$X_2 \cdots X_n$ 為獨立隨機變數，X_1 服從同一分配 G，而 $X_1 \cdots X_n$ 均服從同一分配 F，則這種更新過程特稱為延遲更新過程**（delayed renewal process）。

在實用上，我們可用更新過程來對電池之壽命，設備更換等建模，$N(t)$ 表示 $(0，t]$ 間更新之次數，像設備，電池等之壽命會隨使用時間之推移而遞減，此亦我們日常之共通經驗，卜瓦松過程間隔時間 X，因指數分配的無記憶性，故不宜用來對設備，電池等使用壽命建模。

$N(t)$

定義 3.1-1 $\{N(t)，t \geq 0\}$ 為一計數過程，若間隔時間 X_1，$X_2 \cdots X_n$ 均獨立地服從同一分配函數 $F(t)$，$F(t)$ 為任意之機率分配函數，則稱 $\{N(t)，t \geq 0\}$ 為更新過程。

S_n，$n \geq 1$ 為第 n 個事件發生之時間，S_n 滿足 (1) $S_0 = 0$，(2) $S_n = \sum_{k=1}^{n} X_k, n \geq 1$，並規定 $F(0) = P(X_n = 0) < 1$，則定

義 $X_n = S_n - S_{n-1}$，$n \geq 1$，X_n 表示第 $n+1$ 與 n 事件發生之時間間隔。

因為更新過程之 $F(t)$ 不一定是指數分佈，因此未必具有"無記憶性"（除非 $F(t)$ 為指數分佈），從而**更新過程不恒有獨立增量之性質**。定義 3.1-1 中有一些值得讀者注意的地方：

1° 卜瓦松過程之第 n 個到著時間 S_n 與 $N(t)$ 之關係，在更新過程依然存在，即

$$\boldsymbol{S_n \leq t \Leftrightarrow N(t) \geq n}$$

2° 間隔時間 X_n 的意思是第 $n-1$ 次更新結束到第 n 次更新開始（restart）之間隔時間，$\{X_i，i=1，2\cdots\}$ 為獨立服從同一機率分配，因此，$E(X_1) = E(X_2) = \cdots = E(X_n) = \int_0^\infty x dF(x) = \mu$，若讀者不習慣這種 Stieltjes 積分表示法，亦可用 Riemann 積分表示

$\mu = \int_0^\infty xf(x)\,dx$。

3° $S_n = \sum_{i=1}^{n} X_i$ 為第 n 次更新之時間，（回想在卜瓦松過程 $S_n = \sum_{i=1}^{n} X_i$ 表示第 n 次**到著時間**（arrival times）），$S_0 = 0$。由強大數法則：當 $n \to \infty$ 時，$\frac{S_n}{n} = \frac{\sum_{i=1}^{n} X_i}{n} \to \mu$。

我們用 **$F_n(x)$ 表示 S_n 之分配函數即 $F_n(t) = P(S_n \leq t)$**

因為 X 是正值隨機變數 $\therefore \boldsymbol{E(X) = \int_0^\infty \overline{F_n}(x)\,dx}$

4° **$N(t)$ 為 $(0，t]$ 間總共更新次數**，規定：

$\boldsymbol{N(t) = \sup\{n: S_n \leq t\}}$，它表示 $N(t)$ 是滿足 $\{S_n \leq t\}$ 之

最大 n 值，若讀者對“sup”感到不習慣，可大致看做 $N(t)=\max\{n; S_n \le t\}$ 所以：

$N(t)=n \Leftrightarrow X_1+X_2+\cdots+X_n \le t$ 且 $X_1+X_2+\cdots+X_n+X_{n+1}>t$ 即

$$\boldsymbol{N(t)=n \Leftrightarrow S_n \le t \text{ 且 } S_{n+1}>t}$$

例 1. 導出下列各式：

(a) $P(S_{n+1}<t \mid X_1=x)=F_n(t-x)$

(b) $F_{n+1}(t)=\int_0^t F_n(t-x)\,\mathrm{d}F(x)=F_n \bigstar F$

解

(a) $P(S_{n+1}<t \mid X_1=x)$

$=P(S_n<t-x)$

$=F_n(t-x)$

(b) $F_{n+1}(t)=P(S_{n+1}\le t)$

$=\int_0^t P(S_{n+1}\le t \mid X_1=x)\,\mathrm{d}F(x)=\int_0^\infty P(S_n \le t-x)\,\mathrm{d}F(x)$

$=\int_0^t F_n(t-x)\,\mathrm{d}F(x)$ （回想：$F\bigstar G=\int_0^t F(t-x)\,\mathrm{d}G(x)$ ）

$=F_n \bigstar F$，即 F_{n+1} 為 F_n 與 F 之**摺積**（convolution）

二個正值函數 $f(x)$，$g(x)$ 之摺積記做 $f\bigstar g$ 定義為 $f\bigstar g=\int_0^t f(t-x)g(x)\mathrm{d}x$，用積分之變數變換法可證明 $f\bigstar g=g\bigstar f$，即 $\int_0^t f(t-x)g(x)\mathrm{d}x=\int_0^t f(x)g(t-x)\mathrm{d}x$

例 1(a) 之結果，相當於更新過程在第 1 個更新後開始，**如果第 1 個更新在 x 時發生，我們把第 1 個更新剔除掉，那麼新的更**

新過程便從 x 時開始。

在更新過程研究時，原點之選取是很重要的。

$P(N(t)<\infty)=1$，$t\geq 0$

3.1-1

證明

由強大數法則：當 $n\rightarrow\infty$ 時 $\frac{S_n}{n}=\frac{X_1+\cdots+X_n}{n}\rightarrow\mu$，$\mu$ 為一定值，$\therefore\lim_{n\rightarrow\infty}S_n\rightarrow\infty$，即 $P(S_n\rightarrow\infty)=1$

但 $P(N(t)=\infty)=P(\lim_{n\rightarrow\infty}S_n\leq t)=1-P(\lim_{n\rightarrow\infty}S_n>t)=0$

即 $P(N(t)<\infty)=1.$

定理 3.1-1 說明了**在 $(0, t]$ 間發生之更新次數必為有限。**

$P(N(t)=n)=F_n(t)-F_{n+1}(t)$

3.1-2

$$
\begin{aligned}
&P(N(t)=n)\\
&=P(N(t)\geq n)-P(N(t)\geq n+1)\\
&=P(S_n\leq t)-P(S_{n+1}\leq t)\\
&=F_n(t)-F_{n+1}(t)
\end{aligned}
$$

當更新過程中已知間隔時間 X 之分佈函數，我們便可用定理 3.1-2 決定 $N(t)$ 之機率分佈

例 2. 自 $f(x)=\begin{cases}\frac{1}{2}x^2\mathrm{e}^{-x}, & x\ge 0\\ 0, & x<0\end{cases}$ 連續獨立抽出若干個觀測值，直到觀測值之和超過 t 為止，t 為一定值，設隨機變數 N 為所需觀測值之個數，試求 $P(N(t)=n)$

解

$$
\begin{aligned}
&P(N(t)=n)\\
&=F_n(t)-F_{n+1}(t)\\
&=P(X_1+\cdots+X_n\le t)-P(X_1+\cdots+X_{n+1}\le t) \qquad (1)
\end{aligned}
$$

$\because X\sim G(3,1)$，$\therefore S_n=\sum_{i=1}^{n}X_i\sim G(3n,1)$，

$S_{n+1}=\sum_{i=1}^{n+1}X_i\sim G(3(n+1),1)$，代入 (1) 式得：

$$
\begin{aligned}
&P(S_n\le t)-P(S_{n+1}\le t)\\
&=\int_0^t\frac{x^{3n-1}\mathrm{e}^{-x}}{(3n-1)!}\mathrm{d}x-\int_0^t\frac{x^{3n+2}\mathrm{e}^{-x}}{(3n+2)!}\mathrm{d}x\\
&\overset{S_n\le t\Leftrightarrow N(t)\ge n}{=\!=\!=}\sum_{x=3n}^{\infty}\frac{t^x\mathrm{e}^{-t}}{x!}-\sum_{x=3n+3}^{\infty}\frac{t^x\mathrm{e}^{-t}}{x!}\left(=\sum_{x=3n}^{3n+2}\frac{t^x\mathrm{e}^{-t}}{x!}\right)\\
&=\frac{t^{3n}\mathrm{e}^{-t}}{(3n)!}+\frac{t^{3n+1}\mathrm{e}^{-t}}{(3n+1)!}+\frac{t^{3n+2}\mathrm{e}^{-t}}{(3n+2)!}\\
&=\frac{t^{3n}\mathrm{e}^{-t}}{\Gamma(3n+1)}+\frac{t^{3n+1}\mathrm{e}^{-t}}{\Gamma(3n+2)}+\frac{t^{3n+2}\mathrm{e}^{-t}}{\Gamma(3n+3)}
\end{aligned}
$$

間隔時間 X，直覺上是一個正的連續隨機變數，但它也可以是離散型隨機變數，如同我們前述之幾個間隔時間為連續型隨機變數之作法，只不過在求 $P(N(t)=n)$ 時，Σ 之上界，不要忘了用 Gauss 符號（即最大整數函數）表示，此是因為 Σ 足碼 i 之範圍均需為自然數，t 不一定為自然數，故需透過 Gauss 符號

之把 t 變成自然數，如例 3

例 3. 更新過程 $\{N(t), t \geq 0\}$ 之間隔時間 X 服從平均數為 λ 之 Poisson 分佈，即

$$P(X_n = k) = \frac{e^{-\lambda}\lambda^k}{k!}, k = 0, 1, 2 \cdots$$

求 $P(N(t) = n)$

解

$$\because P(N(t) = n) = P(S_n \leq t) - P(S_{n+1} \leq t) \quad (1)$$

又

$$X_i \sim P_0(\lambda)$$

$$\therefore S_n = \sum_{i=1}^{n} X_i \sim P_0(n\lambda)$$

$$P(S_n \leq t) = \sum_{i=0}^{[t]} \frac{e^{-n\lambda}(n\lambda)^i}{i!} \quad (2)$$

$$S_{n+1} = \sum_{i=1}^{n+1} X_i \sim P((n+1)\lambda)$$

$$P(S_{n+1} \leq t) = \sum_{i=0}^{[t]} \frac{e^{-(n+1)\lambda}[(n+1)\lambda]^i}{i!} \quad (3)$$

代 (2)，(3) 入 (1) 得

$$P(N(t) = n) = \sum_{i=0}^{[t]} \frac{e^{-n\lambda}(n\lambda)^i}{i!} - \sum_{i=0}^{[t]} \frac{e^{-(n+1)\lambda}((n+1)\lambda)^i}{i!}$$

[ ] 為 Gauss 符號。

例 4. 若 $\{N(t), t \geq 0\}$ 為一更新過程，試證 $\{N(t), t \geq 0\}$ 與 $\{N(t + X_1) - 1, t \geq 0\}$ 相等。

解

$$
\begin{aligned}
&P(N(t+X_1)-1=n)\\
&=P(N(t+X_1)=n+1)\\
&=P(N(t+X_1)\geq n+1)-P(N(t+X_1)\geq n+2)\\
&=P(S_{n+1}\leq t+X_1)-P(S_{n+2}\leq t+X_1)\\
&=P(S_{n+1}-X_1\leq t)-P(S_{n+2}-X_1\leq t) \qquad *\\
&=P(S_n\leq t)-P(S_{n+1}\leq t)\\
&=P(N(t)\geq n)-P(N(t)\geq n+1)\\
&=P(N(t)=n)
\end{aligned}
$$

上面過程之 *，說明如下：

$$
\begin{aligned}
S_{k+1}-X_1&=(X_1+X_2+\cdots+X_{k+1})-X_1\\
&=X_2+X_3+\cdots+X_{k+1}
\end{aligned}
$$

與 $S_k=X_1+X_2+\cdots+X_k$ 有相同之機率分佈（何故？）

問題 3-1

$\{N(t), t\geq 0\}$ 為更新過程，X 為間隔時間。

1. 若 $r.v. X\sim p\,q^X$，$x=0, 1, 2\cdots$ 求 $P(N(t)=n)$

   Ans. $\sum_{k=n}^{[t]}\binom{k-1}{n-1}p^n q^{k-n}-\sum_{k=n+1}^{[t]}\binom{k-1}{n}p^{n+1}q^{k-n-1}$

2. 試證 $F_{n+m}(t)\leq F_n(t)F_m(t)$
3. 試證 $f_{n+1}(t)=\int_0^t f_n(t-x)f(x)\,dx$
4. 先證 $F_{n+1}(t)\leq F_n(t)\cdot F(t)$ 從而導出 $F_n(t)\leq F(t)^n$
5. 試證 $F_n(t)=\int_0^t F_{n-1}(t-y)f_x(y)\,dy.$

6. $\{N(t),t\geq 0\}$ 為一更新過程，間隔時間 X 為一隨機變數，其 pdf 為

$$f(x)=\begin{cases}\mu e^{-\mu(x-a)} & ,x>a\\ 0 & ,x\leq a\end{cases}$$

求 $P(N(t)\geq n)$

Ans. $\sum_{k=n}^{\infty}\frac{e^{-\lambda(t-na)}[(t-na)\lambda]^k}{k!}$，$k=n$，$n+1\cdots$

7. $\{N(t),t\geq 0\}$ 為一更新過程，若間隔時間 X 為一隨機變數，且 $X\cup b(1,p)$

求 $P(N(k)=j)$，並據此說明 $N(k)\geq k$

Ans. $\binom{j}{k}p^{k+1}(1-p)^{j-k}$

8. f，g 為二可積分函數，試證 $f\bigstar g=g\bigstar f$，$f\bigstar g\triangleq\int_0^t f(t-x)g(x)\,dx$

3.2 更新函數，更新方程式

本節我們將討論更新過程之二個重要課題，**更新函數**（renewal function）與**更新方程式**（renewal equation）。

更新函數

3.2-1 $\{N(t), t \geq 0\}$ 為更新過程則 $N(t)$ 之數學期望值稱為更新函數，以 $m(t)$ 表示，即

$m(t) = E[N(t)]$

$m(t)$ 表示 $(0, t]$ 間期望更新次數。

定理 3.2-1 是求 $m(t)$ 之重要方法。

3.2-1 若 X_i，$i = 1, 2 \cdots n$ 均服從同一分佈函數則 $m(t) = \sum_{n=1}^{\infty} F_n(t)$

證明

$$m(t) = E(N(t)) = \sum_{n=1}^{\infty} P(N(t) \geq n) = \sum_{n=1}^{\infty} P(S_n \leq t) = \sum_{n=1}^{\infty} F_n(t)$$

例 1. 設一更新過程之間隔時間 X 為一 r.v. 其 pdf 為 $f(x) = \lambda e^{-\lambda x}$，$x > 0$，求其更新函數 $m(t)$

解

$$m(t) = \sum_{n=1}^{\infty} F_n(t)$$

依題意

$X_i \sim G(1, \lambda)$

$\therefore S_n = \sum_{i=1}^{n} X_i \sim G(n, \lambda)$

$$F_n(t)=P(S_n\le t)$$
$$=\int_0^t\frac{\lambda(\lambda x)^{n-1}}{(n-1)!}e^{-\lambda x}dx$$

$$\therefore m(t)=\sum_{n=1}^{\infty}F_n(t)$$
$$=\sum_{n=1}^{\infty}\lambda\int_0^t\frac{(\lambda x)^{n-1}}{(n-1)!}e^{-\lambda x}dx$$
$$=\lambda\int_0^t\left(\sum_{n=1}^{\infty}\frac{(\lambda x)^{n-1}}{(n-1)!}e^{-\lambda x}\right)dx$$
$$=\lambda\int_0^t\left(\sum_{n=1}^{\infty}\frac{(\lambda x)^{n-1}}{(n-1)!}\right)e^{-\lambda x}dx$$

$$\underline{\underline{m=n-1}}\ \lambda\int_0^t\left(\sum_{m=0}^{\infty}\frac{(\lambda x)^{m}}{m!}\right)e^{-\lambda x}dx$$
$$=\lambda\int_0^t e^{\lambda x}\bullet e^{-\lambda x}dx$$
$$=\lambda t$$

例 2. 若更新過程 $\{N(t), t\ge 0\}$ 之間隔時間 $X_j\sim G(2,1)$，$j=1$，$2\cdots$ 求 $m(t)$

解

仿上節例 2 解法，可得

$$P(N(t)=n)=\frac{t^{2n}e^{-t}}{\Gamma(2n+1)}+\frac{t^{2n+1}e^{-t}}{\Gamma(2n+2)}$$

$$\therefore m(t)=\sum_{n=1}^{\infty}n\left(\frac{t^{2n}e^{-t}}{\Gamma(2n+1)}+\frac{t^{2n+1}e^{-t}}{\Gamma(2n+2)}\right)$$
$$=\sum_{n=1}^{\infty}n\left(\frac{t^{2n}e^{-t}}{(2n)!}\right)+\sum_{n=1}^{\infty}n\left(\frac{t^{2n+1}e^{-t}}{(2n+1)!}\right)$$

我們可能很難再解下去，因此，不妨循 $m(t)=\sum_{n=1}^{\infty}F_n(t)$ 的老法子：

$$\because X_i \backsim G(2,1) \therefore F_n(t) = \int_0^t G(2n,1)\mathrm{d}x$$

$$\begin{aligned} m(t) &= \sum_{n=1}^{\infty} F_n(t) = \sum_{n=1}^{\infty}\int_0^t \frac{x^{2n-1}\mathrm{e}^{-x}}{(2n-1)!}\mathrm{d}x \\ &= \int_0^t \sum_{n=1}^{\infty}\frac{x^{2n-1}\mathrm{e}^{-x}}{(2n-1)!}\mathrm{d}x \\ &= \int_0^t \left(\frac{\mathrm{e}^{x}-\mathrm{e}^{-x}}{2}\right)\mathrm{e}^{-x}\mathrm{d}x \\ &= \frac{1}{2}\int_0^t (1-\mathrm{e}^{-2x})\,\mathrm{d}x = \frac{t}{2}+\frac{1}{4}(\mathrm{e}^{-2t}-1) \end{aligned}$$

讀者應注意的是**"加總"與"積分"兩個算子並不恒可交換，但本書的例子、問題對這兩種算子是可交換的**。這涉及高等分析，故說明從略。

定理 3.2-2 $m(t) < \infty$，$0 \le t < \infty$

證明 $\because F_n(t) \le F^n(t)$，（由問題 3-1 第 4 題）

$$\therefore m(t) = \sum_{n=1}^{\infty} F_n(t) \le \sum_{n=1}^{\infty} F^n(t) = \frac{F(t)}{1-F(t)} < \infty$$

上個定理說明了，在 **$(0, t]$ 時間區間內平均更新次數為有限**。

更新方程式

更新方程式（renewal equation）是積分方程式 $H(t) = D(t) + \int_0^t H(t-u)\,\mathrm{d}G(u)$，$G(\cdot)$ 是某隨機變數之分佈函數，且 $G(\cdot)$ 滿足 $G(0_-) = 0$，$G(\infty) = 1$，在這個積分方程式中 $D(\cdot)$

為已知函數。

定理 3.2-3 $m(t)=F(t)+\int_0^t m(t-x)\,\mathrm{d}F(x)$ ，$x<t$

方法一

$$
\begin{aligned}
m(t) &= E[N(t)] \\
&= E[E(N(t)\mid X_1=x)] \\
&= \int_0^t E[N(t)\mid X_1=x]\,\mathrm{d}F(x) \qquad (1)
\end{aligned}
$$

但 $E[N(t)\mid X_1=x]$

$$
\begin{aligned}
&= E[1+N(t-x)] \\
&= 1+E[N(t-x)] \\
&= 1+m(t-x) \qquad (2)
\end{aligned}
$$

代 (2) 入 (1) 得：

$$
\begin{aligned}
m(t) &= \int_0^t [1+m(t-x)]\mathrm{d}F(x) \\
&= F(x)\Big]_0^t+\int_0^t m(t-x)\,\mathrm{d}F(x) \\
&= F(t)+\int_0^t m(t-x)\,\mathrm{d}F(x) \qquad (3)
\end{aligned}
$$

方法二

$$
\begin{aligned}
m(t) &= \sum_{n=1}^{\infty} F_n(t) \\
&= F(t)+\sum_{n=2}^{\infty} F_n(t)
\end{aligned}
$$

$$= F(t) + \sum_{n=2}^{\infty} F \bigstar F^{(n-1)}(t)$$

$$\overset{k=n-1}{=\!=\!=} F(t) + F \bigstar \left[\sum_{k=1}^{\infty} F^{(k)}(t)\right]$$

$$= F(t) + F \bigstar m(t)$$

$$= F(t) + m(t) \bigstar F$$

即 $m(t) = F(t) + \int_0^t m(t-x)\,\mathrm{d}F(x)$ *

利用"若 $\phi(\alpha) = \int_{u_1}^{u_2} f(x, \alpha)\,\mathrm{d}x$，$a \le \alpha \le b$，$u_1$，$u_2$ 均為 α 之可微分函數，則

$$\frac{\mathrm{d}}{\mathrm{d}\alpha}\phi(\alpha) = \int_{u_1}^{u_2} \frac{\partial}{\partial \alpha} f(x, \alpha)\,\mathrm{d}x + f(u_2, \alpha)\frac{\mathrm{d}u_2}{\mathrm{d}\alpha} - f(u_1, \alpha)\frac{\mathrm{d}u_1}{\mathrm{d}\alpha}$$"，在 * 對 t 實施偏微分，可得下列推論：

推論 3.2-1 $m'(t) = f(t) + \int_0^t m'(t-x)\,\mathrm{d}F(x)$

例 3. $\{N(t), t \ge 0\}$ 為一更新過程，$m(t)$ 為更新函數，若 $m'(t) = \lambda$，求 $f(x)$

解

$$\because m'(t) = f(t) + \int_0^t m'(t-x)\,\mathrm{d}F$$

$$\therefore \lambda = f(t) + \int_0^t \lambda \mathrm{d}F$$

兩邊對 t 微分得：

$0=f'(t)+\lambda f(t)$

取積分因子（IF）：$e^{\int \lambda dt}=e^{\lambda t}$

$e^{\lambda t}\cdot 0=e^{\lambda t}(f'(t)+\lambda f(t))$

$\quad\quad=(e^{\lambda t}f(t))'$

$\therefore e^{\lambda t}f(t)=c$

即 $f(t)=ce^{-\lambda t}$，$t>0$

$\because f(t)$ 為一 pdf

$\therefore \int_0^\infty f(t)\,dt=\int_0^\infty ce^{-\lambda t}\,dt=\dfrac{c}{\lambda}=1$，得 $c=\lambda$

即 $f(t)=\lambda e^{-\lambda t}$，$t>0$

例 3 之意義是：更新過程 $\{N(t), t\geq 0\}$ 之 $m(t)=\lambda t$ 則其間隔時間 X 服從期望值為 $\dfrac{1}{\lambda}$ 之指數分佈，從而 $\{N(t), t\geq 0\}$ 為卜瓦松過程，這是一個重要之結果。

問題 3-2

1. 若更新過程 $\{N(t), t\geq 0\}$ 之 $m(t)=3t$，$t\geq 0$，求
(a) $P(N(2)=1)$　　(b) $P(N(2)=1\mid N(1)=0)$
Ans. (a) $6e^{-6}$　　(b) $3e^{-3}$

2. (a) 求 $F_n(0)=?$ (b) 以 (a) 之結果，用 $F(0)$ 表示 $m(0)$
Ans. (a) $[F(0)]^n$　　(b) $\dfrac{F(0)}{1-F(0)}$

3. $\{N(t), t\geq 0\}$ 為一更新過程，若 $m(t)=\lambda t$ 求 (a) $P(N(10)=8\mid N(5)=4)$ (b) $E(N(10)\mid N(5)=4)$

Ans. (a) $\frac{e^{-5\lambda}(5\lambda)^4}{4!}$　　(b) $5\lambda + 4$

4. $\{N(t), t \geq 0\}$ 為一更新過程，間隔時間 X_j 之機率密度函數為 $F(t)$ (a) 試證 $S_n = X_1 + \cdots + X_n$ 之機率密度函數為 $f_n(t)$

(b) 若定義 $\phi(t) = \sum_{n=1}^{\infty} f_n(t)$，$t \geq 0$，則

$m(t) = \int_0^t \phi(s)\,ds$

5. $\{N(t), t \geq 0\}$ 為一更新過程，間隔時間 X_j 之機率密度函數

為 $F(x) = \begin{cases} \lambda e^{-\lambda(x-a)}, & x \geq a \\ 0, & x < a \end{cases}$ 之前已算出 $F_n(x)$ 為

$$F_n(x) = \begin{cases} \sum_{k=n}^{\infty} \frac{e^{-\lambda(t-na)}[\lambda(t-na)]^k}{k!}, & t \geq na \\ 0, & \text{其它} \end{cases}$$

據此求 $m(t)$

Ans. $\sum_{n \leq \frac{t}{a}} \left[1 - \sum_{k=0}^{n-1} \frac{e^{-\lambda(t-na)}[\lambda(t-na)]^k}{k!}\right], t \geq 0$

3.3 Laplace-Stieltjes 轉換及其在更新方程式之應用

Laplace-Stieltjes 轉換與 Laplace 轉換

若函數 $g: R \to R$，則定義函數 $F(t)$，$t \geq 0$ 之 Laplace-

Stieltjes 轉換 $\tilde{F}(s)$，$\tilde{F}(s) \triangleq \int_0^\infty e^{-st}\, dF(t)$，而 $F(t)$ 之 Laplace 轉換記做 $L(F(t))$，

若 g 是 f 之反導數時，即 $g(x) = \int_0^x f(t)dt$ 則 g 之 Laplace-Stieltjes 轉換恰等於 f 之 Laplace 轉換。

因此，我們在求更新方程式 $m(t)$ 時，若給定 $r.v$ X 之分佈函數 $F(x)$，即便我們用 $F(t)$ 之 Laplace-Stieltjes 轉換，仍可能自然而然地利用其對應之機率密度函數之 Laplace 轉換。

3.3-1 若 X 為正的隨機變數，$F(x)$ 在 $x \geq 0$ 時為可微分，則 $\tilde{F}(x) = sL(F(t))$

證明

$$\tilde{F}(s) = \int_0^\infty e^{-st}\, dF(t) = e^{-st}F(t)\,\Big]_0^\infty - \int_0^\infty F(t)\, de^{-st}$$

$$= -\int_0^\infty F(t)\,(-se^{-st})\, dt = s\int_0^\infty e^{-st} F(t)\, dt$$

$$= sL(F(t))$$

由上一定理，可知 $\tilde{F}(s)$ 與 $L(F(t))$ 可輕易地互換。

由 Laplace 轉換之理論可知 **$F(t)$ 的 Laplace 轉換 $L(F(t))$ 若存在，則 $L(F(t))$ 與 $F(t)$ 間有一對一之關係，因此，函數 $F(t)$，$t \geq 0$ 與其 Laplace-Stieltjes 轉換 $\tilde{F}(s)$ 間亦有一對一關係，亦即，一旦有了 $\tilde{F}(s)$ 我們便可確定對應之 $F(t)$**。

例 1. 求 (a) $F_1(t) = t^3$　(b) $F_2(t) = te^{-\alpha t}$，$\alpha > 0$ 之 Laplace-

Stieltjes 轉換。$\tilde{F}(t)$ 與 Laplace 轉換 $L(F(t))$

解

(a) $\tilde{F}_1(t)=\int_0^\infty e^{-st}dF_1(t)=\int_0^\infty e^{-st}dt^3=\int_0^\infty 3t^2e^{-st}dt$

$$=3\left(\frac{2!}{s^3}\right)=\left(\frac{6}{s^3}\right),$$

$$L(F_1(t))=\int_0^\infty e^{-st}F_1(t)dt=\int_0^\infty e^{-st}t^3dt=\frac{6}{s^4}$$

$(\therefore \tilde{F}_1(t)=sL(F_1(t))$

(b) $\tilde{F}_2(t)=\int_0^\infty e^{-st}dF_2(t)=\int_0^\infty e^{-st}d(te^{-\alpha t})$

$$=te^{-(\alpha+s)t}]_0^\infty-\int_0^\infty te^{-\alpha t}de^{-st}$$

$$=-\int_0^\infty(-s)te^{-\alpha t}e^{-st}dt$$

$$=s\int_0^\infty te^{-(\alpha+s)t}dt$$

$$=\frac{s}{(\alpha+s)^2}$$

$L(F_2(t))$

$$=\int_0^\infty e^{-st}\cdot te^{-\alpha t}dt$$

$$=\int_0^\infty te^{-(s+\alpha)t}dt$$

$$=\frac{1}{(s+\alpha)^2}$$

$\therefore \tilde{F}_2(t)=sL(F_2(t))$

例 2. 若 $F(t)$ 之 Laplace-Stieltjes 轉換結果為 $\tilde{F}(s)$，求 (a) $F(at)$ (b) $F(t-a)$，$t>a$ 之 Laplace-Stieltjes 轉換。

解

(a) $\because \int_0^\infty e^{-st}\, dF(at) \overset{y=at}{=\!=\!=} \int_0^\infty e^{-s\left(\frac{y}{a}\right)}\, dF(y) = \int_0^\infty e^{-\left(\frac{s}{a}\right)y}\, dF(y)$

$\therefore F(at)$ 之 Laplace-Stieltjes 轉換為 $\tilde{F}\left(\frac{s}{a}\right)$

(b) $\because \int_a^\infty e^{-st}\, dF(t-a) \overset{y=t-a}{=\!=\!=} \int_0^\infty e^{-s(a+y)}\, dF(y)$

$$= e^{-as}\int_0^\infty e^{-sy}\, dF(y)$$

$$= e^{-as}\tilde{F}(s)$$

Laplace-Stieltjes 轉換之基本公式

若 $F(t)$ 之 Laplace-Stieltjes 轉換為 $\tilde{F}(s)$ 則

	Laplace-Stieltjes 轉換
$F_1(t)+F_2(t)$	$\tilde{F}_1(s)+\tilde{F}_2(s)$
$aF(t)$	$a\tilde{F}(s)$
$F(t-a)$，$t>a>0$	$e^{-as}\tilde{F}(s)$
$F(at)$，$a>0$	$\tilde{F}(s/a)$
$e^{-at}F(t)$，$a>0$	$\frac{s}{s+a}\tilde{F}(s+a)$
$F'(t)$	$s[\tilde{F}(s)-F(0)]$

$\int_0^t F(x)\,dx$	$\frac{1}{s}\tilde{F}(s)$
t^n	$\frac{n!}{s^n}$
e^{-at}，$a>0$	$\frac{s}{s+a}$
$F(t)\bigstar G(t)$	$\tilde{F}(s)\cdot\tilde{G}(s)$

在本節，我們所討論之 $F(t)$ 均為正值隨機變數 X 之分佈函數，因此，我們有 $F(0)=0$，$F(\infty)=1$，以及 $\int_0^\infty e^{-st}\,dF(t)=\int_0^\infty e^{-st}f(t)\,dt$，$f(x)$ 為 X 之機率密度函數，從此，我們在求正值隨機變數之分佈函數 $F(s)$ 之 Laplace-Stieltjes 轉換有 2 個方法：

1° $\tilde{F}(s)=\int_0^\infty e^{-st}\,dF(t)$

2° $\tilde{F}(s)=\int_0^\infty e^{-st}f(t)\,dt=L(f(t))$。

學過機率學之讀者而言可發現到 $\tilde{F}(s)$ 與求動差生成函數之作法很類似。

定理 3.3-2 設 $N(t)$ 為一更新過程，則更新函數 $m(t)$ 之 Laplace-Stieltjes 轉換為 $\tilde{m}(s)=\frac{\tilde{F}(s)}{1-\tilde{F}(s)}$

由更新方程式

$$m(t)=F(t)+\int_0^t m(t-x)\,\mathrm{d}F(x)$$

二邊取 Laplace-Stieltjes 轉換：

$$\tilde{m}(s)=\tilde{F}(s)+\tilde{m}(s)\cdot\tilde{F}(s)$$

$$\therefore \tilde{m}(s)=\frac{\tilde{F}(s)}{1-\tilde{F}(s)}$$

Laplace-Stieltjes 轉換在求 *m*（*t*）上之應用

$m(t)$ 除可用 $E(N(t))$ 求出外，我們還可用 Laplace-Stieltjes 轉換求 $m(t)$，其架構是

$$F(t)\xrightarrow{\text{Laplace-Stieltjes 轉換}}\tilde{F}(s)\xrightarrow{\frac{\tilde{F}(s)}{1-\tilde{F}(s)}}\tilde{m}(s)$$

$$\xrightarrow{\text{Laplace-Stieltjes 反轉換}}m(t)$$

例 3. 用 Laplace-stieltjes 轉換求強度為 λ 之卜瓦松過程之更新函數 $m(t)$。

解

$\{N(t),t\geq 0\}$ 為強度 λ 之卜瓦松過程

$\therefore f(x)=\lambda e^{-\lambda x}$，$x\geq 0$，則 $F(t)=\int_0^t \lambda e^{-\lambda x}\mathrm{d}x=1-e^{-\lambda t}$

① $f(x)=\lambda e^{-\lambda x}$ 之 Laplace-Stieltjes 轉換 $\tilde{F}(s)$：

$$\tilde{F}(s)=\int_0^\infty e^{-st}\mathrm{d}F(t)=\int_0^\infty e^{-st}\mathrm{d}(1-e^{-\lambda t})=\int_0^\infty e^{-st}\cdot\lambda e^{-\lambda t}\mathrm{d}t$$

$$=\frac{\lambda}{s+\lambda}$$

② $\tilde{m}(s)$：

$$\tilde{m}(s)=\frac{\tilde{F}(s)}{1-\tilde{F}(s)}=\frac{\frac{\lambda}{s+\lambda}}{1-\frac{\lambda}{s+\lambda}}=\frac{\lambda}{s}$$

③ 取 $\tilde{m}(s)=\frac{\lambda}{s}$ 之 Laplace-Stieltjes 反轉換得：

$$m(t)=\lambda t$$

例 4. 更新過程 $N(t)$ 之間隔時間 X 服從 $G(2，\lambda)$，試用 Laplace-Stieltjes 轉換求 $m(t)$

解

① $f(x)=\lambda^2 x e^{-\lambda x}$，$F(t)=\int_0^t \lambda^2 x e^{-\lambda x}dx$ 則 Laplace-Stieltjes 轉換：

$$\begin{aligned}\tilde{F}(s)&=\int_0^\infty e^{-st}dF(t)=\int_0^\infty \lambda^2 t e^{-\lambda t}\cdot e^{-st}dt\\&=\int_0^\infty \lambda^2 t e^{-(\lambda+s)t}dt\\&=\frac{\lambda^2}{(\lambda+s)^2}\end{aligned}$$

② $$\tilde{m}(s)=\frac{\tilde{F}(s)}{1-\tilde{F}(s)}=\frac{\frac{\lambda^2}{(\lambda+s)^2}}{1-\frac{\lambda^2}{(\lambda+s)^2}}=\frac{\lambda^2}{s(s+2\lambda)}$$

$$=\frac{\lambda}{2s}-\frac{1}{4}\cdot\frac{2\lambda}{s+2\lambda}=\frac{\lambda}{2s}-\frac{1}{4}\left(1-\frac{s}{s+2\lambda}\right)$$

③ 由 ② $\tilde{m}(s)=\frac{\lambda}{2s}-\frac{1}{4}\left(1-\frac{s}{s+2\lambda}\right)$ 分別取 Laplace-stieltiges 反轉換得：

$$m(t)=\frac{1}{2}\lambda t-\frac{1}{4}(1-e^{-2\lambda t})$$

例 5. 證明

(a) $E[N^2(t)] = 2\sum_{n=1}^{\infty} nP(S_n \le t) - m(t)$

(b) $\int_0^{\infty} e^{-st} dE[N^2(t)] = 2\left\{\frac{\tilde{F}(s)}{1-\tilde{F}(s)}\right\}^2 + \frac{\tilde{F}(s)}{1-\tilde{F}(s)}$

(c) $V(N(t)) = 2m(t) \bigstar m(t) + m(t) - m^2(t)$

解

(a) $V[N(t)] = E[N^2(t)] - \{E[N(t)]\}^2$，其中$E[N^2(t)]$

$$= \sum_{k=1}^{\infty} k^2 P(N(t)=k)$$

$$= \sum_{k=1}^{\infty}\left[2\left(\frac{k(k+1)}{2}\right) - k\right]P(N(t)=k)$$

$$= 2\sum_{k=1}^{\infty}\left(\frac{k(k+1)}{2}\right)P(N(t)=k) - \underbrace{\sum_{n=1}^{\infty} kP(N(t)=k)}_{E[N(t))=m(t)}$$

$$= 2\sum_{k=1}^{\infty}\sum_{n=1}^{k} nP(N(t)=k) - m(t)$$

$$= 2\sum_{n=1}^{\infty}\sum_{k=n}^{\infty} nP(N(t)=k) - m(t)$$

$$= 2\sum_{n=1}^{\infty} n\sum_{k=n}^{\infty} P(N(t)=k) - m(t)$$

$$= 2\sum_{n=1}^{\infty} nP(N(t)\ge n) - m(t)$$

$$= 2\sum_{n=1}^{\infty} nP(S_n \le t) - m(t)$$

(b) 由 (a) $E(N^2(t)) = 2\sum_{n=1}^{\infty} nP(S_n \le t) - m(t)$

$$= 2\sum_{n=1}^{\infty} n\Big(\underbrace{F(t)\bigstar F(t)\cdots\bigstar}_{n\text{個}} F(t)\Big) - m(t)$$

兩邊取 Laplace-Stieltjes 積分得：

$$\int_0^\infty e^{-st} dE[N^2(t)]$$
$$= 2\sum_{n=1}^{\infty} n[\widetilde{F}(s)]^n - \widetilde{m}(s) \qquad *$$

(i) 取 $T = \sum_{n=1}^{\infty} n[\widetilde{F}(s)]^n$

$$= \widetilde{F}(s) + 2\widetilde{F}^2(s) + 3\widetilde{F}^3(s) + \cdots$$

$$-) \quad \widetilde{F}(s)T = \widetilde{F}^2(s) + 2\widetilde{F}^3(s) + \cdots$$

$$(1-\widetilde{F}(s))T = \widetilde{F}(s) + \widetilde{F}^2(s) + \widetilde{F}^3(s) + \cdots$$
$$= \frac{\widetilde{F}(s)}{1-\widetilde{F}(s)}$$

$$\therefore T = \frac{\widetilde{F}(s)}{(1-\widetilde{F}(s))^2} \qquad ①$$

(ii) $\widetilde{m}(s) = \frac{\widetilde{F}(s)}{1-\widetilde{F}(s)}$ ②

代①，②之結果入＊得

$$\int_0^\infty e^{-st} dE[N^2(t)] = \frac{2\widetilde{F}(s)}{[1-\widetilde{F}(s)]^2} - \frac{\widetilde{F}(s)}{1-\widetilde{F}(s)}$$
$$= \frac{2\widetilde{F}(s) - \widetilde{F}(s)(1-\widetilde{F}(s))}{[1-\widetilde{F}(s)]^2}$$
$$= \frac{\widetilde{F}(s) + \widetilde{F}^2(s)}{[1-\widetilde{F}(s)]^2} = \frac{2\widetilde{F}^2(s) + \widetilde{F}(s)(1-\widetilde{F}(s)]}{[1-\widetilde{F}(s)]^2}$$
$$= 2\left[\frac{\widetilde{F}(s)}{1-\widetilde{F}(s)}\right]^2 + \frac{\widetilde{F}(s)}{1-\widetilde{F}(s)}$$

(c) 由 (b)

$$V(N(t)) = E[N^2(t)] - E^2[N(t)]$$
$$= 2m(t) \bigstar m(t) + m(t) - m^2(t) \qquad ③$$

例 6. 強度 λ 之卜瓦松過程的 $F(t) = 1 - e^{-\lambda t}$，據此求 $V[N(t)]$

解

$F(t) = 1 - e^{-\lambda t}$，

$$\tilde{F}(t)=\int_0^\infty e^{-st}dF(t)=\int_0^\infty e^{-st}d(1-e^{-\lambda t})$$
$$=\int_0^\infty \lambda e^{-(s+\lambda)t}dt=\frac{\lambda}{s+\lambda}$$

$$\therefore \int_0^\infty e^{-st}dE[N^2(t)]$$

$$=2\left[\frac{\tilde{F}(s)}{1-\tilde{F}(s)}\right]^2+\frac{\tilde{F}(s)}{1-\tilde{F}(s)}\text{（由例 5 之（b））}$$
$$=2\left[\frac{\frac{\lambda}{s+\lambda}}{1-\frac{s}{s+\lambda}}\right]^2+\frac{\frac{\lambda}{s+\lambda}}{1-\frac{s}{s+\lambda}}=\frac{2\lambda^2}{s^2}+\frac{\lambda}{s}$$

由 Laplace-Stieltjes 反轉換得

$E[N^2(t)]=\lambda^2t^2+\lambda t$ $\left(\text{利用公式 } F(t)=t^n, \tilde{F}(s)=\frac{n!}{s^n}\right)$

$$\therefore V(N(t))=E[N^2(t)]-E^2(N(t))$$
$$=(\lambda^2t^2+\lambda t)-(\lambda t)^2=\lambda t$$

問題 3-3

1. 用例 6 之結果求例 2 之 $V(N(t))$

Ans. $\frac{\lambda t}{4}(1-e^{-2\lambda t})+\frac{1}{8}(1-(1+2\lambda t)e^{-2\lambda t})-\frac{1}{16}(1-e^{-2\lambda t})^2$

2. pdf $f(x)$ 之分佈函數為 $F(x)$，$F(x)$ 之 Laplace 轉換 $L(F(x))=\frac{\tilde{F}(s)}{s}$，$\tilde{F}(s)$ 為 $F(x)$ 之 Laplace-Stieltjes 轉換從而導出 $L(1-F(x))=\frac{1-\tilde{F}(s)}{s}$

3. 試證

$E(X)=\tilde{F}'(0)$，$E(X^2)=\tilde{F}''(0)$

4. 設 $T(t)=E[N(t)(N(t)-1)]$，$\tilde{T}(s)$ 與 $\tilde{m}(s)$ 分別為 $T(t)$ 與 $m(t)=E(N(t))$ 之 Laplace-Stieltjes 轉換，試證 $\tilde{T}(s)=2(\tilde{m}(s))^2$
5. 試證 $u=a+a\bigstar m$ 為更新方程式 $u=a+u\bigstar F$ 之一個解

3.4 年齡與剩餘壽命

$S_{N(t)}$ 與 $S_{N(t)+1}$ 是什麼？

$\{N(t),t\geq 0\}$ 為一更新過程，則我們用 $S_{N(t)}$ **表示更新過程在 t 以前最後一次更新時間，$S_{N(t)+1}$ 則是 t 時後第一次更新時刻**。

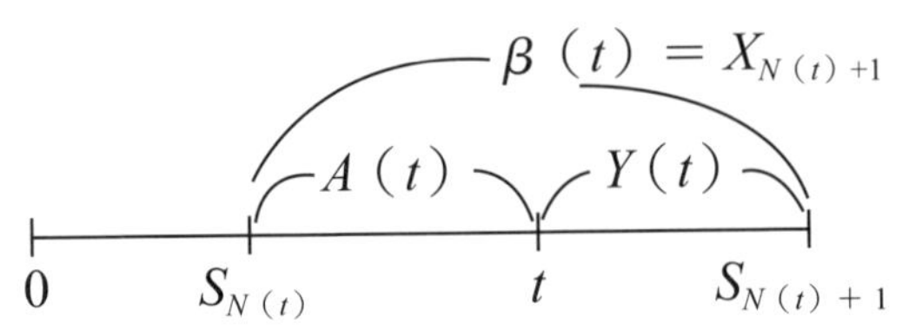

年齡與剩餘壽命模式

在討論**年齡**（age）與**剩餘壽命**（residual life）問題，首先要清楚下列三個參數：

1. **年齡** $A(t)=t-S_{N(t)}$，$t\geq A(t)\geq 0$
2. **剩餘壽命** $Y(t)=S_{N(t)+1}-t$，$Y(t)\geq 0$，$\forall\ t\geq 0$
3. **全壽命** $\beta(t)=S_{N(t)+1}-S_{N(t)}=X_{N(t)+1}$

$S_{N(t)}$ 表示 t 時前最後一次更新之時間，$S_{N(t)+1}$ 為 t 時後之第一次更新時間，因此，我們總有 $S_{N(t)}\leq t<S_{N(t)+1}$ 之關係。

3.4-1 $\{N(t),t\geq 0\}$ 為強度 λ 之卜瓦松過程，則

(1) $P(Y(t)\leq x)=1-e^{-\lambda x}$，$x\geq 0$

(2) $$P(A(t)\leq x)=\begin{cases}1-e^{-\lambda x}, & t>x\geq 0\\ 1, & x\geq t\end{cases}$$

(1) $Y(t)>x\Rightarrow S_{N(t)+1}-t>x\ \therefore S_{N(t)+1}>t+x>t>S_{N(t)}$

$P(Y(t)>x)=P((t,t+x]$ 間無事件發生$)=$

$$\frac{e^{-\lambda x}(\lambda x)^0}{0!}=e^{-\lambda x}$$

即 $P(Y(t)\leq x)=1-e^{-\lambda x}$

0　$S_{N(t)}$　t　$t+x$　$S_{N(t)+1}$

(2) $A(t)>x\Rightarrow t-S_{N(t)}>x\ \therefore t-x>S_{N(t)}\Rightarrow S_{N(t)+1}>t>t-x>S_{N(t)}$

$\therefore t>x$ 時 $P(A(t)>x)=P((t-x,t]$ 間無事件發生$)=$

$$\frac{e^{-\lambda x}(\lambda x)^0}{0!}=e^{-\lambda x}$$

$S_{N(t)}$　$t-x$　t　$S_{N(t)+1}$

$t<x$ 時 $P(A(t)>x)=0$

對初學者而言，在分析 $A(t)$，$Y(t)$ 時，畫一個簡圖（如定理 3.4-1）在導證上是很有幫助的。

即$P(A(t)\le x)=\begin{cases}1-e^{-\lambda x}, & t>x>0\\ 0, & x\ge t\end{cases}$

由上一定理可知，$\{N(t), t\ge 0\}$為強度λ之卜瓦松過程，不論剩餘壽命$Y(t)$或年齡$A(t)$都是服從參數為λ之指數分佈。

$Y(t)$，$A(t)$，$X_{N(t)}$之更新方程式

下面是解更新方程式之關鍵定理。

定理 3.4-2 $g(t)=h(t)+\int_0^t g(t-s)\,dF(s)$，$t\ge 0$之解為 $g(t)=h(t)+\int_0^t h(t-s)\,dm(s)$，$m(s)$為更新函數

證明

$g(t)=h(t)+\int_0^t g(t-s)dF(s)$之摺積形式為

$$g=h+g\bigstar F$$

$$\therefore \tilde{g}(s)=\tilde{h}(s)+\tilde{g}(s)\tilde{F}(s)$$

得$\tilde{g}(t)=\dfrac{\tilde{h}(s)}{1-\tilde{F}(s)}=\tilde{h}(s)\left[\dfrac{1}{1-\tilde{F}(s)}\right]$

$$=\tilde{h}(s)\left[\frac{1-\tilde{F}(s)+\tilde{F}(s)}{1-\tilde{F}(s)}\right]$$

$$=\tilde{h}(s)\left[1+\frac{\tilde{F}(s)}{1-\tilde{F}(s)}\right]$$

$$=\tilde{h}(s)+\tilde{h}(s)\tilde{m}(s)$$

$$\therefore g(t)=h(t)+h(t)\bigstar m(t)$$

$$= h(t) + \int_0^t h(t-s)\,\mathrm{d}m(s)$$

定理 3.4-3 $\{N(t), t \geq 0\}$ 為一更新過程，$m(t)$ 為更新函數，$F(x)$ 為間隔時間 X 之分佈函數，則剩餘壽命 $Y(t)$ 之分佈函數滿足

$$P(Y(t) < z) = F(t+z) - \int_0^t \overline{F}(t+z-s)\,\mathrm{d}m(s)$$

證明見本節習題 8

定理 3.4-4 $\{N(t), t \geq 0\}$ 為更新過程，$m(t)$ 為更新函數，$F(x)$ 為間隔時間 X 之分佈函數，則年齡 $A(t)$ 之分佈函數滿足

$$P(A(t) < z) = \begin{cases} F(t) - \int_0^{t-z} \overline{F}(t-s)\,\mathrm{d}m(s), & z \leq t \\ 1, & z > t \end{cases}$$

證明

$t \geq z$ 時：

$A(t) > z \Leftrightarrow (t-z, t]$ 間無更新，

$\Leftrightarrow Y(t-z) > z$

$P(A(t) < z) = P(Y(t-z) < z)$

$= F(t-z+z) - \int_0^{t-z} \overline{F}(t-z+z-s)\,\mathrm{d}m(s)$（定理 3.4-3）

$= F(t) - \int_0^{t-z} \overline{F}(t-s)\,\mathrm{d}m(s)$，$t \geq z$

又

$z > t$ 時 $P(A(t) > z) = 0$

$$得 P(A(t)<z)=\begin{cases}F(t)-\int_0^{t-z}\overline{F}(t-s)\,\mathrm{d}m(s), & t\geq z\\ 1 & ,t<z\end{cases}$$

3.4-5

$F_{S_{N(t)}}(s)=P(S_{N(t)}\leq s)=\overline{F}(t)+\int_0^s\overline{F}(t-y)\,\mathrm{d}m(y)$

$t>s\geq 0$

$\because S_o=0$，$N(t)=n\Leftrightarrow S_n\leq t$，$S_{n+1}>t$

$\therefore t>s\geq 0$ 時：

$$F_{S_{N(t)}}(s)=P(S_{N(t)}\leq s)=\sum_{n=0}^{\infty}P(S_{N(t)}\leq s，N(t)=n)$$

$$=\sum_{n=0}^{\infty}P(S_n\leq s，S_{n+1}>t)=P(S_0\leq s，S_1>t)$$

$$+\sum_{n=1}^{\infty}P(S_n\leq s，S_{n+1}>t)$$

$$=P(X_1>t)+\sum_{n=1}^{\infty}P(S_n\leq s，S_{n+1}>t)$$

$$=\overline{F}(t)+\sum_{n=1}^{\infty}\int_0^s P(S_n\leq s，S_{n+1}>t\mid S_n=y)\,\mathrm{d}F_n(y)$$

$$=\overline{F}(t)+\int_0^s P(S_n\leq s，S_{n+1}>t\mid S_n=y)\,\mathrm{d}\sum_{n=1}^{\infty}F_n(y)$$

但 $P(S_n\leq s，S_{n+1}=S_n+X_{n+1}>t\mid S_n=y)$

$=P(X_{n+1}>t-y\mid S_n=y)$（$s\geq y\geq 0$ 時，$X_{n+1}\perp\!\!\!\perp S_n$）

$= P(X_{n+1} > t - y)$
$= \overline{F}(t - y)$

因此，$P(S_{N(t)} \le s) = F_{S_{N(t)}}(s) = \overline{F}(t) + \int_0^s \overline{F}(t-y)\,\mathrm{d}m(y)$

在上述定理中，我們是在 $t > s \ge 0$ 之情況下導出，若

(1) $s \ge t$ 時，$S_{N(t)} \le s$ 恒成立 $\therefore F_{S_{N(t)}}(s) = 1$

(2) $s < 0$ 時，$S_{N(t)} > t > s > 0 \therefore F_{S_{N(t)}}(s) = 0$

3.4.5-1 $\mathrm{d}F_{S_{N(t)}}(s) = \overline{F}(t - s)\,\mathrm{d}m(s)$，$t > s > 0$

推論顯然成立。

3.4.5-2 $P(S_{N(t)} = 0) = \overline{F}(t)$

定理 3.4-5 中取 $s = 0$ 得

$$P(S_{N(t)} = 0) = \overline{F}(t) + \int_0^0 \overline{F}(t - y)\,\mathrm{d}m(y) = \overline{F}(t)$$

上面 2 個推論是重要而常用的結果。

3.4-6 $E(S_{N(t)+1}) = \mu(1 + m(t))$

方法一：$N(t)+1$ 為時停，利用 Wald 方程式

$$E(S_{N(t)+1}) = E\left[\sum_{i=1}^{N(t)+1} X_i\right],$$

$$= E(N(t)+1)E(X)$$

$$= \mu(1+m(t))$$

方法二：利用更新方程式，

$$E[S_{N(t)+1}]$$

$$= E[E(S_{N(t)+1} | S_1 = x)]$$

$$= \int_0^\infty E(S_{N(t)+1} | S_1 = x)\,\mathrm{d}F(x) \tag{1}$$

令 $g(t) = E(S_{N(t)+1})$，則

$$E(S_{N(t)+1} | S_1 = x)$$

$$= \begin{cases} x & , x \ge t \\ g(t-x)+x & , x < t \end{cases} \tag{2}$$

代 (2) 入 (1) 得

$$g(t) = \int_t^\infty x\mathrm{d}F(x) + \int_0^t (g(t-x)+x)\,\mathrm{d}F(x)$$

$$= \left[\int_t^\infty x\mathrm{d}F(x) + \int_0^t x\mathrm{d}F(x)\right] + \int_0^t g(t-x)\,\mathrm{d}F(x)$$

$$= \int_0^\infty x\mathrm{d}F(x) + \int_0^t g(t-x)\,\mathrm{d}F(x)$$

$$= \mu + g(t) \bigstar F \tag{3}$$

$$\therefore g(t) = \mu + \int_0^t \mu\,\mathrm{d}m(x)$$ （定理 3.4-2）

$$= \mu + \mu m(t)$$

即 $E(S_{n+1}) = \mu(1+m(t))$

問題 3-4

1. $\{N(t), t \geq 0\}$ 為強度 λ 之卜瓦松過程，$P(Y(t) > x)$ 是否等於 $P(A(t) > x)$？

   Ans. 是，均為 $e^{-\lambda x}$

   若 $\{N(t), t \geq 0\}$ 為任一計數過程，令 $X = A(t) + Y(t)$，求 2~3

2. 求 $P(Y(t) > y \mid A(t) = s) = P(X > \underline{\ ?\ })$

   Ans. $P(X > s + y)$

3. 求 (a) $P\left(Y(t) > y \mid A\left(t + \frac{y}{2}\right) = s\right) = P(X > \underline{\ ?\ })$

   (b) $P\left(Y(t) > y \mid A\left(t + \frac{y}{3}\right) = s\right) = P(X > \underline{\ ?\ })$

   Ans. (a) $P\left(X > s + \frac{y}{2}\right)$ (b) $P\left(X > s + \frac{2}{3}y\right)$

4. $\{N(t), t \geq 0\}$ 為強度 λ 之卜瓦松過程，試證

   $$P(S_{N(t)} \leq s) = \begin{cases} e^{-\lambda(t-s)}, & 0 \leq s < t \\ 1 & , s > t \end{cases}$$

5. $\{N(t), t \geq 0\}$ 為強度 λ 之卜瓦松過程，試證

   $$P(S_{N(t)+1} \leq s) = \begin{cases} 1 - e^{-\lambda(s-t)}, & s > t \\ 0 & , s \leq t \end{cases}$$

6. 若 $\{N(t), t \geq 0\}$ 為強度 λ 之卜瓦松過程，求 $E(\beta(t))$

   Ans. $\frac{1}{\lambda} + \frac{1}{\lambda}(1 - e^{-\lambda t})$

7. 試證：$E(Y(t)) = \mu(m(t) + 1) - t$

8. $\{N(t), t \geq 0\}$ 為一更新過程，試證

   $$P(Y(t) > x) = 1 - F(t + x) + \int_0^t P(Y(t-y) > x)\, dF(y)$$

9. 求證：$P\left(Y(t)\geq y \mid A(t)=s\right)=\dfrac{\overline{F}(s+y)}{\overline{F}(s)}$

10. $\{N(t), t\geq 0\}$ 為強度 λ 之卜瓦松過程，求 $A(t)$，$Y(t)$ 之結合機率密度函數

Ans. $f_{A(t)Y(t)}(x, y)=\lambda^2 e^{-\lambda x-\lambda y}$

11. 設 $\mu=E(X_i)<\infty$，試證 $m(t)>\dfrac{t}{\mu}-1$

（提示：$S_{N(t)+1}>t$，則由 Wald 方程式 $E(S_{N(t)+1})\cdots$）

12. 試證：$\overline{F}(t)+\int_0^t \overline{F}(t-y)\,\mathrm{d}m(y)=1$

3.5 更新過程之極限定理與主要更新定理

更新過程 $\{N(t); t\geq 0\}$ 當 t 很大時有一些漸近性質（asymptotic properties），這些性質很吸引人之興趣，雖然，它們背後之理論是很複雜的。

本節將介紹 5 個基本之更新過程的極限定理，先摘述如下：

1. $P(N(\infty)=\infty)=1$

2. $t\to\infty$ 時，$\dfrac{N(t)}{t}\to\dfrac{1}{\mu}$，a.s

3. $t\to\infty$ 時，$\dfrac{E(N(t))}{t}=\dfrac{m(t)}{t}=\dfrac{1}{\mu}$，a.s，其中 $\mu=E(X_m)$，

此即（**基本更新定理** elementary renewal theory; ERT）.

4. $t \to \infty$時，$P\left(\dfrac{N(t)-\dfrac{t}{\mu}}{\sigma\sqrt{t/\mu^3}} < y\right) = \int_{-\infty}^{y} \dfrac{1}{\sqrt{2\pi}} e^{-\frac{x^2}{2}} dx$

5. Blackwell 定理

3.5-1 $t \to \infty$時，$N(t) \to \infty$，即$P(N(\infty) = \infty) = 1$。

定理 **3.5-2** $\mu = E(X_n)$，則

$t \to \infty$時，$\dfrac{N(t)}{t} \longrightarrow \dfrac{1}{\mu}$

$\because S_{N(t)} \le t < S_{N(t)+1}$

$$\frac{S_{N(t)}}{N(t)} \le \frac{t}{N(t)} < \frac{S_{N(t)+1}}{N(t)} \tag{1}$$

又$\dfrac{S_{N(t)}}{N(t)} = \dfrac{\sum_{i=1}^{N(t)} X_i}{N(t)}$，由強大數法則（SLLN）：

$$N(t) \to \infty\text{時，}\frac{S_{N(t)}}{N(t)} = \frac{\sum_{i=1}^{N(t)} X_i}{N(t)} \longrightarrow \mu \tag{2}$$

又$\dfrac{S_{N(t)+1}}{N(t)} = \dfrac{S_{N(t)+1}}{N(t)+1} \cdot \dfrac{N(t)+1}{N(t)}$

$t \to \infty$時，$\dfrac{S_{N(t)+1}}{N(t)+1} \longrightarrow \mu$，且

$$t\to\infty\text{時，}\frac{N(t)+1}{N(t)}\longrightarrow 1$$

$$\therefore t\to\infty\text{時，}\frac{S_{N(t)+1}}{N(t)}\longrightarrow\mu \qquad (3)$$

從而 $t\to\infty$ 時，$\frac{t}{N(t)}\longrightarrow\mu$ 或 $\frac{N(t)}{t}\longrightarrow\frac{1}{\mu}$（由 (2)，(3) 及擠壓定理）

$\lim\limits_{t\to\infty}\frac{N(t)}{t}=\frac{1}{\mu}$ 表示長期而言，單位時間內之更新次數，也就是更新過程 $\{N(t), t\geq 0\}$ 之平均速率。

例 1. 令 $A(t)$ 為更新過程在 t 時之年齡，求證：當 $t\to\infty$ 時，$\frac{A(t)}{t}\longrightarrow 0$

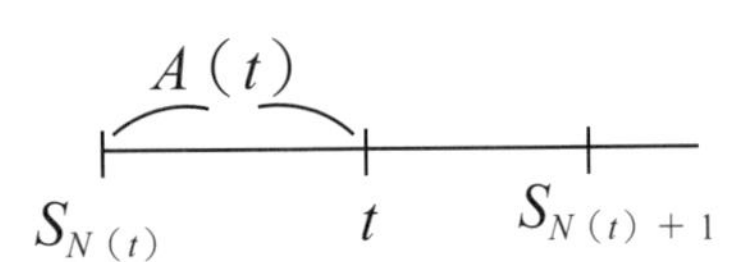

解

依定義

$$\frac{A(t)}{t}=\frac{t-S_{N(t)}}{t}=1-\frac{S_{N(t)}}{t}=1-\frac{S_{N(t)}}{N(t)}\cdot\frac{N(t)}{t}$$

由強大數法則

$$t\to\infty\text{時}\frac{S_{N(t)}}{N(t)}\longrightarrow\mu$$

$$\text{又 } t\to\infty\text{時}\frac{N(t)}{t}\longrightarrow\frac{1}{\mu}$$

$$\therefore t\to\infty\text{時}\frac{A(t)}{t}\longrightarrow 1-\mu\cdot\frac{1}{\mu}=0$$

例 2. $\{N(t), t \geq 0\}$ 為一更新過程，若到達間隔時間 X 是服從期望值為 $\frac{1}{\lambda}$ 之指數分佈，求長期而言，更新之速率為何？

解

因間隔時間 X 服從期望值為 $\frac{1}{\lambda}$ 之指數分佈

$$\therefore \lim_{t\to\infty}\frac{N(t)}{t}=\frac{1}{\mu}=\lambda$$

定理 3.5-3 $t\to\infty$ 時，$\frac{E(N(t))}{t}=\frac{m(t)}{t}\to\frac{1}{\mu}$

證明

$E(S_{N(t)+1}) \underset{\text{定理 3.4-7}}{=} \mu(m(t)+1)$

但 $S_{N(t)+1}=t+Y(t)$

$\therefore E(S_{N(t)+1})=t+E(Y(t))$

$\Rightarrow \mu(m(t)+1)=t+E(Y(t))$

$\Rightarrow \frac{m(t)}{t}=\frac{1}{\mu}-\frac{1}{t}+\frac{E(Y(t))}{t\mu}$

$\therefore \lim_{t\to\infty}\frac{m(t)}{t}=\frac{1}{\mu}$（將在本節例 9 導出 $\lim_{t\to\infty}E(Y(t))=\frac{EX^2}{2\mu}$

$\therefore \lim_{t\to\infty}\frac{E(Y(t))}{t}=0$）

$N(t)$ 之漸近常態分佈

機率學有所謂的中央極限定理，在更新過程中亦有類似定理，即 $t\to\infty$ 時 $N(t)$ 亦趨近於常態分佈。

3.5-4 $\{N(t),t\geq 0\}$ 為一更新過程，若 $\mu=E(X_n)$，$\sigma^2=V(X_n)<\infty$

則 (1) $\lim\limits_{t\to\infty}\left(m(t)-\dfrac{t}{\mu}\right)=\dfrac{\sigma^2-\mu^2}{2\mu^2}$

(2) $\lim\limits_{t\to\infty}\dfrac{V(N(t))}{t}=\dfrac{\sigma^2}{\mu^3}$

證明

(1) 我們證 $\lim\limits_{t\to\infty}\left(m(t)-\dfrac{t}{\mu}\right)=\dfrac{\sigma^2-\mu^2}{2\mu^2}$ 時，先求 $F(t)$ 之 Laplace-Stieltjes 轉換 $\tilde{F}(s)$，透過 $\tilde{m}(s)=\dfrac{\tilde{F}(s)}{1-\tilde{F}(s)}$，Laplace-Stieltjes 反轉換求出 $m(t)$：

①
$$\begin{aligned}\tilde{F}(s)&=\int_0^\infty e^{-st}dF(t)=\int_0^\infty e^{-st}f(t)\,dt\\&=\int_0^\infty\left[1-(st)+\frac{(st)^2}{2!}-\frac{(st)^3}{3!}+\cdots\right]f(t)\,dt\\&=\int_0^\infty f(t)\,dt-s\int_0^\infty tf(t)\,dt+\frac{s^2}{2}\int_0^\infty t^2f(t)\,dt-\cdots\\&=1-s\mu+\frac{s^2}{2}E(X^2)+o(s^2)\\&=1-s\mu+\frac{s^2}{2}(\sigma^2+\mu^2)+o(s^2)\end{aligned}$$

②
$$\begin{aligned}\tilde{m}(s)&=\frac{\tilde{F}(s)}{1-\tilde{F}(s)}\\&=\frac{1-s\mu+\frac{s^2}{2}(\sigma^2+\mu^2)+o(s^2)}{1-\left[1-s\mu+\frac{s^2}{2}(\sigma^2+\mu^2)+o(s^2)\right]}\\&=\frac{1-s\mu+\frac{s^2}{2}(\sigma^2+\mu^2)+o(s^2)}{s\mu-\frac{s^2}{2}(\sigma^2+\mu^2)+o(s^2)}\end{aligned}$$

$$= \frac{1}{\mu s} + \left(\frac{-1}{2} + \frac{\sigma^2}{2\mu^2}\right) + o(1)$$

③ $m(t) = \dfrac{t}{\mu} + \left(\dfrac{\sigma^2}{2\mu^2} - \dfrac{1}{2}\right) + o(1)$

$$= \frac{t}{\mu} + (\sigma^2 - \mu^2)/2\mu^2 + o(1)$$

$$\therefore \lim_{t\to\infty}\left(m(t) - \frac{t}{\mu}\right) = \frac{\sigma^2 - \mu^2}{2\mu^2}$$

(2) 在求$\lim_{t\to\infty}\dfrac{V(N(t))}{t}$時，因$V(N(t)) = E(N^2(t)) - [E(N(t))]^2 = E(N^2(t)) - m^2(t) = m_2(t) - m^2(t)$，其中$m_2(t) = E[N^2(t)]$，因此，我們先要求出$m_2(t) = ?$

(A) $m_2(t) = E(N^2(t)) = \sum_{n=1}^{\infty} n^2 P(N(t) = n)$

$$= \sum_{n=1}^{\infty} n^2 [F_n(t) - F_{n+1}(t)] \text{（由定理 3.1-2）}$$

$$= [F_1(t) - F_2(t)] + 2^2[F_2(t) - F_3(t)] + 3^2[F_3(t) - F_4(t)] + \cdots + n^2[F_{n-1}(t) - F_n(t)] + \cdots$$

$$= (1^2 - 0^2)F_1(t) + (2^2 - 1^2)F_2(t) + (3^2 - 2^2)F_3(t) + \cdots + [n^2 - (n-1)^2] \cdot F_n(t) + \cdots$$

$$= \sum_{n=1}^{\infty}[n^2 - (n-1)^2]F_n(t)$$

$$= \sum_{n=1}^{\infty}(2n-1)F_n(t)$$

(B) 兩邊取 Laplace-Stieltjes 轉換：

$$\tilde{m}_2(s) = \sum_{n=1}^{\infty}(2n-1)\tilde{F}_n(s) \qquad *$$
$$= \sum_{n=1}^{\infty}(2n-1)[\tilde{F}(s)]^n$$

現考慮 $T = \sum_{n=1}^{\infty}(2n-1)[\tilde{F}(s)]^n$

$$= \tilde{F} + 3\tilde{F}^2 + 5\tilde{F}^3 + 7\tilde{F}^4 + \cdots$$

$$-)\quad \tilde{F}T = \quad \tilde{F}^2 + 3\tilde{F}^3 + 5\tilde{F}^4 + \cdots$$

$$(1-\tilde{F})T = \tilde{F} + 2\tilde{F}^2 + 2\tilde{F}^3 + 2\tilde{F}^4 + \cdots$$
$$= 2(\tilde{F} + \tilde{F}^2 + \tilde{F}^3 + \cdots) - \tilde{F}$$
$$= 2\tilde{F}(1 + \tilde{F} + \tilde{F}^2 + \cdots) - \tilde{F}$$
$$= 2\tilde{F}\frac{1}{1-\tilde{F}} - \tilde{F} = \frac{\tilde{F}+\tilde{F}^2}{1-\tilde{F}}$$

$$\therefore T = \frac{\tilde{F}(1+\tilde{F})}{(1-\tilde{F})^2}$$

代上述結果入 * 得

② $$\tilde{m}_2(s) = \frac{\hat{F}(s)[1+\hat{F}(s)]}{[1-\hat{F}(s)]^2}$$
$$= \frac{\left[1 - s\mu + \frac{s^2}{2}(\sigma^2+\mu^2) + o(s^2)\right]}{\left[1 - \left(1 - s\mu + \frac{s^2}{2}(s^2+\mu^2)\right) + o(s^2)\ \right]^2}$$
$$\cdot\left\{1 + \left[1 - s\mu + \frac{s^2}{2}(\sigma^2+\mu^2) + o(s^2)\right]\right\}$$
$$= \frac{2 - 3\mu s + \left(\frac{3}{2}\sigma^2 + \frac{5}{2}\mu^2\right)s^2 + o(s^3)}{s^2\left[\mu^2 - \mu(\sigma^2+\mu^2)s + \frac{1}{4}(\sigma^2+\mu^2)^2 s^2 + o(s^3)\ \right]}$$
$$= \frac{1}{s^2}\left[\frac{2}{\mu^2} + \left(\frac{2\sigma^2}{\mu^3} - \frac{1}{\mu}\right)s + \cdots\right]$$

③取 Laplace-Stieltjes 逆轉換得：

$$m_2(t)=\frac{t^2}{\mu^2}-\frac{t}{\mu}+\frac{2\sigma^2}{\mu^3}t+o(1)$$

$$\begin{aligned}\frac{V(N(t))}{t}&=\frac{1}{t}[m_2(t)-m^2(t)]\\&=\frac{1}{t}\left[\left(\frac{t^2}{\mu^2}-\frac{t}{\mu}+\frac{2\sigma^2}{\mu^3}t\cdots\right)-\left(\frac{t}{\mu}+\frac{\sigma^2-\mu^2}{2\mu^2}+\cdots\right)^2\right]\\&=\frac{1}{t}\left[\frac{\sigma^2}{\mu^3}t+\cdots\right]\approx\frac{\sigma^2}{\mu^3}+o(1)\end{aligned}$$

$$\therefore\lim_{t\to\infty}\frac{V(N(t))}{t}=\frac{\sigma^2}{\mu^3}$$

例 3. $\{N(t), t\geq 0\}$ 為一更新過程，若其間隔到達時間 X 為獨立服從 $G(2, \lambda)$ 之隨機變數，求 $\lim_{t\to\infty}\frac{E(N(t))}{t}$ 及 $\lim_{t\to\infty}\frac{V(N(t))}{t}$

解

$\because X\sim G(2, \lambda)$，$E(X)=\mu=\frac{2}{\lambda}$，$V(X)=\sigma^2=\frac{2}{\lambda^2}$

$$\therefore\lim_{t\to\infty}\frac{E(N(t))}{t}=\frac{1}{\mu}=\frac{\lambda}{2}$$

$$\lim_{t\to\infty}\frac{V(N(t))}{t}=\frac{\sigma^2}{\mu^3}=\frac{2/\lambda^2}{(2/\lambda)^3}=\frac{\lambda}{4}$$

有了定理 3.5-4，我們便可導出 $N(t)$ 之中央極限定理。

定理 3.5-5 （**$N(t)$ 之中央極限定理**）$\{N(t), t\geq 0\}$ 為一更新過程，平均間隔時間 $0<\mu<\infty$，變異數 $\sigma^2<\infty$ 則

$$\lim_{t\to\infty}P\left(\frac{N(t)-\frac{t}{\mu}}{\sqrt{\sigma^2 t/\mu^3}}\leq y\right)=\int_{-\infty}^{y}\frac{e^{-\frac{x^2}{2}}}{\sqrt{2\pi}}dx$$

因 $P\,(N\,(t)\geq n)=P\,(S_n\leq t)$

$\therefore P\,(N\,(t)<n)=P\,(t<S_n)$，對任意 $t\geq 0$，$n\geq 0$ 均成立，（見 2.2 節例 1）取 $n=\left[\frac{t}{\mu}+y\sqrt{\frac{\sigma^2 t}{\mu^3}}\right]$，[ ] 為最大整數函數，則

$$P\,(N\,(t)<n)=P\left(\frac{N\,(t)-t/\mu}{\sqrt{\sigma^2 t/\ \mu^3}}<y\right)$$
$$=P\,(S_n>t)$$
$$=P\left(\frac{S_n-n\mu}{\sqrt{n\,\sigma^2}}>\frac{t-n\mu}{\sqrt{n\,\sigma^2}}\right)$$

$$\because\ n=\frac{t}{\mu}+y\sqrt{\frac{\sigma^2}{\mu^3}t}$$

$$\therefore\ n\mu=t+y\sqrt{\frac{\sigma^2}{\mu}t}$$

$$t-n\mu=-y\sqrt{\frac{\sigma^2}{\mu}t}=-y\sigma\sqrt{\frac{t}{\mu}}$$

$$\therefore\ \frac{t-n\mu}{\sqrt{n\sigma^2}}=\frac{-y\sqrt{\frac{\sigma^2}{\mu}t}}{\sigma\sqrt{\frac{t}{\mu}+y\sigma\sqrt{\frac{t}{\mu^3}}}}$$
$$=\frac{-y}{\sqrt{1+y\sigma/\sqrt{\mu t}}}\Rightarrow\lim_{t\to\infty}\frac{t-n\mu}{\sqrt{n\sigma^2}}=\lim_{t\to\infty}\left(\frac{-y}{\sqrt{1+\frac{y\sigma}{\sqrt{\mu t}}}}\right)$$
$$=-y$$

又 $\frac{S_n-n\mu}{\sigma\sqrt{n}}\xrightarrow{n\to\infty}n\,(0\,,1)$（由 CLT）

$$\lim_{t\to\infty}P\,(t<S_n)=\lim_{t\to\infty}P\left(-y<\frac{S_n-n\mu}{\sqrt{n\sigma^2}}\right)$$
$$=\int_{-y}^{\infty}\frac{1}{\sqrt{2\pi}}e^{-\frac{x^2}{2}}dx=\int_{-\infty}^{y}\frac{1}{\sqrt{2\pi}}e^{-\frac{x^2}{2}}dx$$

$$\therefore \lim_{t\to\infty} P\left(\frac{N(t)-t/\mu}{\sqrt{\sigma^2 t/\mu^3}} \le y\right) = \int_{-\infty}^{y} \frac{e^{-\frac{x^2}{2}}}{\sqrt{2\pi}} dx$$

Blackwell 定理

定義 3.5-1 若 r.v. X 滿足 $\sum_{n=0}^{\infty} P(X=nd)=1$，則稱 X 為**格點**（lattice）r.v. 若 d 是使上式成立之最大整數，d 稱為 X 之週期。若 X 為格點，F 為 X 之分佈函數，則稱 F 為格點。

定理 3.5-6（Blackwell **定理**）：

1. $F(t)$ 不是格點，$t\to\infty$ 時 $m(t+h)-m(t)\to\frac{h}{\mu}$
2. $F(t)$ 是週期為 d 之格點，$n\to\infty$ 時 $m(nd)-m((n-1)d)\to\frac{d}{\mu}$

例 4. (a) $P(X=4)=P(X=8)=\frac{1}{2}$，格點為 4。

(b) $P(X=4)=P(X=8)=P(X=10)=\frac{1}{3}$，格點為 2。

(c) $P(X=\sqrt{2})=P(X=\sqrt{3})=\frac{1}{2}$，則非格點。

例 5. 設更新過程 $\{N(t), t \geq 0\}$ 壽命長 $X \sim U[0, L]$，求 t 很大時其在 $[t, t+h]$，$h>0$ 之平均更新次數

解

利用 Blackwell 定理：

$$\mu = E(X) = \int_0^L \frac{x}{L} \mathrm{d}x = \frac{L}{2}$$

$$\therefore t \text{ 很大時 } m(t+h) - m(t) \approx \frac{h}{\mu} = \frac{h}{\frac{L}{2}} = \frac{2h}{L}$$

例 6. 設更新過程 $\{N(t), t \geq 0\}$ 之壽命長 X 之分配函數為 $F(x) = 1 - \mathrm{e}^{-\lambda\sqrt{x}}$，$x \geq 0$

求 t 很大時，時間區間 $(t, t+h)$，$h>0$ 之平均更新次數。

解

利用 Blackwell 定理

$$m(t+h) - m(t) \approx \frac{h}{\mu}$$

又

$$\mu = \int_0^\infty (1 - F(x))\,\mathrm{d}x = \int_0^\infty [1 - (1 - \mathrm{e}^{-\lambda\sqrt{x}})]\,\mathrm{d}x = \int_0^\infty \mathrm{e}^{-\lambda\sqrt{x}}\,\mathrm{d}x$$

$$\overset{y=\sqrt{x}}{\underset{\mathrm{d}x = 2y\mathrm{d}y}{=\!=\!=}} \int_0^\infty \mathrm{e}^{-\lambda y} \cdot 2y\,\mathrm{d}y = 2\int_0^\infty y\mathrm{e}^{-\lambda y}\mathrm{d}y = 2 \cdot \frac{1}{\lambda^2} = \frac{2}{\lambda^2}$$

$$\therefore m(t+h) - m(t) \approx \frac{h}{\mu} = \frac{h}{\frac{2}{\lambda^2}} = \frac{\lambda^2 h}{2}$$

即 t 很大時，$(t, t+h)$，$h>0$ 之平均更新次數為 $\frac{\lambda^2 h}{2}$

例 7. 設間隔時間 X 服從下列機率

$P(X=2)=\frac{1}{2}$，$P(X=4)=\frac{1}{2}$

求 $\lim_{n\to\infty} P$（在 $2n$ 時之更新次數）

解

$P(X=2)=\frac{1}{2}$，$P(X=4)=\frac{1}{2}$

$\therefore X$ 是 $d=2$ 之格點又 $\mu=E(X)=3$，由 Blackwell 定理：

$\lim_{n\to\infty} P$（在 $2n$ 時之更新次數）$=\frac{d}{\mu}=\frac{2}{3}$

關鍵更新定理

定義 3.5-2（直接黎曼積分）設函數 $g(t)$ 滿足：(1) $g(t)\geq 0$，$(t\geq 0)$ (2) $g(t)$ 為非遞增函數且 (3) $\int_0^\infty g(t)\,dt<\infty$ $\left(\text{即}\int_0^\infty g(t)\,dt\text{為有限}\right)$，則稱 $g(t)$ 滿足直接黎曼可積分（Direct Riemann integrable，簡稱 DRI）

有了直接黎曼可積分，我們可得下列重要定理：

定理 3.5-9（關鍵更新定理 Key renewal theorem，KRT），若 F 為非格點，且 $h(t)$ 為 DRI 則

$$\lim_{t\to\infty}\int_0^t h(t-x)\,\mathrm{d}m(x)=\int_0^\infty \frac{h(x)}{\mu}\mathrm{d}x$$

關鍵更新定理之名稱中有“Key”這個字，可顯示出關鍵更新定理在更新理論中之重要性，雖然 KRT 之數學式有點複雜而且無法較輕易地體會出其直觀意義。

在求更新過程與時間 $t\to\infty$ 有關之機率，事件或期望值時，往往可優先考慮用 KRT，通常可對 t 時刻前最後一次發生作條件而導出下列更新方程式：

$$g(t)=h(t)+\int_0^t h(t-s)\,\mathrm{d}m(s)$$

驗證 $g(t)$ 滿足 DRI 後用 KRT 求 $t\to\infty$ 時 $g(t)=?$

例 8. 求 $\lim_{t\to\infty} P(Y(t)>z)$

解

先證 $\overline{F}(\cdot)$ 滿足 DRI：

(1) $\overline{F}(t+z)\geq 0$ (2) $\because F(\cdot)\uparrow \therefore \overline{F}(t+z)\downarrow$

(3) $\int_0^\infty \overline{F}(t+z)\,\mathrm{d}t<\infty$

即 $\overline{F}(t+z)$ 滿足 DRI。

$$\therefore \lim_{t\to\infty} P(Y(t)>z)=\lim_{t\to\infty}\left[\overline{F}(t+z)+\int_0^t \overline{F}(t+z-s)\,\mathrm{d}m(s)\right]$$

（定理 3.4-3）

$$\xlongequal[\text{（第二項）}]{\text{KRT}} 0+\frac{\int_0^\infty \overline{F}(t+z)\mathrm{d}t}{\mu}\xlongequal{y=t+z}\frac{\int_z^\infty \overline{F}(y)\mathrm{d}y}{\mu}$$

讀者可驗證

$$\lim_{t\to\infty} P(Y(t)\le z) = \frac{1}{\mu}\int_0^z \overline{F}(y)\,dy$$

例 9. (a) 先證 $E[Y(t)] = E[Y(t) \mid S_{N(t)} = 0]\overline{F}(t) + \int_0^t E[Y(t) \mid S_{N(t)} = y]\overline{F}(t-y)\,dm(y)$

(b) 由 (a)

$$E(Y(t)) = E[X-t \mid X>t]\overline{F}(t) + \int_0^t E[X-(t-y) \mid X>t-y]\overline{F}(t-y)\,dm(y)$$

(c) 令 $h(t) = E(x-t \mid x>t)\overline{F}(t)$，透過 KRT 得出 $t\to\infty$ 時 $E[Y(t)] = \frac{EX^2}{2\mu}$

解

(a)

$$\begin{aligned} E[Y(t)] &= E[E(Y(t) \mid S_{N(t)})] \\ &= E[Y(t) \mid S_{N(t)} = 0]P(S_{N(t)} = 0) + \int_0^t E(Y(t) \mid S_{N(t)} = y)\,dF_{S_{N(t)}}(y) \end{aligned}$$

但 $P(S_{N(t)} = 0) = \overline{F}(t)$（推論 3.4.5-2），

$= \overline{F}(t-y)\,dm(y)$（推論 3.4.5-1）

$$\therefore E(Y(t)) = E(Y(t) \mid S_{N(t)} = 0)\overline{F}(t) + \int_0^t E[Y(t) \mid S_{N(t)} = y]\overline{F}(t-y)\,dm(y) \quad *$$

(b)

$$E(Y(t) \mid S_{N(t)} = 0) = E(X-t \mid X>t)$$

$$E(Y(t) \mid S_{N(t)} = y) = E(X-(t-y) \mid X>t-y)$$

代上述結果入 (a) 之∗得：

$$E(Y(t)) = E(X-t|X>t)\bar{F}(t) + \int_0^t E(X-(t-y)|X>t-y)\bar{F}(t-y)\,dm(y)$$

(c)

取 $h(t) = E(X-t|X>t)\bar{F}(t)$ 則

$$E(Y(t)) = h(t) + \int_0^t h(t-y)\,dm(y)$$

可驗證 $E(X^2) < \infty$ 時，$h(t)$ 為 DRI

由 KRT，

$$\begin{aligned}
\lim_{t\to\infty} E[Y(t)] &= \frac{\int_0^\infty h(t)\,dt}{\mu} \\
&= \frac{1}{\mu}\int_0^\infty E(X-t|X>t)\bar{F}(t)\,dt \qquad ** \\
&= \frac{1}{\mu}\int_0^\infty \int_t^\infty (x-t)\,dF(x)\,dt \\
&= \frac{1}{\mu}\int_0^\infty \int_0^x (x-t)\,dt\,dF(x) \\
&= \frac{1}{\mu}\int_0^\infty \frac{x^2}{2}\,dF(x) \\
&= \frac{1}{2\mu}\int_0^\infty x^2\,dF(x) \\
&= \frac{1}{2\mu}E(X^2)
\end{aligned}$$

若讀者不習慣 Laplace-Stieltjes 積分之表示方式，＊＊以下部份亦可用大家熟悉之 Riemann 積分。

$$\begin{aligned}
** &= \frac{1}{\mu}\int_0^\infty \left[\int_t^\infty (x-t)f(x)\,dx\,dt\right] \\
&= \frac{1}{\mu}\int_0^\infty \left[\int_0^x (x-t)f(x)\,dt\right]dx \\
&= \frac{1}{\mu}\int_0^\infty \frac{x^2}{2}f(x)\,dx = \frac{1}{2\mu}E(X^2)
\end{aligned}$$

3.5-10 當 $t\to\infty$ 時 $E(Y(t))=\dfrac{EX^2}{2\mu}$

$$E(A(t))=\frac{EX^2}{2\mu}$$

證明

$\lim\limits_{t\to\infty}E(Y(t))=\dfrac{EX^2}{2\mu}$ 已在例 9 中證明。$\lim\limits_{t\to\infty}E[A(t))=\dfrac{EX^2}{2\mu}$ 同法可證。

例 10. 若一三用電錶失手落地 8 次便要重新更換，設三用電錶被失手落地之次數是服從強度 λ 之卜瓦松過程，求：

$\lim\limits_{t\to\infty}E(Y(t))$

解

$\because$ 三用電錶失手落地之次數是服從強度 λ 之卜瓦松過程 $\therefore$ 三用電表失手落地之間隔時間 X 服從 $G(1,\lambda)$

依題意，8 次三用電錶落地之間隔時間 $X=X_1+X_2+\cdots+X_8\sim G(8,\lambda)$，$E(X)=\dfrac{8}{\lambda}$，$V(X)=\dfrac{8}{\lambda^2}$，得 $E(X^2)=\dfrac{72}{\lambda^2}$

$$\therefore\lim_{t\to\infty}E(Y(t))=\frac{E(X^2)}{2\mu}=\frac{\frac{72}{\lambda^2}}{2\cdot\frac{8}{\lambda}}=\frac{9}{2\lambda}$$

問題 3-5

下列各題之 F 均為非格點

1. $\{N(t), t\geq 0\}$為一更新過程，$E(X_i)=\mu\neq 0$，X_i為間隔時間，$i=1, 2\cdots n$，令 $Y(t)=S_{N(t)+1}-t$，$A(t)=t-S_{N(t)}$，試證

$$\lim_{t\to\infty}P(A(t)>y, Y(t)>x)=\frac{1}{\mu}\int_{x+y}^{\infty}\overline{F}(z)\,dy$$

2. $\{N(t), t\geq 0\}$為一更新過程，間隔時間 $X\sim G(n, \lambda)$，求$\lim_{t\to\infty}E(Y(t))$，$Y(t)$為剩餘壽命

Ans. $\frac{n+1}{2\lambda}$

3. 由 $S_{N(t)+1}=t+Y(t)$，證明：

$$\lim_{t\to\infty}\left(m(t)-\frac{t}{\mu}\right)=\frac{E(X^2)}{2\mu^2}-1$$

4. 求$\lim_{n\to\infty}F_n(t)$

Ans. 0

5. (a) 說明$P(A(t)>x)=P(Y(t-x)>x)$，(b) 利用 (a)與例 9 之結果說明$P(A(t)\leq x)=\begin{cases}F(t)-\int_0^{t-x}\overline{F}(t-s)\,dm(s), & x\leq t\\ 1, & x>t\end{cases}$

又$\lim_{t\to\infty}P(A(t)\leq x)=$？

Ans. $\frac{1}{\mu}\int_0^x\overline{F}(y)\,dy$。

6. 若$\lim_{t\to\infty}P(A(t)\leq x)=F(x)$，試證 F 為指數分佈，問此更新過程是否為卜瓦松過程？

Ans. 是

7. 試求$\lim_{t\to\infty}\frac{Y(t)}{t}$

Ans.0

3.6 延遲更新過程

前面我們討論的更新過程，均假設它的間隔時間 X 均服從同一分佈函數 F。本節之**延遲更新過程**（delayed renewal process）**則假設第一個間隔時間 X_1，服從分佈函數 G，而第 2 到第 n 個間隔時間 X_2，$X_3 \cdots X_n$ 則均服從分佈函數 F**。

定義 3.6-1 令 $\{X_1, X_2 \cdots X_n\}$ 為獨立的非負隨機變數敘列，X_1 服從分佈函數 G，$X_2 \cdots X_n$ 服從分佈函數 F。令 $S_0 = 0$，$S_n = \sum_{i=1}^{n} X_i$，$n \geq 1$ 及 $N_D(t) = \sup\{n : S_n \leq t\}$ 則隨機過程 $\{N_D(t), t \geq 0\}$ 為延遲更新過程。

由定義 3.6-1 不難知，當 $G = F$ 時，便為我們以前所討論之更新過程即**常更新過程**（ordinary newal process）。換言之，常更新過程為延遲更新過程之特例。延遲更新過程保有常更新過程之特性。因此延遲更新過程也稱為**廣義更新過程**（general renewal process）

根據延遲更新過程之定義，我們可有以下之結果：

1° 到達時間 S_n

$$P(S_n \leq t) = P(X_1 + X_2 + \cdots + X_n \leq t) = P(X_1 + (X_2 + \cdots + X_n) \leq t)$$
$$= G(t) \bigstar F_{n-1}(t)$$

2° $P(N_D(t) = n)$，$n \neq 0$ 時

$$P(N_D(t)=n)=P(S_n\le t)-P(S_{n+1}\le t)$$

$$=\begin{cases}G(t)\bigstar F_{n-1}(t)-G(t)\bigstar F_n(t) & ,n=1,2\cdots\\ 1-G(t) & ,n=0\end{cases}$$

3° 更新函數 $M_D(t)$

$$m_D(t)=E(N_D(t))=\sum_{n=1}^{\infty}G(t)\bigstar F_{n-1}(t)$$

$$m_D(t)=\sum_{n=0}^{\infty}nP(N_D(t)=n)$$

$$=\sum_{n=1}^{\infty}nP(N_D(t)=n)$$

$$=(G(t)\star F_0(t)-G(t)\star F_1(t))$$

$$+2(G(t)\star F_1(t)-G(t)\star F_2(t))$$

$$+3(G(t)\star F_2(t)-G(t)\star F_3(t)$$

$$+\cdots$$

$$=\sum_{n=1}^{\infty}G(t)\star F_{n-1}(t)$$

4° $m_D(t)=G(t)+\int_0^t m(t-s)\,dG(s)$

$$\because E(N(t)\mid X_1=s)=\begin{cases}1+m(t-s), & t\ge s\ge 0\\ 0 & ,s>t\end{cases}$$

$$\therefore m_D(t)=\int_0^{\infty}E(N(t)\mid X_1=s)dG(s)$$

$$=\int_0^t(1+m(t-s)dG(s)$$

$$=G(t)+\int_0^t m(t-s)dG(s)$$

5° $m_D(t)$ 之 Laplace-Stieltjes 轉換為 $\tilde{m}_D(s)=\dfrac{\tilde{G}(s)}{1-\tilde{F}(s)}$

$$\because m_D(t)=G(t)+\int_0^t m_D(t-s)\,dF(s)$$

兩邊同取 Laplace-Stieltjes 轉換得：

$$\tilde{m}_D(s)=\tilde{G}(s)+\tilde{m}_D(s)\tilde{F}(s)$$

$$\therefore \tilde{m}_D(s)=\frac{\tilde{G}(s)}{1-\tilde{F}(s)}$$

前面幾節談到之有關更新過程的極限定理，對延遲更新過程都成立，如下面定理：

定理 3.6-1 $\{N_D(t), t\geq 0\}$ 為一延遲更新過程，間隔時間 $X_1\sim G$，$X_n\sim F$，$n=2,3\cdots$則

(1) $t\to\infty$時 $\dfrac{N_D(t)}{t}\to\dfrac{1}{\mu}$，

(2) $t\to\infty$時 $\dfrac{m_D(t)}{t}\to\dfrac{1}{\mu}$，（此即延遲更新過程之 ERT）

(3)（Blackwell 定理）

(i) $F(t)$ 不是格點，則對所有之 $a\geq 0$

$t\to\infty$時 $m_D(t+a)-m_D(t)\to\dfrac{a}{\mu}$

(ii) $F(t)$ 是格點，週期為 d 則

$n\to\infty$時 $m_D(nd)-m_D((n-1)d)\to\dfrac{d}{\mu}$

(4) X 不是格點之隨機變數，$\mu=E(X)<\infty$，且 $h(x)$ 為直接黎曼可積分（DRI）則

$$\lim_{t\to\infty}\int_0^\infty h(t-x)\,dm_D(x)=\frac{1}{\mu}\int_0^\infty h(x)\,dx$$

(5) $P(A_D(t) \le x) = \begin{cases} G(t) - \int_0^{t-x} \overline{F}(t-y)\,\mathrm{d}m_D(y), & x \le t \\ 1 & , x > t \end{cases}$

(6) $P(Y_D(t) \le x) = G(t+x) - \int_0^t \overline{F}(t+x-y)\,\mathrm{d}m_D(y)$

定理 3.6-1 之 $A_D(t)$ 與 $Y_D(t)$ 之定義與常更新過程同，即 $A_D(t) = t - S_{N(t)}$，$Y_D(t) = S_{N(t)+1} - t$，而 $X_D = A_D(t) + Y_D(t) = S_{N(t)+1} - S_{N(t)}$

(5)，(6) 證明的方式與常更新過程 $P(A(t) \le x)$ 或 $P(Y(t) \le x)$ 類似，我們以 $P(Y_D(x) \le x)$ 為例說明之：

$$P(Y_D(t) > x) = P(Y_D(t) > x \mid X_{N(t)} = 0)\overline{G}(t) + \int_0^t P(Y_D(t) > x \mid X_{N(t)} = s)\,\overline{F}(t-s)\,\mathrm{d}m_D(s)$$

但

$$\begin{aligned} P(Y_D(t) > x \mid X_{N(t)} = 0) &= P(X_1 > t + x \mid X_1 > t) \\ &= P(X_1 > t + x, X_1 > t)/P(X_1 > t) \\ &= \frac{P(X_1 > t + x)}{P(X_1 > t)} \\ &= \frac{\overline{G}(x+t)}{\overline{G}(t)} \end{aligned}$$

同法

$$\begin{aligned} P(Y_D(t) > x \mid X_{N(t)} = s) &= P(X_1 > t + x - s \mid X > t - s) \\ &= \frac{\overline{F}(t+x-s)}{\overline{F}(t-s)} \end{aligned}$$

$$\therefore P(Y_D(t) > x) = \overline{G}(t+x) + \int_0^t \overline{F}(t+x-s)\,\mathrm{d}m_D(s)$$

即

$$P(Y_D(t) \le x) = G(t+x) - \int_0^t \overline{F}(t+x-s)\,\mathrm{d}m_D(s)$$

由上述定理可看出，延遲更新過程之漸近結果與常更新過程相同，顯然**延遲更新過程之 $G(t)$ 在其漸近結果上並未產生任何影響**，因此，直覺地，顯然有下列結果：

定理 3.6-2 若 X 不是格點之隨機變數，則

(1) $\lim_{t\to\infty}(A_D(t)\le x)=\frac{1}{\mu}\int_0^x \overline{F}(s)\,ds$

(2) $\lim_{t\to\infty}(Y_D(t)\le x)=\frac{1}{\mu}\int_0^x \overline{F}(s)\,ds$

(3) $\lim_{t\to\infty}(X_D(t)\le x)=\frac{1}{\mu}\int_0^x s\,dF(s)$

定理 3.6-3 若 X 不是格點之隨機變數，$E(X_1)<\infty$，$V(X_1)<\infty$，則

$$\lim_{t\to\infty}E(A_D(t))=\frac{E(X^2)}{2\mu}$$

$$\lim_{t\to\infty}E(Y_D(t))=\frac{E(X^2)}{2\mu}$$

平衡更新過程

例 1. （論例）$\{N_D(t), t\ge 0\}$ 為一延遲更新過程，其初始過程為 G，問是否存在一個 G 使得 $m_D(t)=\frac{t}{\mu}$？

解

我們用 Laplace-Stieltjes 轉換：

$$\tilde{m}_D(s)=\int_0^\infty e^{-st}dm_D(t)=\int_0^\infty e^{-st}d\frac{t}{\mu}=\frac{1}{\mu s}$$

又 $\tilde{m}_D(s)=\dfrac{\tilde{G}(s)}{1-\tilde{F}(s)}$

$\therefore \dfrac{1}{us}=\dfrac{\tilde{G}(s)}{1-\tilde{F}(s)}$，得

$$\tilde{G}(s)=\frac{1-\tilde{F}(s)}{us}=\frac{1}{u}\left(\frac{1}{s}-\frac{\tilde{F}(s)}{s}\right)$$

取上式 Laplace-Stieltjes 逆轉換得：

$$G(t)=\frac{1}{u}\left(t-\int_0^t F(x)\,dx\right)=\frac{1}{u}\left(\int_0^t(1-F(x))\,dx\right)$$

即$G(t)=\dfrac{1}{\mu}\left(\displaystyle\int_0^t(1-F(x))\,dx\right)=\dfrac{1}{\mu}\displaystyle\int_0^t\overline{F}(x)\,dx$時

$$m_D(t)=\frac{t}{u}$$

如此引導出平衡更新過程之定義。

定義 3.6-2 $\{N_e(t)$，$t\geq 0\}$ 為一延遲更新過程，若第 1 個間隔時間 X_1 之分佈函數$G(t)=\dfrac{1}{\mu}\displaystyle\int_0^t\overline{F}(s)\,ds$，$\mu=E(X)<\infty$，這種

$G(t)$ 特別記做 $F_e(t)$

F_e 對應之延續更新過程為平衡更新過程或**穩定更新過程**（stationary renewal process）

如果實驗者在更新過程開始很久後才在時刻 t 開始記錄，當 t 很大時，可用**平衡更新過程**（equibrium renewal process）來做

近似描述，同時，我們可將平衡更新過程視做無限長歷史之更新過程，所以直覺地，在 t 時之剩餘壽命 $Y_e(t)$ 應當服從分佈函數 $F_e(x)$，更重要的是在平衡更新過程中，區間 $(t, t+s]$ 之更新次數 $N_e(t+s)-N_e(t)$ 與 t 無關，**因此平衡更新過程具有穩定增量之特性**。

在上節，我們知道 $\lim_{t\to\infty}\frac{m_D(t)}{t}=\frac{1}{\mu}$，因此它給我們一個想法，當 t 很大時，$m_D(t)\approx\frac{t}{\mu}$，那麼對一延遲更新過程，是否存在一個 G，使得 $m_D(t)=\frac{t}{\mu}$，而這個 G 與 X_2，$X_3\cdots$ 之分佈函數 F 之關係又為何，例 1 給了解答。

我們將說明如何求得 $P(Y_e(t)>x)$。$Y_e(t)$ 平衡更新過程 t 時之剩餘壽命。

例 2. 求 $P(Ye(t)\le x)$

解

$$P(Ye(t)>x)=P(Ye(t)>x\mid S_{N(t)}=0)\overline{G}(t)+$$
$$\int_0^t P(Ye(t)>x\mid S_{N(t)}=s)\mathrm{d}F_{N(t)}(s)$$
$$=P(X_1>t+x\mid X_1>t)\overline{G}(t)+\int_0^t P(X>t+x-s\mid X>t-s)$$
$$\overline{F}(t-s)\,\mathrm{d}m_e(s)$$
$$=\frac{\overline{G}(t+x)}{\overline{G}(t)}\cdot\overline{G}(t)+\int_0^t(\overline{F}(x+t-s)\mid\overline{F}(t-s))\overline{F}(t-s)\,\mathrm{d}m_e(s)$$

$$\therefore P(Y(t)\le x)=\overline{G}(t+x)+\int_0^t\overline{F}(t+x-s)\frac{\mathrm{d}s}{\mu}$$
$$y=\frac{1}{\mu}\int_0^{t+x}\overline{F}(s)\,\mathrm{d}s-\int_0^t\overline{F}(t+x-s)\frac{\mathrm{d}s}{\mu}\qquad *$$

其中 $-\int_0^t\overline{F}(t+x-s)\frac{\mathrm{d}s}{\mu}$

$$\overset{y=t+x-s}{=\!=\!=} \int_{x}^{t+x} \overline{F}(y)\,\mathrm{d}y$$

$$\therefore * = \frac{1}{\mu}\left\{\int_{0}^{t+x} \overline{F}(s)\,\mathrm{d}s + \int_{t+x}^{x} \overline{F}(y)\,\mathrm{d}y\right\}$$

$$= \frac{1}{\mu}\int_{0}^{x} \overline{F}(y)\,\mathrm{d}y$$

問題 3-6

1. 試證 $F_e(x)$ 為一 pdf
2. 若 $r.v.X \sim \text{Exp}(\lambda)$，試求 X_e 之 pdf

   Ans. $X_e \sim \text{Exp}(\lambda)$
3. 用 $E(X^2)$ 與 $E(X^3)$ 表示 (a) $E(X_e)$ (b) $V(X_e)$

   Ans. (a) $\dfrac{E(X^2)}{2\mu}$ (b) $V(X_e) = \dfrac{1}{3\mu}E(X^3) - \dfrac{1}{4\mu^2}[E(X^2)]^2$
4. $\{N_D(t),\ t \geq 0\}$ 為延遲更新過程，若其第 1 個時間間隔 X_1 之 pdf 為 $g(t) = p\lambda e^{-\lambda t} + (1-p)\mu e^{-\mu t}$，$1 > p > 0$，$\lambda > \mu > 0$，$t \geq 0$.

   $X_2 \cdots X_n$ 均為服從參數為 μ 之指數分佈，試用 Laplace 轉換求 $m_D(t)$

   Ans. $\mu t + \dfrac{p(\lambda-\mu)}{\lambda}(1-e^{-\lambda t})$
5. $\{N_e(t),\ t \geq 0\}$ 為一平衡更新過程，求 $E(N_e(t))$

   Ans. $\dfrac{t}{\mu}$
6. 說明何以強度為 λ 之卜瓦松過程為一平衡更新過程。

3.7 交錯更新過程

交錯更新過程（alternating renewal process）是更新過程中的一個重要課題。

為了理解什麼是交錯更新過程，我們可用一個現實的例子來說明。房間之電燈開關通常只有 2 種狀態，它不是開（ON）就是關（OFF），假定我們進房間時要開燈，（即開關處狀態 ON）離開房間要關燈（即開關處於狀態 OFF），下次我們再進房間時，要開燈，開關又處於狀態 ON，離開房間要關燈，開關又處於狀態 OFF，如此，一開一關便形成一個更新。

定義 3.7-1 更新過程 $\{N(t), x \geq 0\}$ 之間隔時間 X 之分佈函數為 $F(x)$，假定每個間隔時間 X_n 包含 2 個狀態：開（ON）與關（OFF），若第 i 次開（ON），關（OFF）之時間分別為 Z_i，Y_i，設 Z_i 為 $iid.r.v$，Y_i 為 $iid.r.v$，$i = 1, 2 \cdots n$，但 Y_i 與 Z_i 未必獨立。間隔時間 $X_i = Z_i + Y_i$，$i \geq 1$，稱此種更新過程 $\{N(t), t \geq 0\}$ 為交錯更新過程。

	ON	OFF	ON	OFF	⋯
0	Z_1	Y_1	Z_2	Y_2	⋯

由定義 3.7-1，系統在前 n 次更新中在 ON 之比率是

$$\frac{\sum_{i=1}^{n} Z_i}{\sum_{i=1}^{n}(Y_i + Z_i)}$$

則由強大數法則

$$\lim_{n\to\infty}\frac{\sum_{i=1}^{n} Z_i}{\sum_{i=1}^{n}(Y_i+Z_i)}=\lim_{n\to\infty}\frac{\frac{1}{n}\sum_{i=1}^{n} Z_i}{\frac{1}{n}\sum_{i=1}^{n}(Y_i+Z_i)}\backsimeq\frac{EZ}{EY+EZ}=\frac{EZ}{EX}$$

即 t 很大時，P（在時刻 t 時系統在 ON）將收斂到

$$\frac{EZ}{EX}$$

我們也可用 KRT 導證，如定理 3.7-1：

3.7-1 若 $P(t)\triangleq P$（在時刻 t 時系統在開（ON）狀態），若 $E(X)=\mu<\infty$，且 F 不是格點，則

$$\lim_{t\to\infty}P(t)=\frac{E(Z)}{E(Y)+E(Z)}=\frac{E(Z)}{\mu}$$

證明 定義事件 $E=$在時刻 t 時系統在 ON 狀態，則

$$P(t)=\sum_{n=0}^{\infty}P(E, N(t)=n)$$

$$=P(E, N(t)=0)+\sum_{n=1}^{\infty}P(E, N(t)=n) \quad (1)$$

現求 $P(E, N(t)=0)$ 與 $\sum_{n=1}^{\infty}P(E, N(t)=n)$：

(A) $P(E, N(t)=0)=P(E, X_1>t)$

$(\because \{N(t)=0\}=\{X_1>t\})$

$$=P(Z_1>t, X_1>t)=P(Z_1>t)\triangleq\overline{H}(t) \quad (2)$$

(B) $\sum_{n=1}^{\infty}P(E, N(t)=n)$

$$=\sum_{n=1}^{\infty}\int_0^t P(E, N(t)=n \mid S_n=s)\,\mathrm{d}F_n(s)$$

$$=\sum_{n=1}^{\infty}\int_0^t P(E, S_n\le t, S_{n+1}>t \mid S_n=s)\,\mathrm{d}F_n(s) \quad (3)$$

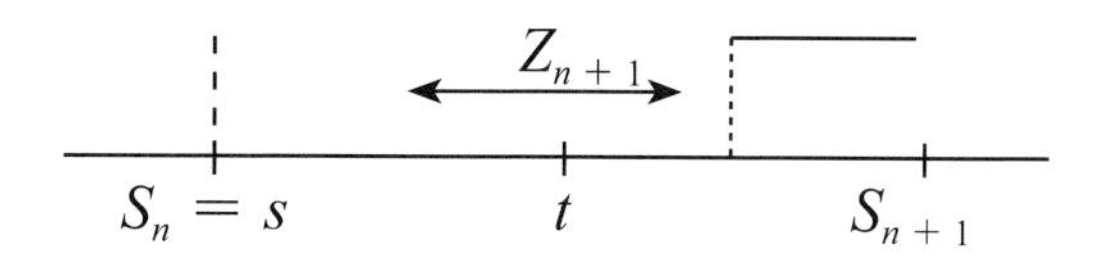

由上圖：

$\{E\} = \{$ 在 t 時系統在 ON 狀態 $\} = \{Z_{n+1} > t - s\}$ 又 $S_n = s$ 之條件下，$S_{n+1} = S_n + X_{n+1} > t \therefore X_{n+1} > t - s$

$$\begin{aligned}\therefore (B) &= \sum_{n=1}^{\infty} \int_0^t P(Z_{n+1} > t - s, X_{n+1} > t - s)\, dF_n(s) \\ &= \int_0^t P(Z_{n+1} > t - s)\, d\sum_{n=1}^{\infty} F_n(s) \\ &= \int_0^t P(Z_{n+1} > t - s)\, dm(s) \\ &= \int_0^t \overline{H}(t - s)\, dm(s) \qquad (4)\end{aligned}$$

代 (2)，(4) 入 (1) 得：

$$P(t) = \overline{H}(t) + \int_0^t \overline{H}(t - s)\, dm(s) \qquad (5)$$

在建立了更新方程式後，我們便要應用 KRT 解此積分方程式，但在應用 KRT 前要判斷上述方程式是否滿足黎曼可直接積分（DRI）：

(1) $\overline{H}(t) = P(Z_1 \geq t) \geq 0$

(2) 若 $s \geq t$ 則 $P(Z_1 \geq s) \leq P(Z_1 \geq t) \therefore H(t)$ 為單調遞減，

(3) $\int_0^{\infty} \overline{H}(t)\, dt = \int_0^{\infty} [1 - H(t)]\, dt = E(Z) \leq E(Z + Y) = E(X)$
$= \mu < \infty$

$\therefore \overline{H}(t)$ 滿足 DRI.

由 KRT

$$\lim_{t\to\infty} P(t) = \lim_{t\to\infty} \left[\overline{H}(t) + \int_0^t \overline{H}(t - y)\, dm(y)\right]$$

$$= \lim_{t\to\infty} \overline{H}(t) + \lim_{t\to\infty} \int_0^t \overline{H}(t - y)\, dm(y)$$

$$= 0 + \int_0^\infty \frac{\overline{H}(t)}{\mu} dt = \frac{E(Z)}{\mu} = \frac{E(Z)}{E(X)} = \frac{E(Z)}{E(Y) + E(Z)}$$

若定義 $P(t) = P$（在時刻 t 時系統在關（OFF）狀態）則

$$\lim_{t \to \infty} P(t) = \frac{E(Y)}{E(Y) + E(Z)}$$

定理 3.7-1 可推廣到由二個狀態推廣到 r 個狀態，如定理 3.7-2：

3.7-2 設一系統有 r 個狀態：狀態 1，狀態 2，…狀態 r，令 $\mu_i =$ 一個週期內系統處於狀態 i 之期望時間，若 F 不是格點，且 $\mu = \mu_1 + \mu_2 + \cdots + \mu_r < \infty$ 則

$$\lim_{t \to \infty} P\text{（時刻 } t \text{ 時系統在狀態 } j\text{）} = \frac{\mu_j}{\mu_1 + \mu_2 + \cdots + \mu_r}$$

（畧）

若我們引進指示變數 I，I 定義為

$$I(t) = \begin{cases} 1 & \text{，在 } t \text{ 時系統為“ON”} \\ 0 & \text{，在 } t \text{ 時系統為“OFF”} \end{cases}$$

則由定理 3.7-1

(1) $\lim_{t \to \infty} P(I(t) = 1)$

$$= \frac{E\text{（一個循環或更新在狀態 ON 之時間）}}{E\text{（一個循環或更新之時間長度）}}$$

(2) $\lim_{t \to \infty} P(I(t) = 0)$

$$= \frac{E\text{（一個循環或更新在狀態 OFF 之時間）}}{E\text{（一個循環或更新之時間長度）}}$$

因此，

$\lim_{t\to\infty} P(I(t)=1)$ =長期而言系統在狀態 ON 時間所佔之比率

$\lim_{t\to\infty} P(I(t)=0)$ =長期而言系統在狀態 OFF 時間所佔之比率

在應用交錯更新過程時，首要定義什麼是“一個週期”什麼狀態是 ON.

在 3.4 節我們定義時刻 t 的剩餘壽命和年齡，也用關鍵更新定理（KRT）導出剩餘壽命和年齡的極限分佈。利用定理 3.7-1 求解時，我們將一個開關系統的週期對應到一個更新區間，將週期的最後 x 時間定義為 OFF，其餘時間為 ON。在例 1 當在 t 時的剩餘生命為 OFF，而在其餘時間 ON。

例 1. 求 $\lim_{t\to\infty} P(Y(t)\le x)$，假定更新過程之時間間隔 $X_n \sim F_X(x)$

解

取 $I(t)=\begin{cases}1, Y(t)\le x\\ 0, Y(t)>x\end{cases}$

若一週期（循環）之時間長度（即更新過程之間隔時間）X，則在該週期（循環）中屬狀態 ON 之時間長度為 min（x，X）

$$\therefore \lim_{t\to\infty} P(I(t)=1)=\frac{E\text{（一個週期之 ON 時間）}}{E\text{（一個週期之時間長度）}}$$

$$\frac{1}{\mu}\int_0^x P(\min(x, X)>y)\,dy$$
$$=\frac{1}{\mu}\int_0^x P(x>y, X>y)\,dy$$
$$=\frac{1}{\mu}\int_0^x P(X>y)\,dy=\frac{1}{\mu}\int_0^x \overline{F}(y)\,dy$$

例 2. 若更新間隔時間 X ～ G（k，λ），求 t 很大時剩餘壽命之

機率密度函數

解

依題意：

$$f(x)=\frac{\lambda(\lambda x)^{k-1}}{(k-1)!}e^{-\lambda x},x\geq 0$$

由例 1. 當 t 很大時，剩餘壽命之分佈函數趨近於

$$\frac{1}{\mu}\int_0^x \overline{F}(y)\,dy$$

$$\begin{aligned} f_r(t) &= \frac{1}{\mu}\overline{F}(t) \\ &= \frac{1}{k/\lambda}\int_t^\infty \frac{\lambda(\lambda y)^{k-1}}{(k-1)!}e^{-\lambda y}dy \\ &= \frac{\lambda}{k!}\int_t^\infty \lambda(\lambda y)^{k-1}e^{-\lambda y}dy \\ &\underline{\underline{s=\lambda y}}\ \frac{\lambda}{k!}\int_{\lambda t}^\infty \lambda s^{k-1}e^{-s}\cdot\frac{ds}{\lambda}=\frac{\lambda}{k!}\int_{\lambda t}^\infty s^{k-1}e^{-s}ds \end{aligned}$$

有償更新過程

$\{N(t), t\geq 0\}$ 為一更新過程，更新之時間間隔 X_1，$X_2\cdots X_n\cdots$ 均服從同一分佈函數 $F(\cdot)$，設每次更新均有**報酬**（reward）第 j 次更新所得之報酬為 R_j，若 R_1，$R_2\cdots$ 均獨立服從同一機率分佈，（R_n 未必與 X_n 獨立，即 R_n 可能與 X_n 有關），X_n 為第 n 次更新之時間間隔，則

$R(t)=\sum_{i=1}^{N(t)}R_i$，$R(t)$ 為 $(0, t]$ 之總報酬則 $\{R(t), t\geq 0\}$ 便稱為**有償更新過程**（reward renewal process）

這裏所謂之報償可能是收入，成本，時間，⋯

定理 3.7-3

若 $E(R)<\infty$，$E(X)<\infty$ 則

$t\to\infty$ 時 $\dfrac{R(t)}{t}\longrightarrow\dfrac{E(R)}{E(X)}$ 之機率為 1

$$\frac{R(t)}{t}=\frac{\sum_{n=1}^{N(t)}R_n}{t}=\left(\frac{\sum_{n=1}^{N(t)}R_n}{N(t)}\right)\left(\frac{N(t)}{t}\right)$$

由強的大數法則

$t\to\infty$ 時 $\dfrac{\sum_{n=1}^{N(t)}R_n}{N(t)}\longrightarrow E(R)$

又 $t\to\infty$ 時 $\dfrac{N(t)}{t}\longrightarrow\dfrac{1}{E(X)}$

$\therefore t\to\infty$ 時 $\dfrac{R(t)}{t}\longrightarrow\dfrac{E(R)}{E(X)}$

上個定理中 $R(t)/t$ 相當於 $(0, t]$ 間之平均獲得之報償，當 t 充分大時，平均獲得之報償為：

$$\text{長期平均}\begin{Bmatrix}\text{成本}\\\text{收入}\\\vdots\end{Bmatrix}=\frac{E\left(\text{一個週期（更新）內之}\begin{Bmatrix}\text{成本}\\\text{收入}\\\vdots\end{Bmatrix}\right)}{E(\text{一個週期（更新）之長度})}$$

定理 3.7-3 說明了長期間所得到之期望報酬恰等於一個週期

內之期望報酬，換言之，**要求長期之期望報酬，只要求一個週期之期望報酬**。

例 3. 試說明更新過程之$\lim_{t\to\infty}\frac{\int_0^t A(s)\,ds}{t}$之意義，並求$\lim_{t\to\infty}\int_0^t A(s)\,ds/t$

解

$\int_0^t A(s)\,ds/t$為（0，t]間之平均年齡∴$\lim_{t\to\infty}\frac{\int_0^t A(s)\,ds}{t}$可視為長期平均年齡

假設任一時刻s，$s\in$（0，t]支付之償金為A（s），則在（0，t]間支付之償金總和為$\int_0^t A(s)\,ds$

$$\therefore \lim_{t\to\infty}\frac{\int_0^t A(s)\,ds}{t}=\frac{E\text{（一個更新週期之償金）}}{E\text{（更新週期長度）}}=\frac{E(R)}{E(X)}$$

$$=\frac{E\left(\int_0^X s\,ds\right)}{E(X)}=\frac{E\left(\frac{1}{2}X^2\right)}{\mu}=\frac{1}{2}\frac{E(X^2)}{\mu}$$

在上式之分母部分，因為以該更新週期之起點開始算，在新週期之時間s之年齡恰好是s，故一更新週期之償金為$\int_0^x s\,ds=\frac{x^2}{2}$

更換政策應用例

例 4. 元件之使用壽命長度是一服從分佈函數為 G 之隨機變數，元件更換政策（replacement policy）為元件損壞或元件使用壽命達 t 便要更換元件，求元件期望使用壽命。

解

令隨機變數 X 為元件使用壽命，則

則 $E(\min(X, t)) = \int_0^t P(\min(X, t) > x)\,dx$

$$= \int_0^t P(X > x)\,dx = \int_0^t \overline{G}(x)\,dx$$

例 5. 某設備之使用壽命（life time）為服從分配函數 G 之連續隨機變數，當設備用了 T 年後或故障時便要決定是要買新的設備，或是維修。

若決定買新設備，其購入成本 c_1 元，若要維修，維修成本 c_2 元，不考慮殘值或將舊設備出售，求長期平均成本。

解

令 X 為設備在任一週期下使用壽命，則每個週期下之成本

$$\begin{cases} c_1 & , x > T \\ c_1 + c_2 & , x \leq T \end{cases}$$

每個週期之期望成本 $c_1 P(X > T) + (c_1 + c_2) P(X \leq T)$

$$= c_1 + c_2 G(T)$$

$$\therefore \text{長期平均成本} = \frac{E(\text{一個週期之成本})}{E(\text{一個週期之長度})}$$

$$= \frac{c_1 + c_2 G(t)}{\int_0^t \overline{G}(x)\,dx}$$

例 6. 設電池之壽命為服從分佈函數為 $G(x)$ 之隨機變數。若換電池之政策（policy）為：如果電池不能用或電池雖可用但它已使用了 t 小時，只要那一個先發生，便要換電池，若電池之購價為 a 元，若電池未過時而報廢就需另加報廢處理費為 b 元，求某人在電池使用上之平均成本。

解

令 $X=$電池壽命之隨機變數，$R=$一個週期（更新）之時間長度

$$\text{長期平均成本}=\frac{E\text{（一個週期（更新）之成本）}}{E\text{（一個週期（更新）之時間長度）}}=\frac{E(R)}{E(X)}$$

(1) 分子部份：如例 5，更新成本為

$$\begin{cases} a & , x>t \\ a+b, & x\leq t \end{cases}$$

$$\begin{aligned} \therefore E(R) &= aP(X>t)+(a+b)P(X\leq t) \\ &= a(P(X>t)+P(X\leq t))+bP(X\leq t) \\ &= a+bP(X\leq t)=a+bG(t) \end{aligned}$$

(2) 分母部分：

X：$X\leq T$ 時更新時間為 X，$X>t$ 時更換時間為 t，即更新時間為 $\min(X, t)$

$$\begin{aligned} \therefore E(X) &= E(\min(X, t)) \\ &= P(\min(X, t)>x) \\ &= \int_0^t P(X>x)\,dx=\int_0^t (1-P(X\leq x))\,dx \\ &= \int_0^t (1-G(x))\,dx \\ &= x(1-G(t))]_0^t-\int_0^t x\,d(1-G(x)) \end{aligned}$$

$$= t\,(1 - G\,(t)\,) + \int_0^t x\mathrm{d}G\,(x)$$

$$= T\,(1 - G\,(T)\,) + \int_0^T xg\,(x)\,\mathrm{d}x$$

$\therefore$長期平均成本$= \dfrac{E\,(R)}{E\,(X)}$

$$= \frac{a + bG\,(t)}{t\,(1 - G\,(t)\,) + \int_0^t xg\,(x)\,\mathrm{d}x}$$

問題 3-7

1. 在一場棒球比賽，教練規定投手失誤 N 次就要更換投手，若投手失誤次數服從強度為 λ 之卜瓦松過程，求：
   (a) $N = 5$ 時換投手之時間間隔與數學期望值
   (b) $\lim\limits_{t\to\infty} E\,(Y\,(t)\,)$

   Ans. (a) $\Gamma\,(5, \lambda)\,,\ \dfrac{5}{\lambda}$ (b) $\dfrac{3}{\lambda}$

2. 求證 $\lim\limits_{t\to\infty} E\ X_{N\,(t)+1} = \dfrac{EX^2}{\mu}$，從而證明 $\lim\limits_{t\to\infty} E\,(X_{N\,(t)+1}) \geq E\,(X)$，說明等號成立之條件

   Ans. 當 V（X）$= 0$ 時等號成立

3. 用定理 3.7-1 求 $\lim\limits_{t\to\infty} \dfrac{\int_0^t Y\,(s)\,\mathrm{d}s}{t}$

   Ans. $\dfrac{EX^2}{2\mu}$

4. $\{N(t), t \geq 0\}$ 為非格點之更新過程，若 $\lim_{t\to\infty} P(A(t) \leq x) = F_X(x)$，$X$ 為間隔時間，試證 $\{N(t), t \geq 0\}$ 為強度 $\lambda = \left[\int_0^{\infty} \overline{F}(x)\,\mathrm{d}x\right]^{-1}$ 卜瓦松過程。

第4章

馬可夫鏈

4.1 引子

馬可夫鏈（Markov chain）是俄數學家 A. A. Markov （1856-1922）在 1906 年左右提出的一篇論文所發展出來的。馬可夫鏈是獨立隨機變數敘列之自然擴充。

馬可夫鏈在隨機過程或隨機建模（stochastic modelling）中極為重要，研究成果豐碩，甚至可獨自抽離成一門課程。

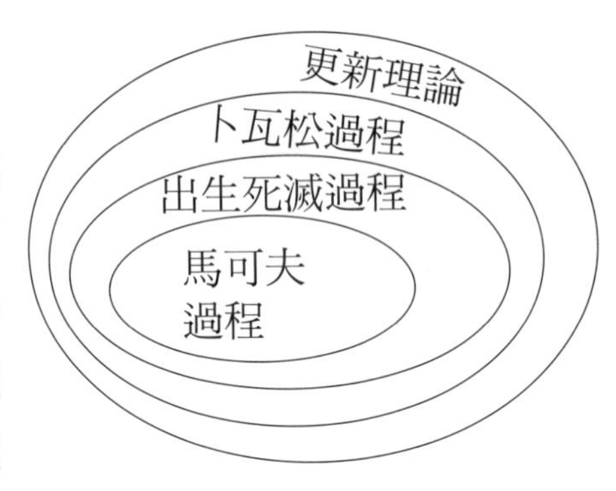

馬可夫鏈因 t 為離散或連續而可分成**離散時間馬可夫鏈**（discete-time Markov chain），這是本章之重點與在下章討論之**連續時間馬可夫鏈**（continuous-time Markov chain）二大類。

馬可夫鏈的**狀態空間**（states space）是馬可夫鏈所有狀態 S_i 所成之集合，$E=\{s_1, s_2 \cdots s_n\}$ E 可能是有限的也可能是無限，當 n **為有限時，特稱有限狀態馬可夫鏈**（finite states Markov chains），這是本章之重點。我們要從過程之一個狀態開始推移到其他狀態，每次推移稱為一個**“步”**（step），從**當前狀態**（current state）i 推移到狀態 j 的機率為 p_{ij}，這個 p_{ij} 稱為**遷移機率**（transition probability），要注意的是：p_{ij} **是條件機率**。

馬可夫鏈之表達方式最重要的有：

1° 圖示法：這是類似網路分析方法組成。它是由若干結點（nodes）與箭線“⟶”組成。$ⓘ \xrightarrow{p_{ij}} ⓙ$，p_{ij} 表示狀

態 i 到狀態 j 之遷移機率，這種圖稱為**遷移圖**（transition diagram）。遷移圖有助於初學者理解馬可夫鏈。

2° 矩陣法：建立一個**遷移矩陣**（transition matrix），也稱為**機率矩陣**（probability matrix 或 stochastic matrix），矩陣（其實是方陣，其階數與馬可夫鏈之狀態個數相同）左側及上側標識狀態，其**第 i 列第 j 行元素 p_{ij} 為狀態 i 到狀態 j 之遷移機率**。

有了**初始狀態**（initial state）之機率分佈，我們便要求出 n 步後之機率分佈及極限分佈：

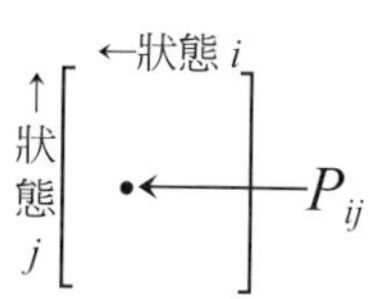

1° n 步後之機率分佈：可由馬可夫性質或遷移矩陣得知。假定**現在之機率分佈向量 ω，則 n 步後之機率分佈向量為 $\omega^{(n)}=\omega P^n$，P 為遷移矩陣**。

2° 定常分佈與極限分佈：為了決定定常分佈 ω，我們可解 $\omega P=\omega$，這有點像解固定點（fixed point）

為了解極限分佈，我們便要將馬可夫鏈予以**分類**（class），每個分類都是互斥，這在本章中屬較困難的部分，最後由每個分類之性質求出極限分佈 P^{∞}，這要用到前章之 Blackwell 定理，如此導覽了本章之學習架構。

4.2 馬可夫性質

定義 4.2-1 $\{X_n，n=0，1，2\cdots\}$ 為一離散時間隨機過程，狀態空間 $\{n=0，1，2\cdots\}$

若 $P(X_{n+1}=j \mid X_0=i_0，X_1=i_1，\cdots，X_{n-1}=i_{n-1}，X_n=i)=P(X_{n+1}=j \mid X_n=i)$ 對所有 $i_0，i_1，\cdots i_{n-1}，i，j，n$ 均成立，則稱此隨機過程為離散時間馬可夫鏈，$P(X_{n+1}=j \mid X_n=i)$ 稱為**一步遷移機率**（one-step transition probability）或逕稱遷移機率，以 P_{ij} 表之。$P(X_{n+k}=j \mid X_n=i)$ 為 k 步遷移機率（k-step transition probability）以 $P_{ij}^{(k)}$ 表之。

定義中之

$P(X_{n+1}=j \mid X_0=i_0，X_1=i_1\cdots X_n=i)=P(X_{n+1}=j \mid X_n=i)$ 特稱為**馬可夫性質**（Markov property）我們往往可透過下列途徑判斷一個隨機過程 $\{X_t，t\geq 0\}$ 是否為馬可夫鏈：

（1）理論上它是否滿足馬可夫性質？

（2）應用上依題意，由“上一階段之資訊”是否即可足夠求出“現階段”之機率？

讀者應特別注意：馬可夫鏈之遷移機率 p_{ij} 為條件機率；因此，我們爾後還要討論如何求出狀態 j 之**“非條件機率”**（unconditional probability）

本章討論將側重**有限狀態馬可夫鏈**（finite-state Markov chain）。

如前所述，p_{ij} 是與現時刻 n 有關之條件機率，但本書假設 p_{ij} 是**穩定的**（stationary）

遷移矩陣

離散型有限狀態馬可夫鏈，可用矩陣形式表示，這個矩陣稱為遷移機率矩陣，簡稱**遷移矩陣**（transient matrix）其元素 p_{ij} 滿足

$$p_{ij} \geq 0 \text{ 且 } \sum_{j=0}^{\infty} p_{ij} = 1 \quad (i，j = 0，1，2\cdots)$$

因此，**遷移矩陣為一"所有元素 $p_{ij} \geq 0$"且"所有列和均為 1"之特殊 n 階方陣，其中 n 為狀態之個數**。

矩陣論之演算與推理規則均適用於馬可夫鏈之矩陣運算。

例 1. 一隻老鼠放入如右圖之迷宮，若它通過任一扇門之機率都相同，試繪此馬可夫鏈之遷移圖及遷移矩陣。

解

（a）遷移圖：

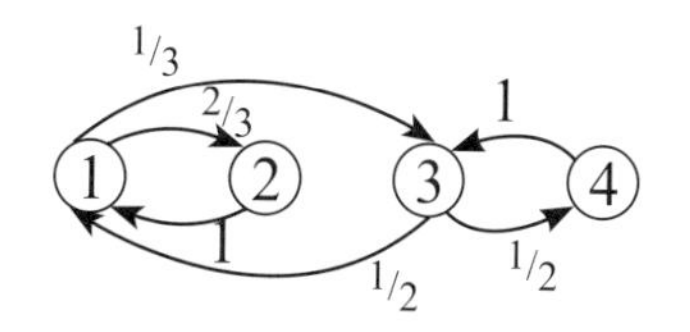

（b）遷移矩陣：

$$P = \begin{array}{c} \\ 1 \\ 2 \\ 3 \\ 4 \end{array} \begin{array}{c} \begin{array}{cccc} 1 & 2 & 3 & 4 \end{array} \\ \begin{bmatrix} 0 & \frac{2}{3} & \frac{1}{3} & 0 \\ 1 & 0 & 0 & 0 \\ \frac{1}{2} & 0 & 0 & \frac{1}{2} \\ 0 & 0 & 1 & 0 \end{bmatrix} \end{array}$$

例 2. 將 2 黑球 2 白球混合放在 2 袋中，每袋各有 2 球，由第一袋中任取 1 球放入第二袋，再由第二袋中任取 1 球放入第一袋，將第一袋中所含黑球個數作為狀態，試建立此馬可夫鏈之遷移矩陣。

解

遷移矩陣為 3 階方陣：

p_{11}（$s_0 \to s_0$），表示第 1 袋 2 個球均為白球，自第一袋中取一白球放入第二袋，再由第二袋取出一白球的機率是 $1 \times \frac{1}{3} = \frac{1}{3}$

p_{12}（$s_0 \to s_1$），表示第 1 袋 2 個球均為白球，從中取一白球放入第二袋，再由第二袋取出一黑球之機率：$1 \times \frac{2}{3} = \frac{2}{3}$

$\because p_{11} + p_{12} + p_{13} = 1 \therefore p_{13} = 0$

p_{21}（$s_1 \to s_0$），表示第一袋為 1 黑球 1 白球，從第一袋取 1 黑球放入第 2 袋，再由第 2 袋取出 1 白球之機率：$\frac{1}{2} \times \frac{1}{3} = \frac{1}{6}$

p_{22}（$s_1 \to s_1$）表示第 1 袋為 1 黑球 1 白球，情況有二：

(1) 從第 1 袋中取出 1 黑球放入第 2 袋，再由第 2 袋中取出 1 黑球，機率為$\frac{1}{2} \times \frac{2}{3} = \frac{1}{3}$

(2) 從第 1 袋中取出 1 白球，放入第 2 袋，再由第 2 袋取出一白球，機率為$\frac{1}{2} \times \frac{2}{3} = \frac{1}{3}$

$\therefore p_{22} = \frac{1}{3} + \frac{1}{3} = \frac{2}{3}$

$\because p_{21} + p_{22} + p_{23} = 1 \quad \therefore p_{23} = \frac{1}{6}$

同法可得$p_{31} = 0$，$p_{32} = \frac{2}{3}$，$p_{33} = \frac{1}{3}$

$$P = \begin{array}{c} \\ s_0 \\ s_1 \\ s_2 \end{array} \begin{array}{c} \begin{array}{ccc} s_0 & s_1 & s_2 \end{array} \\ \begin{bmatrix} \frac{1}{3} & \frac{2}{3} & 0 \\ \frac{1}{6} & \frac{2}{3} & \frac{1}{6} \\ 0 & \frac{2}{3} & \frac{1}{3} \end{bmatrix} \end{array}$$

例 3. （**簡單隨機泛步** Simple random walk）。設一質點（particle）在直線上作下列簡單隨機泛步：

1. 質點在直線之非負整數點 0，1，2，…n 間遊走，每次移動一步，向右移動一步之機率為 p，向左移動一步之機率為 q，$p \geq 0$，$q \geq 0$ 且 $p + q = 1$，規定質點在 j 處時為狀態 j。
2. 每次向左，向右移動是獨立的。
3. 若移動位置在狀態 0 或 n 時就永遠停在狀態 0 或狀態 n

即 $p_{00} = p_{nn} = 1$

$$\therefore p_{ij} = \begin{cases} p, j = i + 1, 1 \leq i \leq n - 1 \\ q, j = i - 1, 1 \leq i \leq n - 1 \\ 1, (i,j) = (0,0) \text{ 或 } (n, n) \\ 0, \text{其它} \end{cases}$$

$$\therefore P = \begin{bmatrix} 1 & 0 & 0 & 0 & 0 & 0 \\ q & 0 & p & 0 & 0 & 0 \\ 0 & q & 0 & p & 0 & 0 \\ \vdots & \vdots & \vdots & \vdots & \vdots & \vdots \\ 0 & 0 & 0 & 0 & 0 & 1 \end{bmatrix}$$

在例 3，

$p = p_{i, i+1} = P(X_{n+1} = i+1 \mid X_n = i)$

$q = p_{i, i-1} = P(X_{n+1} = i - 1 \mid X_n = i)$

例 4. 將一圓周等分成 N 個弧，令一質點在該圓周上隨機泛步，若質點每次移動一格，且規則是順時針移動一格之機率為 p，逆時針移動一格之機率為 $1-p$，

(a) 試證此為一馬可夫鏈　(b) 求一步遷移矩陣

解

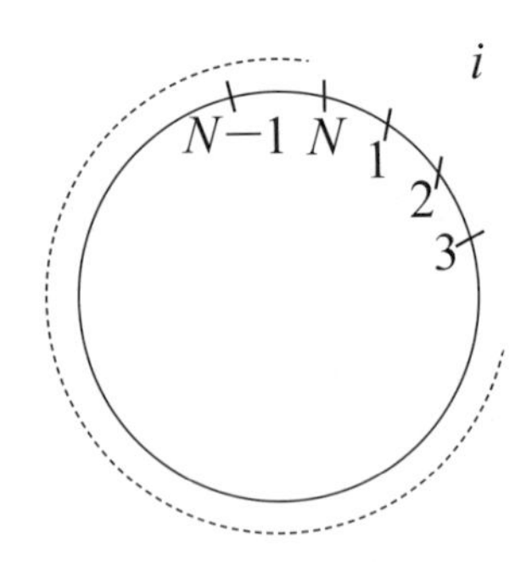

(a) 因在弧 n 時，質點所在點之位

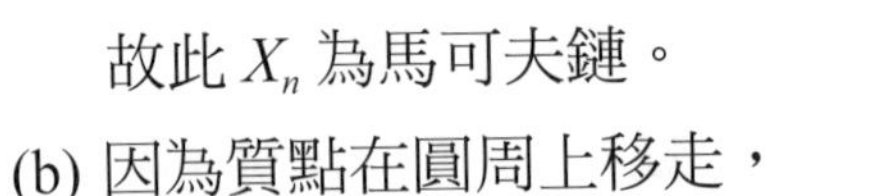

置 X_n 只與點 $n-1$ 之位置有關，
故此 X_n 為馬可夫鏈。

(b) 因為質點在圓周上移走，

① 當 $i=2\cdots N-1$ 時，顯然

$$P_{ij}=P(X_{n+1}=j|X_n=i)=\begin{cases}p\,,\ j=i+1\\ q\,,\ j=i-1\\ 0,\ 其它\end{cases}\qquad i=2\,,3\cdots N-1$$

② 當 $i=1$ 時

$$P_{ij}=P(X_{n+1}=j|X_n=1)=\begin{cases}p\,,\ j=2\\ q\,,\ j=N\\ 0,\ 其它\end{cases}$$

③ 當 $i=N$ 時

$$P_{ij}=P(X_{n+1}=j|X_n=N)=\begin{cases}p\,,\ j=1\\ q\,,\ j=N-1\\ 0,\ 其它\end{cases}$$

遷移矩陣

$$P=\begin{array}{c}\\ 1\\ 2\\ 3\\ \vdots\\ \\ N\end{array}\begin{array}{c}\begin{array}{cccccc}1 & 2 & 3 & & \cdots & N\end{array}\\ \begin{bmatrix}0 & p & 0 & 0 & \cdots & q\\ q & 0 & p & 0 & \cdots & 0\\ 0 & q & 0 & p & \cdots & 0\\ \vdots & \vdots & \vdots & \vdots & \vdots & \vdots\\ 0 & \vdots & \vdots & q & 0 & p\\ p & 0 & \vdots & 0 & q & 0\end{bmatrix}\end{array}$$

例 5. 賭局問題（Gambling problem）：設一名賭徒有 \$1，擬參加一場搏奕遊戲，其規則為：每局輸就損失 \$1 贏就賺 \$1，直到賭徒之賭金為 \$0 或 \$3 為止，設賭徒每次贏輸之機率為 p，q，$1 > p$，$q > 0$，$p + q = 1$，試設定遷移矩陣。

解

依題意，賭徒握有之賭金數為狀態，即狀態 $S_i = i$，$i = 0$，1，2，3。又因為賭徒在賭金為 \$0，\$3 即退出博奕遊戲，因此可得遷移機率 $p_{00} = p_{33} = 1$

其次我們要決定遷移機率

$$p_{ij} = \begin{cases} p & j-i=1, i \neq 0 \\ q & j-i=-1 \\ 1 & i=j=0 \text{ 或 } i=j=3 \\ 0 & \text{其它} \end{cases} \qquad P = \begin{array}{c} \\ 0 \\ 1 \\ 2 \\ 3 \end{array} \!\!\! \begin{array}{c} \begin{array}{cccc} 0 & 1 & 2 & 3 \end{array} \\ \begin{bmatrix} 1 & 0 & 0 & 0 \\ q & 0 & p & 0 \\ 0 & q & 0 & p \\ 0 & 0 & 0 & 1 \end{bmatrix} \end{array}$$

本例之狀態 0 與 1 為**吸態**（absorbing state）任一狀態只要走到吸態便無法離開，它的判斷很容易，只有**在 P 主對角線之元素為 1，對應之狀態就是吸態**，主對角線外出現的 1 不是吸態。

馬可夫鏈之判斷

對任一獨立隨機過程 $\{X_n；n \geq 0\}$，$Y_n = g(X_1，X_2 \cdots X_n)$ 若條件機率

$P(Y_{n+1} = j \mid Y_1 = i_1，Y_2 = i_2 \cdots Y_{n-1} = i_{n-1}，Y_n = i) = P(Y_{n+1} = j \mid Y_n = i)$ 成立，那麼 $\{Y_n；n \geq 0\}$ 便是馬可夫鏈。

例 6. 若 $\{X_n；n \geq 0\}$ 為獨立隨機過程，令 $Y_n = \sum_{k=0}^{n} X_k, n \geq 0$

則 $\{Y_n, n \geq 0\}$ 為馬可夫鏈。

解

依題意 $Y_n = X_1 + X_2 + \cdots + X_{n-1} + X_n = Y_{n-1} + X_n$ 即

$Y_n - Y_{n-1} = X_n$，現在我們要證明：

$P(Y_{n+1} = j \mid Y_0 = i_0, Y_1 = i, \cdots Y_{n-1} = i_{n-1}, Y_n = i) \overset{?}{=}$

$P(Y_{n+1} = j \mid Y_n = i)$ *

我們要應用① $\{X_n; n \geq 0\}$ 之相互獨立及② $Y_n - Y_{n-1} = X_n$ 之性質：

$$P(Y_{n+1} = j \mid Y_0 = i_0, Y_1 = i_1, \cdots, Y_{n-1} = i_{n-1}, Y_n = i)$$

$$= \frac{P(Y_{n+1} = j, Y_0 = i_0, Y_1 = i_1, \cdots, Y_{n-1} = i_{n-1}, Y_n = i)}{P(Y_0 = i_0, Y_1 = i_1, \cdots, Y_{n-1} = i_{n-1}, Y_n = i)}$$

$$= \frac{P(X_{n+1} = j - i, X_0 = i_0, X_1 = i_1 - i_0, \cdots X_n = i - i_{n-1})}{P(X_0 = i_0, X_1 = i_1 - i_0, \cdots X_n = i - i_{n-1})}$$

$$= \frac{P(X_{n+1} = j - i)P(X_0 = i_0)P(X_1 = i_1 - i_0)\cdots P(X_n = i - i_{n-1})}{P(X_0 = i_0)P(X_1 = i_1 - i_0)\cdots P(X_n = i - i_{n-1})}$$

$$= P(X_{n+1} = j - i) \tag{1}$$

$$P(Y_{n+1} = j \mid Y_n = i)$$

$$= P(Y_n + X_{n+1} = j \mid Y_n = i)$$

$$= P(X_{n+1} = j - i \mid Y_n = i)$$

$$= P(X_{n+1} = j - i) \quad (\because X_{n+1} \perp\!\!\!\perp Y_n) \tag{2}$$

$\because (1) = (2)$

$\therefore \{Y_n; n \geq 0\}$ 為馬可夫鏈

我們舉一個不具馬可夫性質之例子。

例 7. 隨機變數敘列 $\{Z_0, Z_1, Z_2 \cdots\}$ 滿足

(1) $Z_0 = Z_1 = 1$ 且 $Z_{n+1} = Z_n + Z_{n-1} + X_n$

(2) X_n 為一隨機變數，$P(X_i = 0) = p_i$，$P(X_i = 1) = 1 - p_i$，$1 > p_i > 0$

問 $\{Z_0，Z_1，Z_2\cdots\}$ 是否具馬可夫性質？

解

應用反證法，設 $\{Z_0，Z_1，Z_2\cdots\}$ 具馬可夫性，則

$P(Z_4 = 5 \mid Z_3 = 2，Z_2 = 2)$

$= P(Z_3+Z_2+X_3 = 5 \mid Z_3 = 2，Z_2 = 2)$

$= P(X_3 = 1) = 1 - p_3$

又 $P(Z_4 = 5 \mid Z_3 = 2，Z_2 = 3)$

$= P(Z_3+Z_2+X_3 = 5 \mid Z_3 = 2，Z_2 = 3)$

$= P(X_3 = 0) = p_3$，

$P(Z_4 = 5 \mid Z_3 = 2，Z_2 = 2) \neq P(Z_4 = 5 \mid Z_3 = 2，Z_3 = 3)$

與假設矛盾 ∴ $\{Z_0，Z_1，Z_2\cdots\}$ 不具馬可夫性質。

問題 4-1

1. 設一質點在 x 軸之 [0，3] 上作隨機亂步，其規則是：

   (1) 質點只能停留在 0，1，2，3 之點上。

   (2) 質點在點 1，處，它向左、右移動之機率均為 $\frac{1}{4}$，停留在原處之機率 $\frac{1}{2}$

   (3) 質點在點 0 處，它向右，停留原處之機率分別為 $\frac{1}{3}$，$\frac{2}{3}$

   (4) 質點在點 3 處，它向點 0 移動之機率為 1

   (a) 若 X_n 表示在時刻 n 時質點所在之位置，$\{X_n；n \geq 0\}$ 是否為馬可夫鏈，(b) 建立遷移矩陣

Ans：(a) 是

2. $\{X(t), t \in T\}$ 為一獨立隨機過程，令 $Y = X_1$，$Y_n + cY_{n-1} = X_n$，$n \geq 2$，c 為一異於 0 之常數，試證 $\{Y_n, n \geq 0\}$ 為一馬可夫鏈

3. 一只老鼠放在如右圖之迷宮中，若它在任何一個房間中，它通過任何一個門之可能性都相同，試建立此馬可夫鏈之機率方陣

Ans: $\begin{bmatrix} 0 & \frac{2}{3} & 0 & \frac{1}{3} \\ \frac{2}{3} & 0 & \frac{1}{3} & 0 \\ 0 & \frac{1}{2} & 0 & \frac{1}{2} \\ \frac{1}{2} & 0 & \frac{1}{2} & 0 \end{bmatrix}$

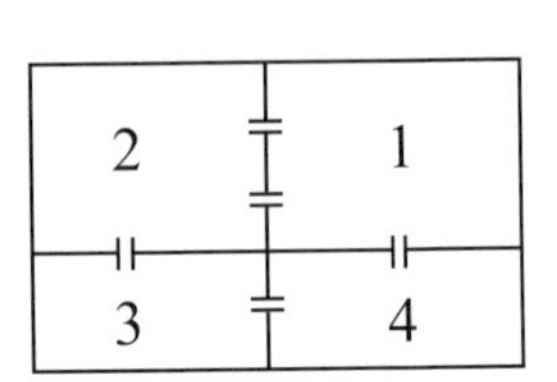

4.3 Chapman-Kolmogorov 方程式

Chapman-Kolmogorov 方程式是馬可夫過程中最重要的公式，在討論 Chapman-Kolmogorov 方程式前，我們先介紹二個名詞：

1. **可到達**（accessible）：從狀態 i 經 n 步可到達狀態 j 之遷移機率 $P(X_n = j \mid X_0 = i) = p_{ij}^{(n)} > 0$，$n \in N$，$N = \{0, 1, 2, 3\cdots\}$

   則稱狀態 i 可到達狀態 j，以 $i \to j$ 表之。

   當 $n = 0$ 時表示狀態 i 可到狀態 i（即自身狀態）。

2. **互通**（communicate）：若狀態 i，j 滿足（1）$i \to j$ 且（2）$j \to i$ 則稱狀態 i 與狀態 j 為互通以 $i \leftrightarrow j$ 表之。

例 1. 馬可夫鏈之狀態空間 $E = \{1，2，3，4\}$，遷移矩陣 P

$$P = \begin{matrix} 1 \\ 2 \\ 3 \\ 4 \end{matrix} \begin{bmatrix} 0 & 0 & \frac{1}{3} & \frac{2}{3} \\ 1 & 0 & 0 & 0 \\ 0 & 1 & 0 & 0 \\ 0 & 0 & 1 & 0 \end{bmatrix}$$

則我們可由下圖易知每一個狀態都可互通

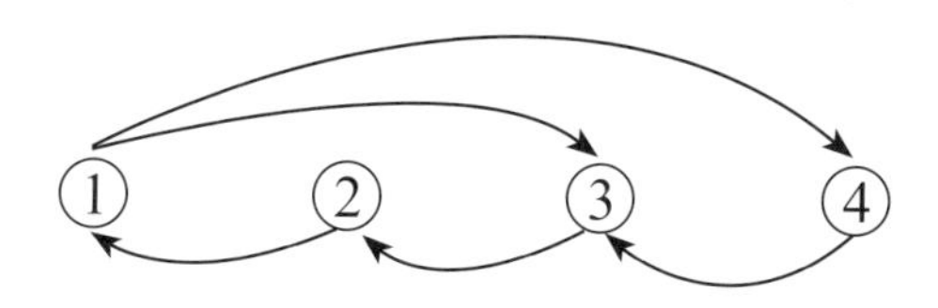

例 2. 若馬可夫鏈之狀態 i 走任意 n 步都不能到達狀態 j，即 $p_{ij}^{(n)} = 0, \forall n \geq 0$，試證狀態 i 永遠無法到達狀態 j。

解

$$P（到達狀態 j \mid X_0 = i）= P\left(\bigcup_{n=0}^{\infty}\{X_n = j\} \middle| X_0 = i\right)$$

$$\leq \sum_{n=0}^{\infty} P(X_n = j | X_0 = i) = 0$$

即狀態 i 永遠無法到達狀態 j。

k 步遷移機率

馬可夫鏈之一個狀態 i 到狀態 j 之 k 步遷移機率，記做 $p_{ij}^{(k)}$，規定：

$p_{ij}^{(k)} = P\,(X_{t+k} = j \mid X_t = i)$，當 $k \neq 0$ 時，

$$p_{ij}^{(0)} = P\,(X_0 = j \mid X_0 = i) = \begin{cases} 1, i = j \\ 0, i \neq j \end{cases}$$

顯然 $p_{ij}^{(1)} = p_{ij}$

例 3. 設一馬可夫鏈有 n 個狀態，由狀態 i 到狀態 j 之 2 步遷移機率 $p_{ij}^{(2)} = \sum_{r=1}^{n} p_{ir} p_{rj}$，從而導出 $p_{ij}^{(2)} \geq p_{ir} p_{rj}$，$i$，$j$，$r \in E$

解

由條件機率之定義：

$$\begin{aligned} p_{ij}^{(2)} &= P\,(X_{t+2} = j | X_t = i) \\ &= \sum_{r=1}^{n} P\,(X_{t+2} = j\,,X_{t+1} = r | X_t = i) \\ &= \sum_{r=1}^{n} P\,(X_{t+2} = j | X_{t+1} = r\,,X_t = i) \cdot P\,(X_{t+1} = r | X_t = i) \\ &= \sum_{r=1}^{n} P\,(X_{t+2} = j | X_{t+1} = r)\,P\,(X_{t+1} = r | X_t = i) \\ &= \sum_{r=1}^{n} p_{rj} p_{ir} = \sum_{r=1}^{n} p_{ir} p_{rj} \geq p_{ir} p_{rj} \end{aligned}$$

齊次馬可夫鏈

定義 4.3-1 $\{X_n；n \geq 1\}$ 為一馬可夫鏈，i，$j \in E$（E 為狀態空間）若 $P\,(X_{n+1} = t \mid X_n = s) = f\,(t - s)$ 則稱 $\{X_n；n \geq 1\}$ 為**齊次馬可夫鏈**（homogeneous Markov chain）或稱此馬可夫鏈為**齊次**（homogeneous 或 time-homogeneous）

除非特殊指出外，**本書所謂的馬可夫鏈均為齊次馬可夫鏈**。

Chapman-Kolmogorov 方程式

類似例 3 之推導方式，我們可得 Chapman-Kolmogorov 方程式，這是本章最重要之定理之一。

4.3-1 （Chapman-Kolmogorov 方程式）：對 $m \geq 0$，$n \geq 0$，我們有 $p_{ij}^{(m+n)} = \sum_{k=0}^{\infty} p_{ik}^{(n)} p_{kj}^{(m)}$

$$
\begin{aligned}
p_{ij}^{(m+n)} &= P(X_{n+m} = j | X_0 = i) \\
&= \sum_{k=0}^{\infty} P(X_{n+m} = j, X_n = k | X_0 = i) \\
&= \sum_{k=0}^{\infty} P(X_{n+m} = j | X_n = k, X_0 = i) P(X_n = k | X_0 = i) \\
&= \sum_{k=0}^{\infty} P(X_{n+m} = j | X_n = k) P(X_n = k | X_0 = i) \\
&= \sum_{k=0}^{\infty} P_{kj}^{(m)} P_{ik}^{(n)} = \sum_{k=0}^{\infty} P_{ik}^{(n)} P_{kj}^{(m)}
\end{aligned}
$$

我們也可用下法表示：

$$p_{ij}^{(n+m)} = \sum_{r \in E} p_{ir}^{(n)} p_{rj}^{(m)}$$

E 為馬可夫鏈之狀態空間

例 4. 在 Chapman-Kolmogorov 方程式中試證

(a) $p_{ij}^{(m+n)} \geq p_{ik}^{(m)} p_{kj}^{(n)}$ 從而導出 (b) $p_{ii}^{(m+n+p)} \geq p_{ij}^{(m)} p_{jk}^{(n)} p_{ki}^{(p)}$

解

(a) 根據 Chapman-Kolmogorov 方程式

$$p_{ij}^{(m+n)} = \sum_{r \in E} p_{ir}^{(m)} p_{rj}^{(n)} \geq p_{ik}^{(m)} p_{kj}^{(n)}$$

(b) 由 (a)

$$p_{ii}^{(m+n+p)} \geq p_{ik}^{(m+n)} p_{ki}^{(p)} \geq p_{ij}^{(m)} p_{jk}^{(n)} p_{ki}^{(p)}$$

例 5. 在 Chapman-Kolmogorov 方程式中證明

$$p_{ii}^{(m+n)} \geq p_{ii}^{(m)} p_{ii}^{(n)}$$

解

由例 4

$p_{ii}^{(m+n)} \geq p_{ik}^{(m)} p_{ki}^{(n)}$取 $k = i$ 即得。

遷移矩陣

由 Chapman-Kolmogorov 方程式：

$$p_{ij}^{(m+n)} = \sum_{k=0}^{\infty} p_{ik}^{(m)} p_{kj}^{(n)}$$

設$P^{(n)} = [p_{ij}^{(n)}]$則

$$P^{(n+m)} = P^{(n)} \cdot P^{(m)}$$

由矩陣乘法，我們有

$$P^{(2)} = P^{(1+1)} = P \cdot P = P^2$$

……

$$P^{(n)} = P^{(n-1+1)} = P^{n-1} \cdot P = P^n$$

所以 n 步遷移矩陣相當於遷移矩陣 P 自乘 n 次

例 6. $\{X_n，n \geq 1\}$ 為一有 2 個狀態 $\{0，1\}$ 之馬可夫鏈，其遷移

矩陣$P=\begin{bmatrix} p_{00} & p_{01} \\ p_{10} & p_{11} \end{bmatrix}$求 P^2

解

方法一：用矩陣代數

我們用一般的矩陣乘法：

$$P^2=P\cdot P=\begin{bmatrix} p_{00} & p_{01} \\ p_{10} & p_{11} \end{bmatrix}\begin{bmatrix} p_{00} & p_{01} \\ p_{10} & p_{11} \end{bmatrix}=\begin{bmatrix} p_{00}^2+p_{01}p_{10} & p_{00}p_{01}+p_{01}p_{11} \\ p_{10}p_{00}+p_{11}p_{10} & p_{10}p_{01}+p_{11}^2 \end{bmatrix}$$

方法二：我們亦可用遷移圖配合 2 步遷移機率之定義得到 P^2

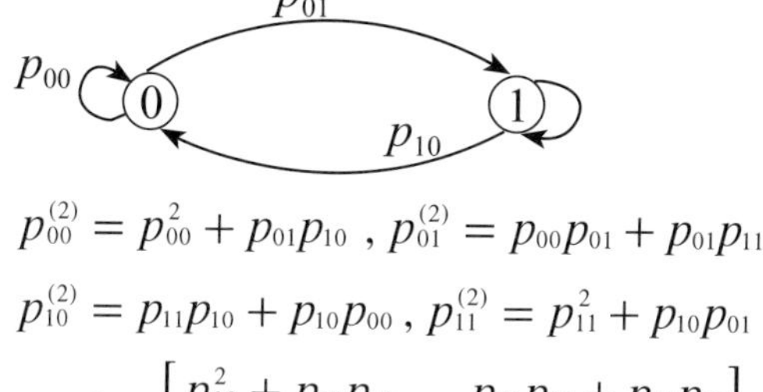

$$p_{00}^{(2)}=p_{00}^2+p_{01}p_{10}\text{ , }p_{01}^{(2)}=p_{00}p_{01}+p_{01}p_{11}$$

$$p_{10}^{(2)}=p_{11}p_{10}+p_{10}p_{00}\text{ , }p_{11}^{(2)}=p_{11}^2+p_{10}p_{01}$$

$$\therefore P^2=\begin{bmatrix} p_{00}^2+p_{01}p_{10} & p_{00}p_{01}+p_{01}p_{11} \\ p_{11}p_{10}+p_{10}p_{00} & p_{11}^2+p_{10}p_{01} \end{bmatrix}$$

例 7. $\{X_n；n\geq 1\}$ 為一馬可夫鏈，$E=\{1，2，3\cdots n\}$，遷移矩陣 P 如下，求 P^2，P^3 從而"猜出" $p_{ij}^{(n)}=?$

$$P=\begin{bmatrix} q & p & 0 & \cdots & \cdots & 0 \\ 0 & q & p & 0 & \cdots & 0 \\ 0 & 0 & q & p & \cdots & \cdots \\ \cdots & \cdots & \cdots & \cdots & \cdots & \cdots \end{bmatrix}$$

解

$$P^2=\begin{bmatrix} q^2 & 2pq & p^2 & 0 & \cdots & 0 \\ 0 & q^2 & 2pq & p^2 & \cdots & \cdots \\ 0 & 0 & q^2 & 2pq & \cdots & \cdots \\ \cdots & \cdots & \cdots & \cdots & \cdots & \cdots \end{bmatrix}$$

$$P^3=\begin{bmatrix} q^3 & 3q^2p & 3qp^2 & p^3 0 & 0 & \cdots & 0 \\ 0 & q^3 & 3q^2p & 3qp^2 & p^3 & \cdots & 0 \\ 0 & 0 & q^3 & 3q^2p & 3qp^2 & \cdots & \cdots \\ \cdots & \cdots & \cdots & \cdots & \cdots & \cdots & \cdots \end{bmatrix}$$

$$\therefore p_{ij}^{(n)}=\begin{cases}\binom{n}{k}q^{n-k}p^k, & 0\le k=j-i\le n \\ 0, & j-i>n\end{cases}$$

一些可用來求 P^n 之線性代數結果

除了用遷移圖外，一些線性代數之結果在求 P^n 時很有幫助：

1. 若 P 之**特徵方程式**（characteristic equation）為 $f(\lambda)=0$ 則 $f(P)=0$，即任一方陣為其特徵方程式之根。
2. λ_i 為 P 之一特徵根，λ_i 之重根數為 c_i，n 為方陣 P 之階數。若且惟若 Rank（$P-\lambda_i I$）$=n-c_i$，對每一個 λ_i 均成立則 P 為**可對角化**（diagonalable）。
3. 若 P 為可對角化則

$P^n=S\wedge^n S^{-1}$，S 為 λ_i 對應之特徵向量所成之特徵方陣，$\wedge$ 為以 λ_1，$\lambda_2\cdots\lambda_n$ 為元素之**主對角陣**（main diagonal matrix）

4. 若 P 之特徵根均為相異，則 P 必可對角化
5. 規定 $P^0=I$

（以上可參考拙著"基礎線性代數"五南出版）

例 8. 若 $P=\begin{bmatrix}1-p & p \\ q & 1-q\end{bmatrix}$ 求 P^n

解

P 之特徵方程式為 $\lambda^2-(2-p-q)\lambda+(1-p)(1-q)-pq=0$

$\therefore P$ 之特徵值 λ 為 $1, 1-p-q$

(1) $\lambda = 1$ 時之一特徵向量為 $(1, 1)^T$

(2) $\lambda = 1-p-q$ 時之一特徵向量為 $(-p, q)^T$

$$\therefore P^n = \begin{bmatrix} 1 & -p \\ 1 & q \end{bmatrix} \begin{bmatrix} 1 & 0 \\ 0 & 1-p-q \end{bmatrix}^n \begin{bmatrix} 1 & -p \\ 1 & q \end{bmatrix}^{-1}$$

$$= \frac{1}{p+q} \begin{bmatrix} 1 & -p \\ 1 & q \end{bmatrix} \begin{bmatrix} 1 & 0 \\ 0 & (1-p-q)^n \end{bmatrix} \begin{bmatrix} q & p \\ -1 & 1 \end{bmatrix}$$

$$= \frac{1}{p+q} \begin{bmatrix} q+p(1-p-q)^n & p-p(1-p-q)^n \\ q-q(1-p-q)^n & p+q(1-p-q)^n \end{bmatrix}$$

由例 8 知，**P 為一遷移矩陣，則必有一特徵值 1 與對應之特徵向量（1，1…1）^{T}**

定義 4.3-1 $P = [p_{ij}]$ 是一遷移矩陣，其在 n 時刻之機率分佈向量 $\pi(n)$ 定義為 $\pi(n) = (\pi_1(n), \pi_2(n), \cdots \pi_i(n) \cdots)$，其中 $\pi_i(n) = P(X_n = i)$，當 $n = 0$ 時，$\{\pi_i(0); i \in E\}$ 為馬可夫鏈之**初始分佈**（initial distribution）。

定理 4.3-2 $\{X_n; n \geq 0\}$ 為馬可夫鏈則 n 個時刻之聯合機率分佈 $P(X_0 = i_0, X_1 = i_1, X_2 = i_2, \cdots, X_n = i_n)$ 可完全由 $\pi(0)$ 與 P 決定。

證明

$P(X_0 = i_0, X_1 = i_1, \cdots X_n = i_n)$

$$= P(X_n = i_0)\,P(X_1 = i_1 \mid X_0 = i_0)\,P(X_2 = i_2 \mid X_0 = i_0,\ X_1 = i_1)\cdots P(X_n = i_n \mid X_0 = i_0,\ X_1 = i_1,\ \cdots X_{n-1} = i_{n-1})$$

$$= P(X_0 = i_0)\,P(X_1 = i_1 \mid X_0 = i_0)\,P(X_2 = i_2 \mid X_1 = i_1)\cdots P(X_n = i_n \mid X_{n-1} = i_{n-1})$$

$$= P(X_0 = i_0)\,p_{i_0 i_1}\,p_{i_1 i_2}\cdots p_{i(n-1),in}$$

$$= \pi(0)\,p_{i_0 i_1}\,p_{i_1 i_2}\cdots p_{i(n-1),in}$$

4.3-3 $\pi(n+1) = \pi(n)P$ 及 $\pi(n) = \pi(0)P^n$

證明 $(X_{n+1} = j) = \bigcup_{i \in E} (X_n = i, X_{n+1} = j)$

又 $(X_n = i) \cap (X_n = j) = \phi$

$$\therefore P(X_{n+1} = j) = \sum_{i \in E} P(X_n = i, X_{n+1} = j)$$

$$= \sum_{i \in E} P(X_n = i)\,P(X_{n+1} = j \mid X_n = i)$$

$$= \sum_{i \in E} \pi(n)\,p_{ij}$$

即 $\pi(n+1) = \pi(n)P$

讀者不難證出 $\pi(n) = \pi(0)P$

定理 4.3-3 指出**求在時刻 n 時之機率分佈有二個方法，一是 $\pi(n) = \pi(n-1)P$，一是 $\pi(n) = \pi(0)P^n$**

以下是計算第 n 時刻之聯合機率分佈的例子。

例 9. $\{X_n;\ n \geq 1\}$ 為一馬可夫鏈，$E = \{1, 2, 3\}$

$$P=\begin{bmatrix}1 & 0 & 0\\ 0 & \frac{1}{2} & \frac{1}{2}\\ \frac{1}{3} & 0 & \frac{2}{3}\end{bmatrix}，\pi(0)=\left[\frac{1}{3},\frac{1}{6},\frac{1}{2}\right]，求\ \pi(2)$$

解

方法一：先求 π（1）然後 π（2）：

$$\pi(1)=\pi(0)P=\left(\frac{1}{3},\frac{1}{6},\frac{1}{2}\right)\begin{bmatrix}1 & 0 & 0\\ 0 & \frac{1}{2} & \frac{1}{2}\\ \frac{1}{3} & 0 & \frac{2}{3}\end{bmatrix}=\left(\frac{1}{2},\frac{1}{12},\frac{5}{12}\right)$$

$$\pi(2)=\pi(1)P=\left(\frac{1}{2},\frac{1}{12},\frac{5}{12}\right)\begin{bmatrix}1 & 0 & 0\\ 0 & \frac{1}{2} & \frac{1}{2}\\ \frac{1}{3} & 0 & \frac{2}{3}\end{bmatrix}=\left(\frac{23}{36},\frac{1}{24},\frac{23}{72}\right)$$

方法二：π（2）＝π（0）P^2：

$$\pi(2)=\pi(0)P^2$$

$$=\left(\frac{1}{3},\frac{1}{6},\frac{1}{2}\right)\begin{bmatrix}1 & 0 & 0\\ 0 & \frac{1}{2} & \frac{1}{2}\\ \frac{1}{3} & 0 & \frac{2}{3}\end{bmatrix}^2$$

$$=\left(\frac{1}{3},\frac{1}{6},\frac{1}{2}\right)\begin{bmatrix}1 & 0 & 0\\ \frac{1}{6} & \frac{1}{4} & \frac{7}{12}\\ \frac{5}{9} & 0 & \frac{4}{9}\end{bmatrix}=\left(\frac{23}{36},\frac{1}{24},\frac{23}{72}\right)$$

正則機率矩陣

定義 4.3-2 設 P 為一 n 階機率矩陣，若存在一個 $k\in Z^+$ 使得 P^k 之所

有元素 $P_{ij} > 0$，則稱 P 為**正則機率矩陣**（regular stochastic matrix 或 regular transient matrix）或簡稱正則陣

例 10. ◆ $P_1 = \begin{bmatrix} 0 & 0 \\ \frac{1}{2} & \frac{1}{2} \end{bmatrix}$，則 $P_1^2 = \begin{bmatrix} \frac{1}{2} & \frac{1}{2} \\ \frac{1}{4} & \frac{3}{4} \end{bmatrix}$ $\therefore P_1$ 為正則陣

◆ $P_2 = \begin{bmatrix} 1 & 0 \\ \frac{1}{2} & \frac{1}{2} \end{bmatrix}$，則 $P_2^2 = \begin{bmatrix} 1 & 0 \\ \frac{3}{4} & \frac{1}{4} \end{bmatrix}$，$P_2^3 = \begin{bmatrix} 1 & 0 \\ \frac{7}{8} & \frac{1}{8} \end{bmatrix}$ 為偶數 為奇數

……讀者可用數學歸納法證明 $P_2^n = \begin{bmatrix} 1 & 0 \\ 1-\left(\frac{1}{2}\right)^n & \left(\frac{1}{2}\right)^n \end{bmatrix}$

$\forall\, n \in Z^+$ $\therefore P_2$ 不為正則陣

◆ $P_3 = \begin{bmatrix} 0 & 1 \\ 1 & 0 \end{bmatrix}$，則 $P_3^2 = I,\ \cdot\ P_3^3 = P_3 \cdots P_3^n = \begin{cases} I & \cdots n \\ P_3 & \cdots n \end{cases}$

$\therefore P_3$ 不為正規陣

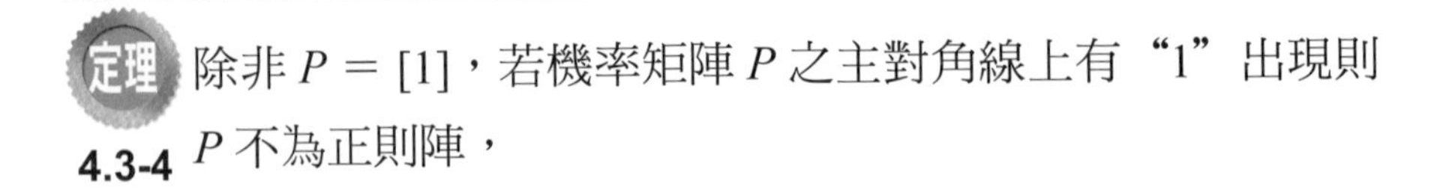

定理 4.3-4 除非 $P = [1]$，若機率矩陣 P 之主對角線上有"1"出現則 P 不為正則陣，

正則陣之機率意義是：若 E 是有限個數狀態之狀態空間，任何一個狀態 i 經有限步總可到達所有狀態。若機率矩陣 P 之主對角線有個"1"，例如 $p_{jj} = 1$，意即，狀態 j 為一吸收狀態故 P 不可能為正則。

習題 4-2

1. $P=\begin{bmatrix} p_{00} & p_{01} \\ p_{10} & p_{11} \end{bmatrix}$（參考例 6）

(a) 試用數學歸納法證明

$$P^{(n)}=\frac{1}{2-p_{00}-p_{11}}\begin{bmatrix} 1-p_{11} & 1-p_{00} \\ 1-p_{11} & 1-p_{00} \end{bmatrix}+\frac{(p_{00}+p_{11}-1)^n}{2-p_{00}-p_{11}}\begin{bmatrix} 1-p_{00} & -(1-p_{00}) \\ -(1-p_{11}) & 1-p_{11} \end{bmatrix}$$

(b) $|p_{00}+p_{11}-2|<1$ 時，由 (a) 之結果證明：

$$\lim_{n\to\infty} p_{00}^{(n)}=\lim_{n\to\infty} p_{10}^{(n)}=\frac{1-p_{11}}{2-p_{00}-p_{11}}$$

$$\lim_{n\to\infty} p_{01}^{(n)}=\lim_{n\to\infty} p_{n}^{(n)}=\frac{1-p_{00}}{2-p_{00}-p_{11}}$$

(c) 當 $p_{00}=p_{11}=p$，$p_{10}=p_{01}=q$，$p+q=1$ 時，若 $P(X_0=1)=\alpha$，$P(X_0=0)=\beta$

證明

$$P(X_0=1|X_n=1)=\frac{\alpha[1+(p-q)^n]}{1+(\alpha-\beta)(p-q)^n},$$

2. 設 P 為隨機矩陣，試證 1 為其特徵值。

$\{X_n；n\geq 0\}$ 為一馬可夫鏈，試證：3 ～ 5

3. $P(X_{n+1}=x_{n+1},X_{n+2}=x_{n+2},\cdots,X_{n+m}=x_{n+m}|X_0=x_0，X_1=x_1\cdots X_n=x_n)$
$=P(X_{n+1}=x_{n+1},X_{n+2}=x_{n+2},\cdots X_{n+m}=x_{n+m}|X_n=x_n)$

4. $P(X_0=x_0,X_1=x_1,\cdots X_n=x_n,X_{n+2}=x_{n+2}\cdots X_{n+m}=x_{n+m}|X_n=x_n)$
$=P(X_0=x_0,X_1=x_1\cdots X_n=x_n|X_{n+1}=x_{n+1})P(X_{n+2}=x_{n+2},$

$X_{n+3} = x_{n+3}, \cdots X_{n+m} = x_{n+m} \mid X_{n+1} = x_{n+1})$

5. $P(X_0 = x_0 \mid X_1 = x_1, X_2 = x_2 \cdots X_n = x_n) = P(X_0 = x_0 \mid X_1 = x_1)$

6. 設一質點在數軸上移動，每次移動 1 個單位，其向左、向移動之機率分別為 q，p，$p + q = 1$，$1 \geq p$，$q \geq 0$，此為無限制隨機泛步，若 X_n 表示在第 n 次移動所在位置 $E = \{0$，± 1，± 2，$\cdots\}$，k 步中向右移 x 步，向左移 y 步，試證

$$p_{ij}^{(k)} = \begin{cases} \binom{k}{x} p^x q^y, & k \pm (j-i) \text{ 為偶數}, x = \dfrac{k+(j-i)}{2}, y = \dfrac{k-(j-i)}{2} \\ 0, & k \pm (j-i) \text{ 為奇數} \end{cases}$$

7. $P = \begin{bmatrix} 1-p & p \\ q & 1-q \end{bmatrix}$，$E = \{0，1\}$ 求 (a) $P(X_1 = 0 \mid X_0 = 0, X_2 = 0)$

(b) $P(X_1 \neq X_2)$，設 $(\alpha，1-\alpha)$，$1 > \alpha > 0$ 為初始分佈

Ans (a) $\dfrac{(1-p)^2}{pq+(1-p)^2}$ (b) $\alpha(1-p-q)(p-q)+q(p+1-q)$

8. $P = \begin{bmatrix} 0 & 1 & 0 \\ 1-p & 0 & p \\ 0 & 1 & 0 \end{bmatrix}$，試求 P^n，$n \geq 1$

Ans .n 為偶數時 $P^n = P$，n 為奇數時 $P^n = P^2 = \begin{bmatrix} 1-p & 0 & p \\ 0 & 1 & 0 \\ 1-p & 0 & p \end{bmatrix}$

9. $P = \begin{bmatrix} 0.5 & 0.5 \\ 0.3 & 0.7 \end{bmatrix}$，$E = \{1，2\}$

求（a）P^n (b) $P(X_1 = 2，X_4 = 1，X_6 = 1，X_{18} = 1 \mid X_0 = 1)$

Ans : (a) $\begin{bmatrix} \frac{3}{8} + \frac{5}{8}(0.2)^n & \frac{5}{8} - \frac{5}{8}(0.2)^n \\ \frac{3}{8} - \frac{3}{8}(0.2)^n & \frac{5}{8} + \frac{3}{8}(0.2)^n \end{bmatrix}$

(b) $0.2\left[\frac{3}{8} - \frac{3}{8}(0.2)^3\right]\left[\frac{3}{8} + \frac{5}{8}(0.2)^2\right]\left[\frac{3}{8} + \frac{5}{8}(0.2)^{12}\right]$

10. 若 $\pi(1) = \pi(0)$ 時，證明 $\pi(n) = \pi(0)$，$n \in Z^+$

4.4 馬可夫鏈之分類

上一節已對馬可夫鏈二個狀態之可達性與互通做直觀之介紹。為了討論馬可夫鏈之極限分佈，我們必須再進一步對馬可夫鏈之分類先予定義。

4.4-1 互通是一個**等價關係**（equivalent relation），即

(1) $i\leftrightarrow i$

(2) $i\leftrightarrow j$ 則 $j\leftrightarrow i$

(3) $i\leftrightarrow j$ 且 $j\leftrightarrow k$ 則 $i\leftrightarrow k$

(1)、(2) 顯然成立

(3) $\because i\to j$，$j\to k$ $\therefore$ 存在 m，$n\in Z^+$ 使得 $p_{ij}^{(m)}>0$，$p_{jk}^{(n)}>0$ $\therefore$ $p_{ik}^{(m+n)}\geq p_{ij}^{(m)}p_{jk}^{(n)}>0$ 即 $i\to k$。同法可證 $k\to i$。綜上，$i\leftrightarrow j$ 且 $j\leftrightarrow k$ 時 $i\leftrightarrow k$

分類（class）

我們可將馬可夫鏈內之狀態是否互通來做**分類**（class），使得**每個分類內任意一個狀態均能互通，即 $i\leftrightarrow j$**，換言之，若 $i\leftrightarrow j$ **則 i，j 屬於同一類**，否則便不是同類。

顯然，E_1，E_2 為馬可夫鏈之 2 相異分類，則 $E_1 \cap E_2 = \phi$。

例 1. 試將下列馬可夫鏈進行分類

(a) $P_1 = \begin{matrix} 0 \\ 1 \end{matrix}\begin{bmatrix} 1 & 0 \\ 0 & 1 \end{bmatrix}$ (b) $P_2 = \begin{matrix} 0 \\ 1 \end{matrix}\begin{bmatrix} 0 & 1 \\ 1 & 0 \end{bmatrix}$ (c) $P_3 = \begin{matrix} 0 \\ 1 \\ 2 \end{matrix}\begin{bmatrix} 0 & 0 & 1 \\ 0 & 1/2 & 1/2 \\ 1/3 & 0 & 2/3 \end{bmatrix}$

解

(a) $0 \leftrightarrow 0$，$1 \leftrightarrow 1$ ∴有 2 個分類｛0｝，｛1｝

(b) $0 \leftrightarrow 1$，∴有 1 個分類｛0，1｝

(c) ∵ $0 \leftrightarrow 2$ 及

$1 \leftrightarrow 1$ 但 $1 \to 2$，$2 \nrightarrow 1$

∴可分 2 類｛0，2｝，｛1｝

例 2. 將下列馬可夫鏈予以分類

$$P = \begin{matrix} 1 \\ 2 \\ 3 \\ 4 \\ 5 \end{matrix}\begin{bmatrix} 0.3 & 0.7 & 0 & 0 & 0 \\ 0.2 & 0.8 & 0 & 0 & 0 \\ 0 & 0 & 0 & 1 & 0 \\ 0 & 0 & 0.9 & 0 & 0.1 \\ 0 & 0 & 0 & 1 & 0 \end{bmatrix}$$

解

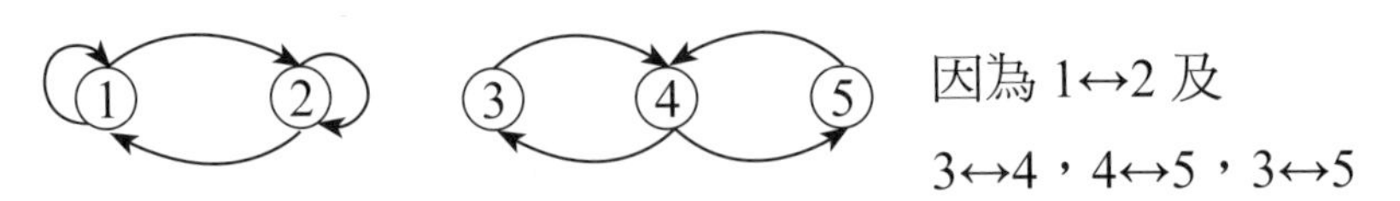

因為 $1 \leftrightarrow 2$ 及

$3 \leftrightarrow 4$，$4 \leftrightarrow 5$，$3 \leftrightarrow 5$

∴可分成｛1，2｝與｛3，4，5｝二類

定義 4.4-1 若一馬可夫鏈之任 2 個狀態 i，j 而言均滿足 $i \leftrightarrow j$，即整

個馬可夫鏈只有1個分類；則稱此馬可夫鏈為**不可既約**（irreducible）

如果一馬可夫鏈之所有狀態都可互通，則此馬可夫鏈便為不可既約，例1之（b）**只有1個分類故為不可既約**。

週期性（periodioc）

給定一個馬可夫鏈及其一個狀態 i，現在我們要考慮的是一旦離開狀態 i 後再返回狀態 i 之情形：

1. 狀態 i 離開後只能經 $1k$、$2k$、$3k$……、nk 步、…（k 為最大正整數，$k \geqq 2$）再返回狀態 i，我們稱狀態 i 之週期為 k，記做 $d(i) = k$。
2. 若 $d(i) = 1$，則稱狀態 i **非週期性**（aperiodic）

一個簡單的測試方法是：**若狀態 i 離開後經 s 及 $s+1$ 步後均可返回狀態 i，因 s 與 $s+1$ 為連續兩個正整數，故 s 與 $s+1$ 互質，即 $d(i) = 1$，因此狀態 i 為非週期性**。

3. 狀態 i 離開後再也不會返回狀態 i 則 $d(i) = \infty$

若 $i \leftrightarrow j$ 則 $d(i) = d(j)$

4.4-2

設 m，$n \in Z^+$ 滿足 $p_{ij}^{(n)} p_{ji}^{(m)} > 0$ 且設 $p_{ii}^{(s)} > 0$ 則

$p_{jj}^{(m+n)} \geq p_{ji}^{(m)} p_{ij}^{(n)} > 0$

$p_{jj}^{(m+n+s)} \geq p_{ji}^{(m)} p_{ii}^{(s)} p_{ij}^{(n)} > 0$

由週期之定義，$d(j)$ 整除 $m+n$ 與 $m+n+s$

$\therefore d(j)$ 亦整除 $(m+n+s)-(m+n)=s$，只要 $p_{ii}^{s} > 0$ 得 $d(j)$ 整除 $d(i)$

同理可證 $d(i)$ 整除 $d(j)$

$\therefore d(j) = d(i)$

例 3. 設馬可夫鏈之狀態空間 $E = \{0, 1, 2, 3, 4, 5\}$ 其遷移圖如下，試求各狀態之週期：

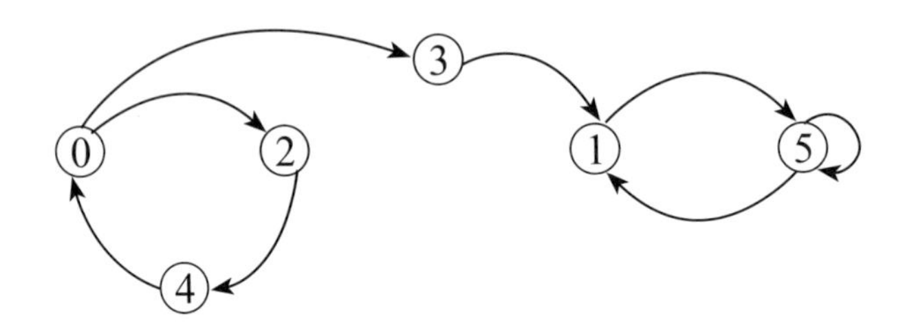

解

由上圖易知 $0\leftrightarrow2\leftrightarrow4$ 及 $1\leftrightarrow5$：

(1) $d(0) = 3$，$\therefore d(0) = d(2) = d(4) = 3$

(2) $d(1) = d(5) = 1$（因狀態 5 離開後經 1，2，3 步，⋯均可返回狀態 5，$\therefore d(5) = 1$。）

(3) 狀態 3，因一離開狀態 3 後再也無法返回狀態 3

$\therefore d(3) = \infty$

例 4. 設馬可夫鏈之狀態空間 $E = \{0, 1, 2, 3\}$，其遷移矩陣

$$P=\begin{bmatrix} 0 & 1 & 0 & 0 \\ 1/3 & 0 & 2/3 & 0 \\ 0 & 0 & 0 & 1 \\ 0 & 0 & 1 & 0 \end{bmatrix}$$

求各狀態之週期

解

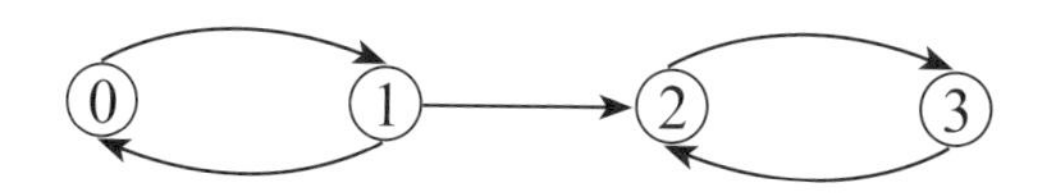

由遷移圖易知 $0\leftrightarrow 1$，$2\leftrightarrow 3$

(1) $d(0)=2$ $\therefore d(0)=d(1)=2$

(2) $d(2)=d(3)=2$

若例 4 之 P 改為

$$P=\begin{bmatrix} 0 & 1 & 0 & 0 \\ \frac{1}{3} & 0 & 2/3 & 0 \\ 0 & 0 & 1/2 & 1/2 \\ 0 & 0 & 1/2 & 1/2 \end{bmatrix}$$

則遷移圖

則 $d(0)=d(1)=2$，$d(2)=d(3)=1$（何故？）

例 5. 一質點在直線上運動，它向前 1 步，向前 2 步，向後 1 步之機率分別為 p，q，r。$p+q+r=1$，$p>0$，$q>0$，$r>0$。問每個狀態是週期的還是非週期的？

解

$p_{ii}^{(2)}=p_{i,\,i+1}\,p_{i+1,\,i}=pr>0$

$p_{ii}^{(3)}=p_{i,\,i+2}\,p_{i+2,\,i+1}\,p_{i+1,\,i}=qr^2>0$

$\therefore d(i)=1$

若馬可夫鏈之一個分類 C 滿足 $i\in C$，$i\leftrightarrow j$ 則 $j\in C$

則稱 C 為**封閉**（closed），換言之，從狀態 i 一旦進入**閉集**（closed states）就離不開 C，換言之，對 C 之任一狀態 i 而言，若 $p_{ij}=0$ 對 $i\in E$，$j\notin C$ 均成立，則 C 為一閉集。

例 6. $E=\{1,2,3,4,5,6\}$

$$P=\begin{matrix}1\\2\\3\\4\\5\\6\end{matrix}\begin{bmatrix}\frac{1}{3} & \frac{2}{3} & 0 & 0 & 0 & 0\\ 0 & 0 & 1 & 0 & 0 & 0\\ \frac{1}{4} & 0 & \frac{1}{4} & \frac{2}{4} & 0 & 0\\ 0 & 0 & 0 & \frac{1}{2} & \frac{1}{2} & 0\\ 0 & 0 & 0 & 0 & 0 & 1\\ 0 & 0 & 0 & 0 & 1 & 0\end{bmatrix}$$

試將其分類？是否有閉集？

解

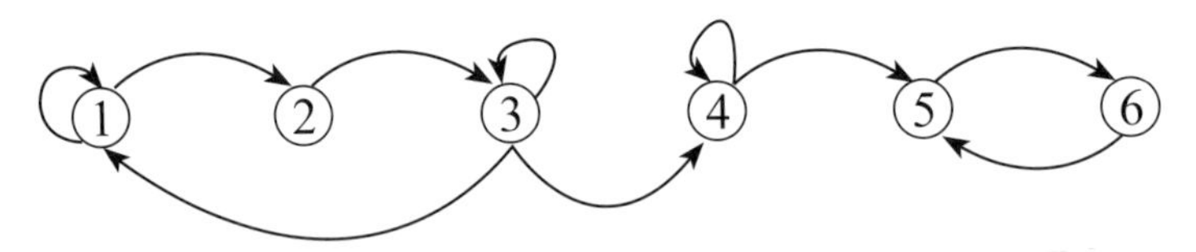

(1) $1\leftrightarrow1$，$1\leftrightarrow2$，$1\leftrightarrow3$，$2\leftrightarrow2$，$2\leftrightarrow3$，$3\leftrightarrow3$ $\therefore$ $\{1,2,3\}$ 為一類

(2) $5\leftrightarrow6$ $\therefore$ $\{5,6\}$ 為一類

(3) $\{4\}$ 為一類

即有 $\{1,2,3\}$，$\{4\}$，$\{5,6\}$ 3 個類，因由狀態 $\{1,2,3,4\}$ 一旦到了 $\{5,6\}$ 就無法離開 $\{5,6\}$ 故為閉集。

首達時間與首達機率

定義 4.4-2 從狀態 i 開始，首次到達狀態 j 之時間稱為**首達時間**（first passage time），以 T_{ij} 表示，

$T_{ij} \triangleq \min\{n，n \geq 1，X_n = j \mid X_0 = i\}$

若上式右邊為 ϕ，則規定 $T_{ij} = \infty$

若狀態 i 開始經 n 步首次到達狀態 j 之**首達機率**（first passage probability）以 $f_{ij}^{(n)}$表示

$f_{ij}^{(n)} \triangleq P(T_{ij} = n) = P(X_n = j，X_k \neq j，1 \leq k \leq n-1 \mid X_0 = i)$

當 $j = i$ 時，特稱為**“第一次返回時間”**（first return time 或 hitting time）$T_i \triangleq \min\{n，n \geq 1，X_n = i \mid X_0 = i\}$

顯然 $f_{ij}^{(n)}$有以下之結果：

1° $f_{ij}^{(1)} = P(X_1 = j \mid X_0 = i) = p_{ij}$

2° $f_{ij}^{(2)} = P(X_2 = j，X_1 \neq j \mid X_0 = i) \leq P(X_2 = j \mid X_0 = i) = p_{ij}^{(2)}$

$f_{ij}^{(3)} = P(X_3 = j，X_2 \neq j，X_1 \neq j \mid X_0 = i) \leq P(X_3 = j \mid X_0 = i)$

$= p_{ij}^{(3)}$

$\therefore f_{ij}^{(n)} \leq p_{ij}^{(n)}, n = 2, 3\cdots\cdots$

4.4-3 $p_{ij}^{(n)} = \sum_{k=1}^{n} f_{ij}^{(k)} p_{jj}^{(n-k)}$

令 $A_k = \{X_n = j，X_k \neq j，n-1 \geq k \geq 1\}$ 則

$p_{ij}^{(n)} = P(X_n = j \mid X_0 = i)$

$$= \sum_{k=1}^{n} P(A_k | X_0 = i) P(X_n = j \mid A_k, X_0 = i)$$

$$= \sum_{k=1}^{n} f_{ij}^{(k)} p_{jj}^{(n-k)}$$

$$f_{ij}^{(n)} = p_{ij}^{(n)} - \sum_{k=1}^{n-1} f_{ij}^{(k)} p_{jj}^{(n-k)}$$

4.4.3-1

$$\because p_{ij}^{(n)} = \sum_{k=1}^{n} f_{ij}^{(k)} p_{jj}^{(n-k)}$$

$$= f_{ij}^{(n)} p_{jj}^{(0)} + \sum_{k=1}^{n-1} f_{ij}^{(k)} p_{jj}^{(n-k)}$$

$$= f_{ij}^{(n)} + \sum_{k=1}^{n-1} f_{ij}^{(k)} p_{jj}^{(n-k)}$$

$$\therefore f_{ij}^{(n)} = p_{ij}^{(n)} - \sum_{k=1}^{n-1} f_{ij}^{(k)} p_{jj}^{(n-k)}$$

上述推論提供我們求首達機率之重要途徑。

例 7. 考慮一馬可夫鏈，其狀態空間 {0，1}，遷移矩陣

$$P = \begin{bmatrix} \frac{1}{2} & \frac{1}{2} \\ \frac{1}{3} & \frac{2}{3} \end{bmatrix}$$ 求 $f_{00}^{(1)}$，$f_{00}^{(2)}$，$f_{10}^{(1)}$及$f_{10}^{(2)}$

解

(a) 利用推論

$$f_{ij}^{(n)} = p_{ij}^{n} - \sum_{k=1}^{n-1} f_{ij}^{(k)} p_{jj}^{(n-k)}, f_{ij}^{(1)} = p_{ij}$$

則

$$f_{00}^{(1)} = p_{00}^{(1)} = \frac{1}{2}$$

$$f_{10}^{(1)} = p_{10}^{(1)} = \frac{1}{3}$$

(b) $$P^2 = \begin{bmatrix} \frac{1}{2} & \frac{1}{2} \\ \frac{1}{3} & \frac{2}{3} \end{bmatrix}^2 = \begin{bmatrix} \frac{5}{12} & \frac{7}{12} \\ \frac{7}{18} & \frac{11}{18} \end{bmatrix}$$

$$f_{00}^{(2)} = p_{00}^{(2)} - f_{00}^{(1)} p_{00}^{(1)}$$

$$= \frac{5}{12} - \frac{1}{2} \cdot \frac{1}{2} = \frac{1}{6}$$

$$f_{10}^{(2)} = p_{10}^{(2)} - f_{10}^{(1)} p_{00}^{(1)}$$

$$= \frac{7}{18} - \frac{1}{3} \cdot \frac{1}{2} = \frac{2}{9}$$

例 8. 馬可夫鏈之狀態空間 {1，2，3}，遷移矩陣

$$P = \begin{matrix} 1 \\ 2 \\ 3 \end{matrix} \begin{bmatrix} a_1 & b_1 & 0 \\ 0 & a_2 & b_2 \\ a_3 & 0 & b_3 \end{bmatrix} \quad 1 \geq a_i，b_i \geq 0，a_i + b_i = 1，i = 1，2，3$$

求 $f_{11}^{(3)}$ 及 $f_{12}^{(3)}$

解

$$f_{11}^{(1)} = p_{11}^{(1)} = a_1$$

$$P^2 = \begin{bmatrix} a_1^2 & a_1 b_1 + a_2 b_1 & b_1 b_2 \\ a_3 b_2 & a_2^2 & a_2 b_2 + b_2 b_3 \\ a_1 b_3 + a_3 b_3 & a_3 b_1 & b_3^2 \end{bmatrix}$$

$$f_{11}^{(2)} = p_{11}^{(2)} - f_{11}^{(1)} p_{11}^{(1)}$$

$$= a_1^2 - a_1 \cdot a_1 = 0$$

$$P^3 = \begin{bmatrix} a_1^3 + a_3 b_1 b_2 & a_1^2 b_1 + a_1 a_2 b_1 + a_2^2 b_1 & \cdots \\ & \cdots\cdots & \cdots \\ & \cdots\cdots & \cdots \end{bmatrix}$$

$$
\begin{aligned}
f_{11}^{(3)} &= p_{11}^{(3)} - f_{11}^{(1)} p_{11}^{(2)} - f_{11}^{(2)} p_{11}^{(1)} \\
&= (a_1^3 + a_3 b_1 b_2) - a_1 \cdot a_1^2 - 0 \cdot a_1 \\
&= a_3 b_1 b_2
\end{aligned}
$$

$$
\begin{aligned}
f_{12}^{(1)} &= p_{12} = b_1 \\
f_{12}^{(2)} &= p_{12}^{(2)} - f_{12}^{(1)} p_{22}^{(1)} = (a_1 b_1 + a_2 b_1) - b_1 a_2 = a_1 b_1 \\
f_{12}^{(3)} &= f_{12}^{(3)} - f_{12}^{(1)} P_{22}^{(2)} - f_{12}^{(2)} p_{22}^{(1)} = (a_1^2 b_1 + a_1 a_2 b_1 + a_2^2 b_1) \\
&\quad - b_1 \cdot a_2^2 - a_1 b_1 \cdot a_2 = a_1^2 b_1
\end{aligned}
$$

另解

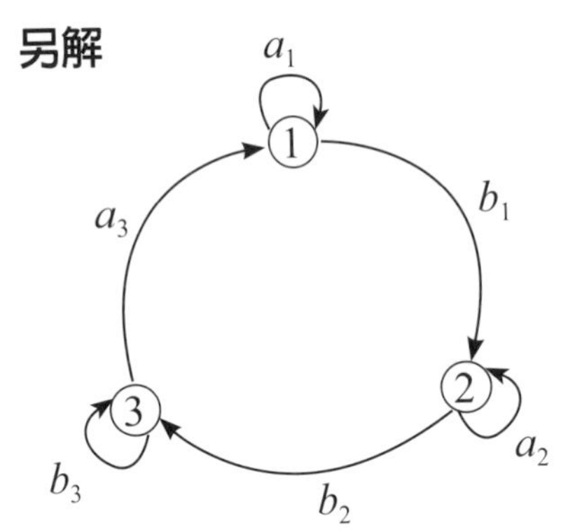

由遷移圖可視察出：

$f_{11}^{(1)} = a_1 (1 \to 2)$

$f_{11}^{(2)} = 0$

$f_{11}^{(3)} = b_1 b_2 a_3 (1 \to 2 \to 3 \to 1)$

$f_{12}^{(1)} = b_1 (1 \to 2)$

$f_{12}^{2} = a_1 b_1 (1 \to 1 \to 2)$

$f_{12}^{(3)} = a_1^2 b_1 (1 \to 1 \to 1 \to 2)$

重現與暫態

重現（recurrent，中國譯作**常返**）與**暫態**（transient，中國譯作**滑過**）是馬可夫鏈最基本之分類，重現與暫態是互斥的。白話地說，若 j 是馬可夫鏈之一個狀態，若離開 j 後，它一定會返回 j，則 j 稱為重現，否則 j 為暫態。

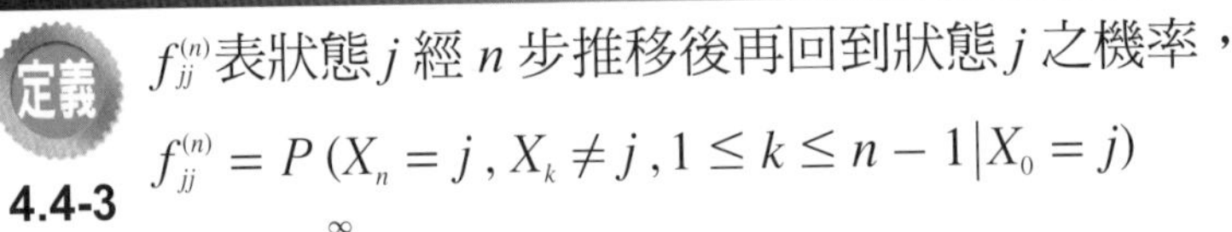

定義 4.4-3

$f_{jj}^{(n)}$ 表狀態 j 經 n 步推移後再回到狀態 j 之機率，

$$f_{jj}^{(n)} = P(X_n = j, X_k \neq j, 1 \leq k \leq n-1 \mid X_0 = j)$$

令 $f_{jj} = \sum_{n=1}^{\infty} f_{jj}^{(n)}$

若狀態 j 滿足 $\begin{cases} f_{jj} = 1 \\ f_{jj} < 1 \end{cases}$ 則稱狀態 j 為 $\begin{cases} \text{重現} \\ \text{暫態} \end{cases}$

定義 4.4-3 之意思是：若 j 為重現意指自狀態 j 出發後回到 j 後又以“機率 1”（WP1）重新開始再回到 j…如此週而復始地無限步地返回 j；而 j 為暫態則表示自狀態 j 出發後有 $1 - f_{jj}$ 之機率不再回到 j，這相當一次次之獨立重複隨機試行，就長期而言，它終將永遠離開狀態 j。

例 9. 設一馬可夫鏈中之狀態 i 的首達機率 $f_{ii}^{(n)} = \dfrac{n}{2^{n+1}}$　$n = 0，1，2\cdots$ 判斷狀態 i 是否為重現？

解

$$f_{ii} = \sum_{n=1}^{\infty} f_{ii}^{(n)} \overset{?}{=} 1：$$

$$f_{ii} = \sum_{n=1}^{\infty} f_{ii}^{(n)} = \sum_{n=1}^{\infty} \frac{n}{2^{n+1}}$$

$$\text{令} T = \frac{1}{2^2} + \frac{2}{2^3} + \frac{3}{2^4} + \cdots$$

$$-)\ \frac{1}{2}T = \qquad \frac{1}{2^3} + \frac{2}{2^4} + \cdots$$

$$\frac{1}{2}T = \frac{1}{2^2} + \frac{1}{2^3} + \frac{1}{2^4} + \cdots = \frac{\frac{1}{4}}{1 - \frac{1}{2}} = \frac{1}{2}$$

$\therefore T = 1$ 即 $f_{ii} = 1$ $\therefore i$ 為重現

4.4-4 若 j 為重現則 $\sum_{n=1}^{\infty} p_{jj}^{(n)} = \infty$，且若 j 為暫態則 $\sum_{n=1}^{\infty} p_{jj}^{(n)} < \infty$，以

上逆敘述亦成立。

（略）

平均返回時間

定義 4.4-4 重現狀態 i 之**平均重現次數**（mean recurrence time）即**第一次返回之平均時間**（average time of first return）記做 μ_i，

$$\mu_i \triangleq \sum_{n=1}^{\infty} n f_{ii}^{(n)}$$

在不致混淆之情況，第一次返回之平均時間有時稱為平均返回時間，在求平均返回時間時，若問題之狀態數不多時，用遷移圖配合 $f_{ii}^{(n)}$ 之意義即可方便地解出。

例 10. 設一馬可夫鏈，其狀態空間 $E = \{1，2，3，4\}$，遷移矩陣 P 如下：

$$P = \begin{bmatrix} \frac{1}{8} & \frac{2}{8} & \frac{3}{8} & \frac{2}{8} \\ 0 & 0 & 1 & 0 \\ 0 & 0 & 0 & 1 \\ 1 & 0 & 0 & 0 \end{bmatrix}$$

試 (a) 驗證狀態 1 是重現

(b) 求狀態 1 之平均返回時間

解

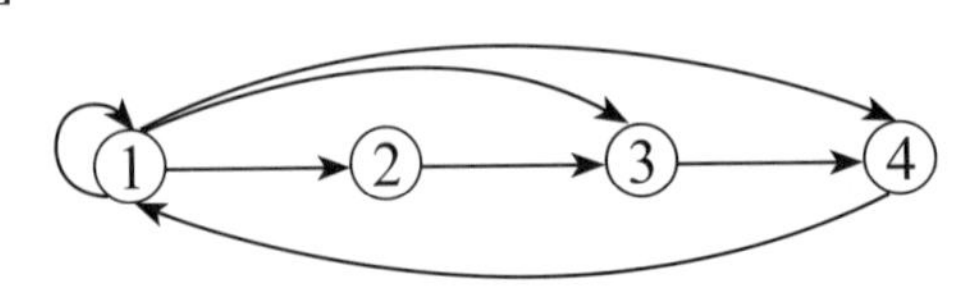

(a)

$f_{11}^{(1)}$：相當 $1 \to 1$

$\therefore f_{11}^{(1)} = \frac{1}{8}$

$f_{11}^{(2)}$：相當 $1 \to 4 \to 1$ $\therefore f_{11}^{(2)} = \frac{2}{8} \cdot 1 = \frac{2}{8}$

$f_{11}^{(3)}$：相當 $1 \to 3 \to 4 \to 1$ $\therefore f_{11}^{(3)} = \frac{3}{8} \cdot 1 \cdot 1 = \frac{3}{8}$

$f_{11}^{(4)}$：相當 $1 \to 2 \to 3 \to 4 \to 1$ $\therefore f_{11}^{(4)} = \frac{2}{8} \cdot 1 \cdot 1 \cdot 1 = \frac{2}{8}$

$n \geq 5$，$f_{11}^{(n)} = 0$

$$\therefore \sum_{n=1}^{\infty} f_{11}^{(n)} = f_{11}^{(1)} + f_{11}^{(2)} + f_{11}^{(3)} + f_{11}^{(4)} = \frac{1}{8} + \frac{2}{8} + \frac{3}{8} + \frac{2}{8} = 1$$

得狀態 1 為重現

(b)

$$\mu_i = \sum_{n=1}^{\infty} n f_{11}^{(n)} = \sum_{n=1}^{4} n f_{11}^{(n)} = 1 \cdot \frac{1}{8} + 2 \cdot \frac{2}{8} + 3 \cdot \frac{3}{8} + 4 \cdot \frac{2}{8} = \frac{11}{4}$$

定理 4.4-5 $i \leftrightarrow j$，若 i 為重現則 j 亦為重現

證明

設 $p_{ij}^{(n)} > 0$，$p_{ji}^{(m)} > 0$，則對任一 $s \geq 0$，

$$p_{jj}^{(m+n+s)} \geq p_{ji}^{(m)} p_{ii}^{(s)} p_{ij}^{(n)}$$

$$\therefore \sum_E p_{jj}^{(m+n+s)} \geq \sum_E p_{ji}^{(m)} p_{ii}^{(s)} p_{ij}^{(n)}$$

$$= p_{ji}^{(m)} p_{ij}^{(n)} \sum_E p_{ii}^{(s)}$$

$\because$ i 為重現 $\therefore \sum_E p_{ii}^{(s)} = \infty$（由定理 4-4.4）

$$\Rightarrow \sum_E p_{jj}^{(m+n+s)} = \infty$$

$\therefore$ j 為重現狀態

例 11. E = {1，2，3，4}

$$P=\begin{bmatrix}0&0&1&0\\1&0&0&0\\0&\frac{1}{2}&\frac{1}{2}&0\\\frac{2}{3}&0&0&\frac{1}{3}\end{bmatrix}$$

(a) 試問那些狀態是重現？

(b) 對重現狀態求平均返回時間？

解

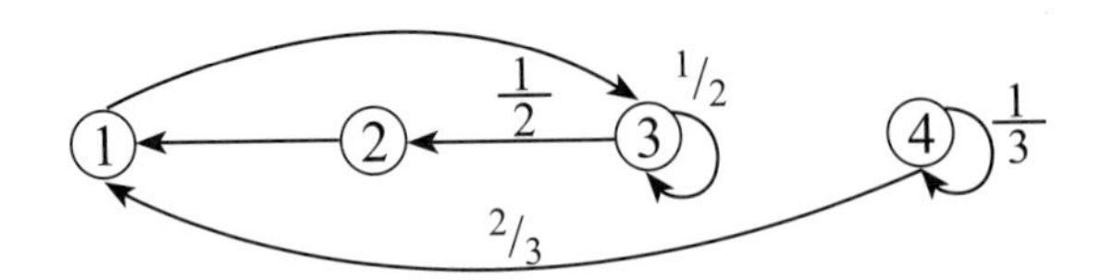

(a)

由上圖易知 {1，2，3} 與 {4} 為 2 個分類

若狀態 1 為重現則狀態 2，3 亦為重現：

$\because f_{11}^{(1)}=0$，$f_{11}^{(2)}=0$，

$f_{11}^{(3)}$：相當 $1\to3\to2\to1$ $\therefore f_{11}^{(3)}=1\cdot\frac{1}{2}\cdot1=\frac{1}{2}$

$f_{11}^{(4)}$：相當 $1\to3\to3\to2\to1$ $\therefore f_{n}^{(4)}=1\cdot\frac{1}{2}\cdot\frac{1}{2}\cdot1=\frac{1}{2^2}$

$$\therefore f_{11}=\sum_{n=1}^{\infty}f_{11}^{(n)}=f_{11}^{(1)}+f_{11}^{(2)}+f_{11}^{(3)}+f_{11}^{(4)}+\cdots$$

$$=0+0+\frac{1}{2}+\frac{1}{2^2}+\frac{1}{2^3}+\cdots=\frac{\frac{1}{2}}{1-\frac{1}{2}}=1$$

即狀態 1 為重現，

∵狀態 2，3 與狀態 1 同屬一個分類，狀態 1 為重現

∴狀態 2，3 亦為重現

狀態4：$f_{44}^{(1)}=\frac{1}{3}$，$f_{44}^{(2)}$：相當$4\to4\to4$ $\therefore f_{44}^{(2)}=\frac{1}{9}$，$f_{44}^{(3)}=\frac{1}{27}\cdots$

$$f_{44}=\sum_{n=1}^{\infty}f_{44}^{(n)}=\frac{1}{3}+\frac{1}{9}+\frac{1}{27}+\cdots=\frac{\frac{1}{3}}{1-\frac{1}{3}}=\frac{1}{2}<1$$ ∴狀態 4 為暫態

(b)

$$\mu_1=\sum_{n=1}^{\infty}nf_{11}^{(n)}=1\cdot 0+2\cdot 0+3f_{11}^{(3)}+4f_{11}^{(4)}+5f_{11}^{(5)}+\cdots$$

$$=3\cdot\frac{1}{2}+4\cdot\frac{1}{2^2}+5\frac{1}{2^3}+\cdots$$

$$-)\ \frac{1}{2}\mu_1=\qquad 3\cdot\frac{1}{2^2}+4\cdot\frac{1}{2^3}+\cdots$$

$$\therefore \frac{1}{2}\mu_1=3\cdot\frac{1}{2}+\frac{1}{2^2}+\frac{1}{2^3}+\cdots=\frac{3}{2}+\frac{\frac{1}{2^2}}{1-\frac{1}{2}}=2$$

$$\therefore \mu_1=4$$

同法可求得 $\mu_2=4$

現在求 μ_3：

$f_{33}^{(2)}$（$3\to 3$）$\therefore f_{33}^{(1)}=\frac{1}{2}$

$f_{33}^{(2)}=0$

$f_{33}^{(3)}$（$3\to 2\to 1$）$\therefore f_{33}^{(3)}=\frac{1}{2}\cdot 1\cdot 1=\frac{1}{2}$

$$\therefore \mu_3=\sum_{n=1}^{\infty}nf_{33}^{(n)}=1\cdot f_{33}^{(1)}+2\cdot f_{33}^{(2)}+3\cdot f_{33}^{(3)}=1\cdot\frac{1}{2}+3\left(\frac{1}{2}\right)=2$$

正重返與零重返

定義 4.4-5 E 為馬可夫鏈之狀態空間，$j\in E$，其平均返回時間 μ_j：此外 $\mu_j=\sum^{\infty}nf_{jj}^{(n)}$

(1) $\mu_j < \infty$時稱狀態 j 為**正重現**（positive recurrent）

(2) $\mu_j = \infty$時稱狀態 j 為**零重現**（null recurrent）

若狀態 j 非週期且正重現則稱狀態 j 為**遍歷**（ergodic）

定理 4.4-6 給定一有限狀態馬可夫鏈則有下列性質

(a) 若為不可既約狀態則它必為重現。所有重現狀態都是正重現。

(b) 若此鏈有一非週期狀態且不可既約則它必為遍歷。

(c) 不是所有狀態都是暫態（亦即有限狀態馬可夫鏈必存在重現態）

證明

略

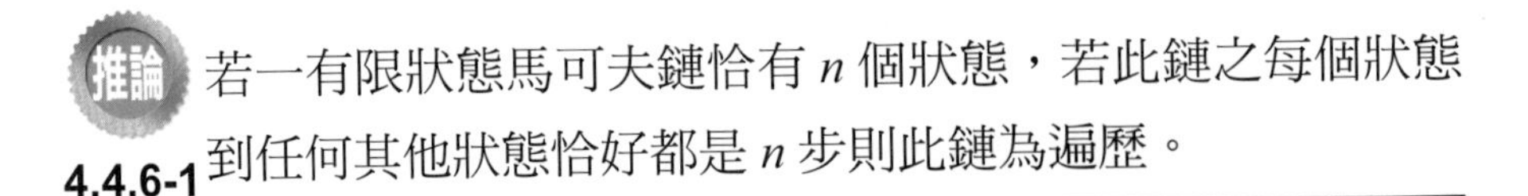

推論 4.4.6-1 若一有限狀態馬可夫鏈恰有 n 個狀態，若此鏈之每個狀態到任何其他狀態恰好都是 n 步則此鏈為遍歷。

證明

略

當 n 不是很大時，用遷移圖配合推論 4.6.1-1 可容易地判斷馬可夫鏈是否為遍歷。

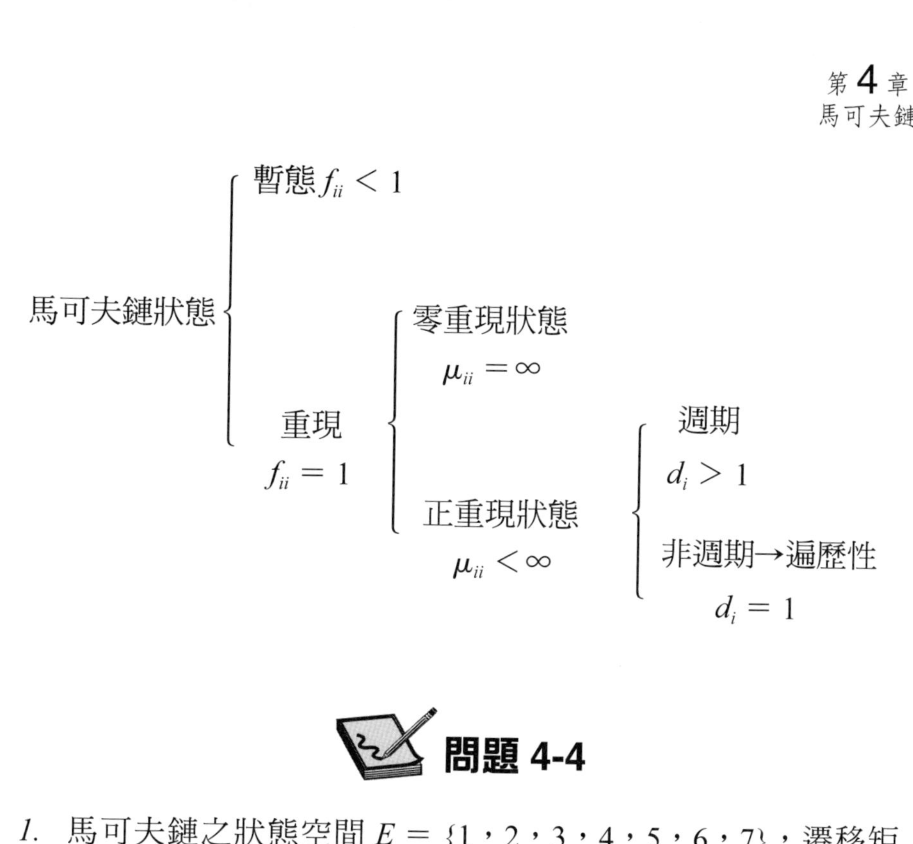

問題 4-4

1. 馬可夫鏈之狀態空間 $E = \{1，2，3，4，5，6，7\}$，遷移矩陣如下：矩陣中之 × 表介於 0，1 之實數

$$P = \begin{matrix} 1 \\ 2 \\ 3 \\ 4 \\ 5 \\ 6 \\ 7 \end{matrix}\begin{bmatrix} \times & 0 & \times & \times & \times & 0 & 0 \\ 0 & 0 & 1 & 0 & 0 & 0 & 0 \\ 0 & 0 & 0 & 1 & 0 & 0 & 0 \\ 0 & 1 & 0 & 0 & 0 & 0 & 0 \\ 0 & 0 & 0 & 0 & \times & 0 & \times \\ 0 & 0 & 0 & 0 & \times & \times & 0 \\ 0 & 0 & 0 & 0 & 0 & \times & \times \end{bmatrix}$$

試作出遷移圖

(a) 包含那些重現狀態

(b) 包含那些暫態

Ans： (a) $\{2，3，4\}$，$\{5，6，7\}$，非不可既約

(b) $\{1\}$

2. 馬可夫鏈之狀態空間 $E=\{1,2,3,4,5\}$，遷移矩陣如下：

$$P=\begin{matrix}1\\2\\3\\4\\5\end{matrix}\begin{bmatrix}\frac{1}{3} & \frac{2}{3} & 0 & 0 & 0\\ \frac{1}{2} & \frac{1}{2} & 0 & 0 & 0\\ 0 & 0 & 1 & 0 & 0\\ 0 & 0 & \frac{1}{4} & \frac{3}{4} & 0\\ 1 & 0 & 0 & 0 & 0\end{bmatrix}$$

試繪出狀態圖以協助判斷何者為暫態重現

Ans：重現狀態 $\{1,2\}$，$\{3\}$，（$\{3\}$ 為吸收態）

暫態 $\{4,5\}$

3. 馬可夫鏈之狀態空間 $E=\{1,2,3,4\}$，遷移矩陣 P 為

$$P=\begin{matrix}1\\2\\3\\4\end{matrix}\begin{bmatrix}0 & 0 & 1 & 0\\ 1 & 0 & 0 & 0\\ 0 & \frac{1}{2} & \frac{1}{2} & 0\\ \frac{1}{4} & 0 & 0 & \frac{1}{4}\end{bmatrix}$$

問那些狀態為重現狀態？其平均返回時間？

Ans：$\{1,2,3\}$ 為重現狀態，$f_{11}=f_{22}=4$，$f_{33}=2$

4. 試證 $i\to j$ 之充要條件為 $f_{ij}>0$

5. i 為暫態，$i\to j$ 問 j 是否為暫態？

Ans：不一定

6. 若 j 為重現狀態，試證 $\mu_j\geq 1$

7. 一馬可夫鏈之狀態空間 $E=\{0,1,2,\cdots\}$ 而其遷移矩陣

$$P=\begin{bmatrix} 0 & 0 & 0 & & & & \\ 0 & \frac{1}{2} & \frac{1}{2} & & & & \\ 0 & 0 & \frac{1}{4} & \frac{3}{4} & & \mathbf{0} & \\ 0 & 0 & 0 & \frac{1}{8} & \frac{7}{8} & & \\ & & \ddots & \ddots & \ddots & & \\ & \mathbf{0} & & & & \frac{1}{2^n} & 1-\frac{1}{2^n} \\ & & & & & \ddots & \ddots \end{bmatrix}$$

試判斷此馬可夫鏈有無重現狀態？

Ans. 無

8. 一質點在直線上移動，每次移動之規則是每次向前，後移動一格之機率為$\frac{1}{3}$，$\frac{1}{4}$，但向後移動二格之機率為$\frac{5}{12}$問每個狀態是否為週期？週期為何？

Ans. 不是週期

4.5 馬可夫鏈之極限定理

本節我們要討論的是“定常分佈之存在”和“在$n\to\infty$時機率$p_{ij}^{(n)}$之**極限行為**（limiting behavior）”之關聯性。狀態之週期為這個問題增加了一些難度。

4.5-1 若狀態j為重現且非週期性，則$n\to\infty$時有

$$p_{ij}^{n} \longrightarrow \frac{f_{ij}}{\mu_j}\left(=\frac{f_{ij}}{\sum_{n=1}^{\infty} n f_{jj}^{n}}\right)$$

由上一定理可導出下列關鍵定理：

定理 4.5-2 若一不可既約馬可夫鏈滿足正重現與非週期則 $\lim_{n\to\infty} p_{ij}^{n} = \pi_j > 0$，（$i$，$j = 0$，1，2…）存在，且為下列方程組之惟一解

$$\begin{cases} \pi_j = \sum_{i=0}^{\infty} \pi_i p_{ij} \qquad (j, = 0, 1, 2\cdots) \\ \sum_{j=0}^{\infty} \pi_j = 1 \\ \pi_j \geq 0 \end{cases}$$

由上一定理，我們有**定常分佈**（stationary distribution 也有人稱為**不變分佈** invariant distribution）之定義

定義 4.5-1 若機率向量滿足：

$\sum_{j\in E} \pi_j = 1$及 $\pi = \pi P$

則 π 為馬可夫鏈（或隨機矩陣 P）之定常分佈

馬可夫鏈之定常分佈存在問題是研究馬可夫鏈之學者有興趣的課題。

4.5-2 $\{X_n;n\geq\}$ 為馬可夫鏈，P 為對應之機率矩陣，若 P^T 為 P 之**轉置矩陣**（transpose matrix）亦為一機率矩陣，則稱 P 為**雙重機率矩陣**（double stochastic matrix）

因此，雙重機率矩陣之每列列和與每行行和均為 1。

4.5-3 若 P 為有 n 個狀態之雙重機率矩陣，則 P 之定常分佈 π 為 $\pi=\left[\frac{1}{n},\frac{1}{n},\cdots\frac{1}{n}\right]$

證明

$\pi=\left[\frac{1}{n},\frac{1}{n},\cdots\frac{1}{n}\right]$ 顯然滿足機率向量之條件，

又 $\pi P=\pi$ 亦顯然成立（讀者可自證之）

例 1. 求

$$P=\begin{bmatrix}1-p & p & 0\\ 0 & 1-p & p\\ p & 0 & 1-p\end{bmatrix}，1\geq p\geq 0 \text{ 之定常分佈}$$

方法一：

P 為一雙重機率矩陣狀態數為 3

$\therefore \pi=\left(\frac{1}{3},\frac{1}{3},\frac{1}{3}\right)$

方法二：（用定常分佈定義）

令 $\pi=(x,y,1-x-y)$，解

$$(x,y,1-x-y)\begin{bmatrix}1-p & p & 0\\ 0 & 1-p & p\\ p & 0 & 1-p\end{bmatrix}=(x,y,1-x-y)$$

$$\begin{cases}(1-p)x+ \quad p(1-x-y)=x \\ px+(1-p)y \quad =y \\ py+(1-p)(1-x-y)=1-x-y\end{cases}$$

得$x=y=z=\frac{1}{3}$

$\therefore \pi=\left(\frac{1}{3},\frac{1}{3},\frac{1}{3}\right)$

例 2. 設一馬可夫鏈之狀態空間$E=\{1，2，3\}$，遷移矩陣P為

$$P=\begin{matrix}1\\2\\3\end{matrix}\begin{bmatrix}0 & 0 & 1\\ 0 & 1-p & p\\ 1-p & p & 0\end{bmatrix}，1>p>0$$

求 (a) 求定常分佈 (b) 確認此鏈為不可既約且非週期性

解

(a) 令$\pi=(x，y，z)$則

$$\begin{cases}\pi P=(x,y,z)\begin{bmatrix}0 & 0 & 1\\ 0 & 1-p & p\\ 1-p & p & 0\end{bmatrix}=(x,y,z)\\ x+y+z=1\end{cases}$$

即
$$\begin{cases}(1-p)z=x & (1)\\ (1-p)y+pz=y & (2)\\ x+py=z & (3)\\ x+y+z=1 & (4)\end{cases}$$

由 (1) $z=\frac{x}{1-p}$ (5)

(3) $py=z-x=\frac{x}{1-p}-x=\frac{px}{1-p}$ 或 $y=\frac{x}{1-p}$ (6)

代（5），（6）入（4）

$x+y+z=x+\frac{x}{1-p}+\frac{x}{1-p}=1$ 得

$\lambda=\dfrac{1-p}{3-p}$，代入（5）得，$z=\dfrac{1}{3-p}$，代入（6）得$y=\dfrac{1}{3-p}$

(b)

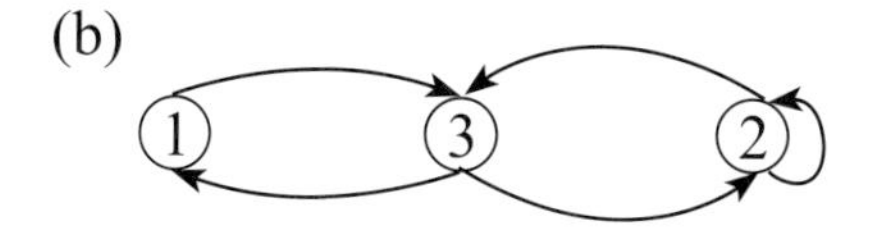

由左圖易知，此鏈為不可既約且非週期性（即此鏈具有遍歷性）

我們如果用更新過程，把每次回到狀態j視作一次更新，因此，我們可以用 Blackwell 定理導出下列定理：

定理 4.5-4 狀態j為重現且非週期性時

$$\lim_{n\to\infty}p_{jj}^{(n)}=\frac{1}{\mu_j}$$

又狀態j為重現，且週期為$d(j)$時

$$\lim_{n\to\infty}p_{jj}^{(nd(j))}=\frac{d(j)}{\mu_j}$$

若j為零重現時，規定$\dfrac{1}{\mu_j}=0$

證明 若狀態j為重現且非週期性（$d(j)=1$，$\forall j\in E$）則間隔時間分配$\{f_{ij}^{n}$，$n=1$，$2\cdots\}$為非格點，由 Blackwell 定理$n\to\infty$時：$m(n)-m(n-1)=p_{jj}^{(n)}\longrightarrow\dfrac{1}{\mu_j}$（取$s=1$）

若狀態j為重現且週期$d(j)$，由 Blackwell 定理，$n\to\infty$時

$$m(nd(j))-m((n-1)d(j))=p_{jj}^{(nd(j))}\longrightarrow\frac{d(j)}{\mu_j}$$

4.5.4-1 若狀態 j 為暫態則 $n \to \infty$ 時 $p_{jj}^{(n)} \longrightarrow 0$

$\because j$ 為暫態$\therefore$上一推論顯然成立。

現在我們要研究在 $n \to \infty$ 時 $p_{ij}^{(n)}$ 之極限行為，$f_{jj}^{(n)}$ 可視為一個延遲更新過程。

4.5-5 給定一不可既約之馬可夫鏈，若且惟若此鏈為正重現則其定常分佈 π 為惟一存在，且 $\pi_j = \mu_j^{-1}$，μ_j 為狀態 j 之平均重現次數

我們也可將 π_j 解釋成，π_j 為長期（in the long run）看來過程在狀態 j 之次數（時間）的比率（fraction）

根據上述定理：

1° 例 $P = \begin{matrix} & 1 & 2 \\ 1 & 0.2 & 0.8 \\ 2 & 0.5 & 0.5 \end{matrix}$，定常分佈為$\left[\frac{5}{13}, \frac{8}{13}\right]$

$\therefore$狀態 1 之平均重現次數 μ_j 為 $\mu_i = \frac{1}{\pi_i} = \frac{13}{5}$

狀態 2 之平均重現次數為$\frac{13}{8}$

2° 例 $P = \begin{matrix} & 1 & 2 & 3 \\ 1 & 0 & 0 & 1 \\ 2 & 0 & 1-p & p \\ 3 & 1-p & p & 0 \end{matrix}$之定常分佈為

$\left[\frac{1-p}{3-p}, \frac{1}{3-p}, \frac{1}{3-p}\right]$

∴狀態 1，2，3 之平均重現次數分別為 $\frac{3-p}{1-p}$，$3-p$，$3-p$。

問題 4-5

1. 求下列機率矩陣之定常分佈

(1) $P_1=\begin{bmatrix}\frac{1}{3}&\frac{1}{3}&\frac{1}{3}\\ \frac{1}{4}&\frac{1}{2}&\frac{1}{4}\\ \frac{1}{6}&\frac{1}{3}&\frac{1}{2}\end{bmatrix}$ (2) $P_2=\begin{bmatrix}\frac{1}{2}&\frac{1}{3}&\frac{1}{6}\\ \frac{1}{2}&\frac{1}{2}&0\\ \frac{1}{2}&\frac{1}{2}&0\end{bmatrix}$

Ans (1) $\omega_2=\left[\frac{6}{25},\frac{10}{25},\frac{9}{25}\right];\begin{bmatrix}\frac{6}{25}&\frac{10}{25}&\frac{9}{25}\\ \frac{6}{25}&\frac{10}{25}&\frac{9}{25}\\ \frac{6}{25}&\frac{10}{25}&\frac{9}{25}\end{bmatrix}$

(2) $\omega_2=\left[\frac{1}{2},\frac{5}{12},\frac{1}{12}\right];\begin{bmatrix}\frac{1}{2}&\frac{5}{12}&\frac{1}{12}\\ \frac{1}{2}&\frac{5}{12}&\frac{1}{12}\\ \frac{1}{2}&\frac{5}{12}&\frac{1}{12}\end{bmatrix}$

2. 驗證

$$P=\begin{bmatrix}1-a&0&a&0\\ b&0&1-b&0\\ 0&1-c&0&c\\ 0&d&0&1-d\end{bmatrix}(1>a,b,c,d>0)$$

為一正則陣並求定常分佈

Ans：(a) P^2 之各元素 $p_{ij}>0$，(b) $\left[\dfrac{bd}{bd+2ad+ca}, \dfrac{ad}{bd+2ad+ca}, \dfrac{ad}{bd+2ad+ca}, \dfrac{ca}{bd+2ad+ca}\right]$

3. 一教授每次考試均要考某三個特定問題 A，B，C。但他出題時有下列習慣：他不會連續出同一個問題，若已出題 A，則他會擲一銅板，出現正面就出題 B，若他已出題 B，下次要擲二個銅板，二次均出正面時就出題 C，若他已出題 C，下次那一題被命中之機率最大？

Ans：$P=\begin{array}{c} \\ A \\ B \\ C \end{array}\begin{array}{c} \begin{array}{ccc} A & B & C \end{array} \\ \begin{bmatrix} 0 & 1/2 & 1/2 \\ 3/4 & 0 & 1/4 \\ 1/8 & 7/8 & 0 \end{bmatrix} \end{array}$，$\omega=\left[\frac{1}{3}, \frac{2}{5}, \frac{4}{15}\right]$ ∴長期而言，B 題命題之機率 $\frac{2}{5}$ 為最大

4. 馬可夫鏈之狀態空間 $E=\{1，2，3\}$，遷移矩陣 P 為

$$P=\begin{bmatrix} 0 & 1 & 0 \\ 0 & 0 & 1 \\ 1 & 0 & 0 \end{bmatrix}$$

問此是否有正重現狀態？是否有週期性？是否為遍歷？

Ans ：此為重現狀態，$d_i=3$，因具週期性，故不為遍歷。

附錄

在求有限狀態馬可夫鏈之極限機率時，我們可應用“重標號”（relabel）之技巧，籍矩陣之列（行）交換而得一個**典式形式**（canonical form）

$$P=\begin{array}{c} C_1 \\ C_2 \\ \vdots \\ C_m \\ T \end{array}\begin{bmatrix} P_1 & 0 & \cdots\cdots & 0 & 0 \\ 0 & P_2 & & 0 & 0 \\ \vdots & & \ddots & \vdots & \vdots \\ 0 & 0 & & P_m & 0 \\ R_1 & R_2 & \cdots\cdots & R_m & Q \end{bmatrix}$$

C_1，$C_2 \cdots C_m$ 為正重現集，T 為暫態

則

$$p_{ij}^{\infty}=\lim_{n\to\infty}p_{ij}^{n}$$

$$p_{ij}^{\infty}=\begin{cases} \dfrac{1}{\mu_j}=\pi_j & (i, j\in C_k, k=1\cdots, m) \\ \dfrac{f_{ij}}{\mu_j} & (i\in T, j\in C_k, k=1, 2\cdots m) \\ 0 & (i\in C_k, j\notin C_k, k=1, 2\cdots m) \\ 0 & (i, j\in T) \\ 0 & (i\in C_k, k=1, 2\cdots m, j\in T) \end{cases}$$

定理 若 i，j 分屬不同之重現集，則 $p_{ij}^{(n)}=0$，$\forall\ n$

給定一有限狀態之馬可夫鏈。

$$f_{ij}=\sum_{n=1}^{\infty}f_{ij}^{n}=\sum_{l\in C_k}p_{il}+\sum_{l\in T}p_{il}\,f_{lj}\quad(i\in T\,,\,j\in C_k)$$

上式矩陣形式表示：

$[f_{ij}]=[I-Q]^{-1}R_k\cdot \underset{\sim}{1}$

$\underset{\sim}{1}$ =所有分量均為 1 之行向量

上述定理之狀態 $i\in T$ 到狀態 $j\in C_k$ 之機率 f_{ij} 可有下列二種途徑求得：

1. 直接由狀態 i（$i\in T$）到狀態 l
2. 移到狀態 l（包括狀態 l）

例 1. 在例 3 P 之定常分佈為 $\left(\frac{1-p}{3-p},\frac{1}{3-p},\frac{1}{3-p}\right)$

$$\therefore\lim_{n\to\infty}P^n=\begin{bmatrix}\frac{1-p}{3-p}&\frac{1}{3-p}&\frac{1}{3-p}\\\frac{1-p}{3-p}&\frac{1}{3-p}&\frac{1}{3-p}\\\frac{1-p}{3-p}&\frac{1}{3-p}&\frac{1}{3-p}\end{bmatrix}$$

要注意的是定常分佈恒存在，但 $\lim\limits_{n\to\infty}P^n$ 不恒存在，

例 2.

$$P=\begin{array}{c}\\0\\1\\2\\3\\4\end{array}\begin{array}{c}\begin{array}{ccccc}0&1&2&3&4\end{array}\\\begin{bmatrix}\frac{1}{4}&\frac{3}{4}&0&0&0\\\frac{1}{2}&\frac{1}{2}&0&0&0\\0&0&1&0&0\\0&0&\frac{1}{3}&\frac{2}{3}&0\\1&0&0&0&0\end{bmatrix}\end{array}$$

求 $\lim\limits_{n=\infty}P^n$

解

先繪遷移圖：

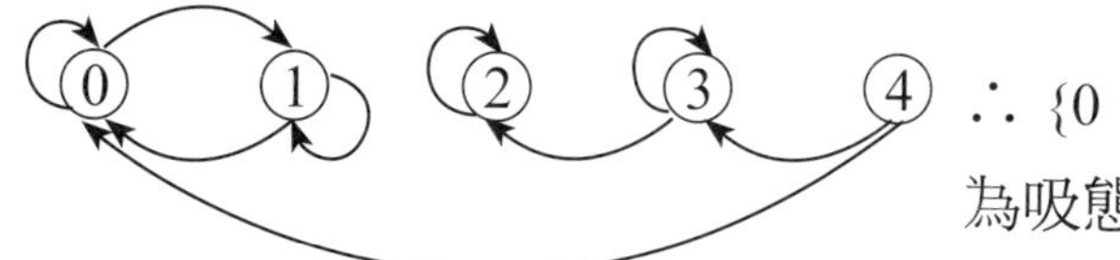

$\therefore$ {0，1} 為重現，{2} 為吸態，{3，4} 為暫態

$$P=\begin{array}{c} \\ C_1\begin{cases}0\\ \\ 1\end{cases} \\ C_2\{2 \\ T\begin{cases}3\\ \\ 4\end{cases}\end{array}\begin{array}{c}\begin{array}{ccccc}0 & 1 & 2 & 3 & 4\end{array}\\ \left[\begin{array}{cc:c|cc} \frac{1}{4} & \frac{3}{4} & 0 & 0 & 0 \\ \frac{1}{2} & \frac{1}{2} & 0 & 0 & 0 \\ \hdashline 0 & 0 & 1 & 0 & 0 \\ \hline 0 & 0 & \frac{1}{3} & \frac{2}{3} & 0 \\ 1 & 0 & 0 & 0 & 0 \end{array}\right] \\ \underbrace{\quad\quad}_{R_1}\ \underbrace{\quad}_{R_2}\ \underbrace{\quad\quad}_{Q}\end{array}$$

1°

(a) $C_1:\begin{bmatrix}\frac{1}{4} & \frac{3}{4}\\ \frac{1}{2} & \frac{1}{2}\end{bmatrix}$ 為重現，現求定常分佈

$$\begin{cases}(x,y)\begin{bmatrix}\frac{1}{4} & \frac{3}{4}\\ \frac{1}{2} & \frac{1}{2}\end{bmatrix}=(x,y)\\ x+y=1\end{cases}$$

$$\therefore\begin{cases}\frac{x}{4}+\frac{y}{2}=x\\ \frac{x}{2}+\frac{y}{2}=y\\ x+y=1\end{cases}$$

解之（x，y）$=\left(\frac{2}{5},\frac{3}{5}\right)$

$\therefore p_{00}^{\infty}=p_{10}^{\infty}=\frac{2}{5}$

及 $p_{01}^{\infty}=p_{11}^{\infty}=\frac{3}{5}$，同時 $p_{02}^{\infty}=p_{03}^{\infty}=p_{04}^{\infty}=0$，$p_{12}^{\infty}=p_{13}^{\infty}=p_{14}^{\infty}=0$

(b) {2} 為吸態 $\therefore p_{22}^{\infty}=1$

(c)

$$Q=\begin{bmatrix}\frac{2}{3} & 0\\ 0 & 0\end{bmatrix}\therefore (I-Q)^{-1}=\begin{bmatrix}\frac{1}{3} & 0\\ 0 & 1\end{bmatrix}^{-1}=\begin{bmatrix}3 & 0\\ 0 & 1\end{bmatrix}$$

$$R_1=\begin{bmatrix}0 & 0\\ 1 & 0\end{bmatrix}\therefore [I-Q]^{-1}R_1\cdot \underset{\sim}{1}=\begin{bmatrix}3 & 0\\ 0 & 1\end{bmatrix}\begin{bmatrix}0 & 0\\ 1 & 0\end{bmatrix}\begin{bmatrix}1\\ 1\end{bmatrix}=\begin{bmatrix}0\\ 1\end{bmatrix} \quad (1)$$

$$R_2=\begin{bmatrix}\frac{1}{3}\\ 0\end{bmatrix}\therefore (I-Q)^{-1}R_2\cdot \underset{\sim}{1}=\begin{bmatrix}3 & 0\\ 0 & 1\end{bmatrix}\begin{bmatrix}\frac{1}{3}\\ 0\end{bmatrix}\begin{bmatrix}1\\ 0\end{bmatrix}\begin{bmatrix}1\\ 0\end{bmatrix} \quad (2)$$

$$R_3=\begin{bmatrix}\frac{2}{3} & 0\\ 0 & 0\end{bmatrix}\therefore (I-Q)^{-1}R_3\cdot \underset{\sim}{1}=\begin{bmatrix}3 & 0\\ 0 & 1\end{bmatrix}\begin{bmatrix}\frac{2}{3} & 0\\ 0 & 0\end{bmatrix}\begin{bmatrix}1\\ 1\end{bmatrix}=\begin{bmatrix}2\\ 0\end{bmatrix} \quad (3)$$

由(1) $\begin{bmatrix}p_{30}^{\infty}\\ p_{40}^{\infty}\end{bmatrix}=\frac{1}{\mu_0}\begin{bmatrix}0\\ 1\end{bmatrix}=\begin{bmatrix}0\\ \frac{2}{5}\end{bmatrix}$，由(2) $\begin{bmatrix}p_{31}^{\infty}\\ p_{41}^{\infty}\end{bmatrix}=\frac{1}{\mu_1}\begin{bmatrix}0\\ 1\end{bmatrix}=\begin{bmatrix}0\\ \frac{3}{5}\end{bmatrix}$

由（3）$\begin{bmatrix}p_{32}^{\infty}\\ p_{42}^{\infty}\end{bmatrix}=\frac{1}{\mu_2}\begin{bmatrix}1\\ 0\end{bmatrix}=\begin{bmatrix}1\\ 0\end{bmatrix}$

$$\begin{bmatrix}p_{33}^{\infty} & p_{34}^{\infty}\\ p_{43}^{\infty} & p_{44}^{\infty}\end{bmatrix}=\begin{bmatrix}0 & 0\\ 0 & 0\end{bmatrix}$$

$$P^{\infty}=\begin{matrix}0\\1\\2\\3\\4\end{matrix}\begin{bmatrix}\frac{2}{5} & \frac{3}{5} & 0 & 0 & 0\\ \frac{2}{5} & \frac{3}{5} & 0 & 0 & 0\\ 0 & 0 & 1 & 0 & 0\\ 0 & 0 & 1 & 0 & 0\\ \frac{2}{5} & \frac{3}{5} & 0 & 0 & 0\end{bmatrix}$$

例 3.

$$P=\begin{matrix}0\\1\\2\\3\end{matrix}\begin{bmatrix}\frac{1}{2}&\frac{1}{2}&0&0\\\frac{1}{4}&\frac{3}{4}&0&0\\\frac{1}{4}&\frac{1}{4}&\frac{1}{4}&\frac{1}{4}\\0&0&0&1\end{bmatrix}\text{求 }p^{\infty}$$

解

先化成典式形式

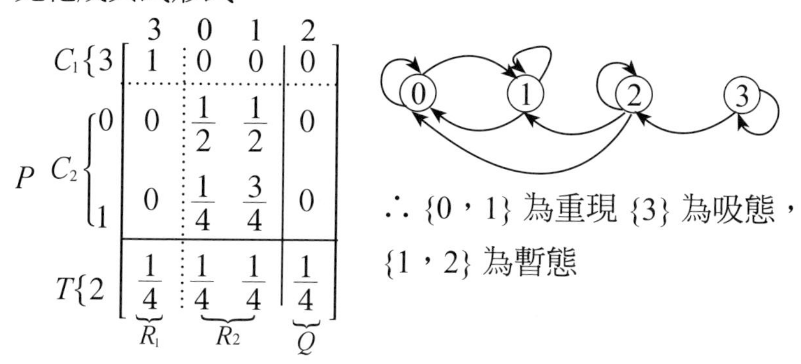

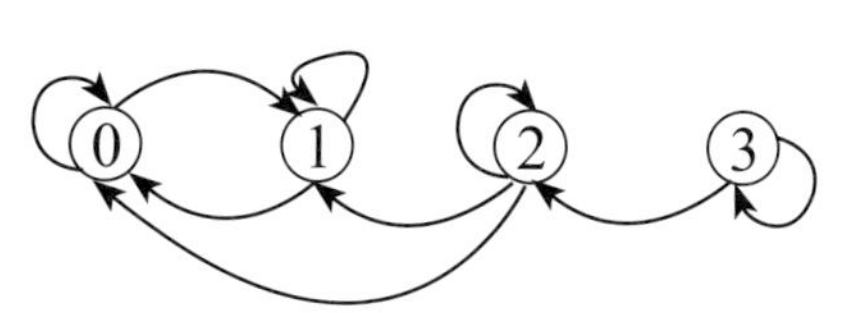

$\therefore$ {0，1} 為重現 {3} 為吸態，{1，2} 為暫態

(a) $\begin{bmatrix}\frac{1}{2}&\frac{1}{2}\\\frac{1}{4}&\frac{3}{4}\end{bmatrix}$之定常分佈為$\left[\frac{1}{3},\frac{2}{3}\right]$（自行驗證之）

$$\therefore p_{00}^{\infty}=p_{10}^{\infty}=\frac{1}{3},\ p_{01}^{\infty}=p_{11}^{\infty}=\frac{2}{3},\ p_{03}^{\infty}=0,\ p_{02}^{\infty}=0$$

{3} 為吸態 $\therefore p_{33}^{\infty}=1,\ p_{30}^{\infty}=0,\ p_{31}^{\infty}=0,\ p_{32}^{\infty}=0$

2°

$$Q=\left(\frac{1}{4}\right)\therefore (I-Q)^{-1}=\left(1-\frac{1}{4}\right)^{-1}=\frac{4}{3}$$

$$R_1=\frac{1}{4}\qquad\therefore (I-Q)^{-1}R_1\cdot\underset{\sim}{1}=\frac{4}{3}\cdot\frac{1}{4}\cdot 1=\frac{1}{3}\qquad(1)$$

$$R_2=\begin{pmatrix}\frac{1}{4}&\frac{1}{4}\end{pmatrix}\ \therefore (I-Q)^{-1}R_2\cdot\underset{\sim}{1}=\frac{4}{3}\left(\frac{1}{4}+\frac{1}{4}\right)\begin{pmatrix}1\\1\end{pmatrix}=\frac{2}{3}\qquad(2)$$

$$R_3=\frac{1}{4}\ \therefore (I-Q)^{-1}R_3\cdot\underset{\sim}{1}=\frac{4}{3}\cdot\frac{1}{4}\cdot 1=\frac{1}{3}$$

由 (1)，$p_{23}^{\infty}=\frac{1}{3}\cdot\underset{\sim}{1}=\frac{1}{3}$，

由 (2)，$[p_{20}^{\infty}\ \ p_{21}^{\infty}]=\frac{2}{3}\begin{bmatrix}\frac{1}{3} & \frac{2}{3}\end{bmatrix}=\begin{bmatrix}\frac{2}{9} & \frac{4}{9}\end{bmatrix}$

$p_{2}^{\infty}=0$

$$\therefore P^{\infty}=\begin{array}{c} \\ 3\\0\\1\\2\end{array}\begin{array}{c}\begin{array}{cccc}3&0&1&2\end{array}\\ \begin{bmatrix}1&0&0&0\\0&\frac{1}{3}&\frac{2}{3}&0\\0&\frac{1}{3}&\frac{2}{3}&0\\\frac{1}{3}&\frac{2}{9}&\frac{4}{9}&0\end{bmatrix}\end{array}\text{或}\begin{array}{c} \\ 0\\1\\2\\3\end{array}\begin{array}{c}\begin{array}{cccc}0&1&2&3\end{array}\\ \begin{bmatrix}1/3&2/3&0&0\\1/3&2/3&0&0\\2/9&4/9&0&1/3\\0&0&0&1\end{bmatrix}\end{array}$$

問題

1. $$P=\begin{array}{c} \\ 0\\1\\2\\3\\4\\5\end{array}\begin{array}{c}\begin{array}{cccccc}0&1&2&3&4&5\end{array}\\ \begin{bmatrix}1&0&0&0&0&0\\\frac{1}{4}&\frac{1}{2}&\frac{1}{4}&0&0&0\\0&\frac{1}{5}&\frac{2}{5}&\frac{1}{5}&0&\frac{1}{5}\\0&0&0&\frac{1}{6}&\frac{1}{3}&\frac{1}{2}\\0&0&0&\frac{1}{2}&0&\frac{1}{2}\\0&0&0&\frac{1}{4}&0&\frac{3}{4}\end{bmatrix}\end{array}$$ 求 $\lim\limits_{n\to\infty}P^{n}$

Ans.
$$\begin{array}{c} \\ 0 \\ 1 \\ 2 \\ 3 \\ 4 \\ 5 \end{array}\begin{array}{c} \begin{array}{cccccc} 0 & 1 & 2 & 3 & 4 & 5 \end{array} \\ \begin{bmatrix} \frac{2}{5} & \frac{3}{5} & 0 & 0 & 0 & 0 \\ \frac{2}{5} & \frac{3}{5} & 0 & 0 & 0 & 0 \\ 0 & 0 & \frac{6}{13} & 0 & \frac{7}{13} & 0 \\ \frac{14}{55} & \frac{21}{55} & \frac{24}{143} & 0 & \frac{28}{143} & 0 \\ 0 & 0 & \frac{6}{13} & 0 & \frac{7}{13} & 0 \\ \frac{12}{55} & \frac{18}{55} & \frac{30}{143} & 0 & \frac{35}{143} & 0 \end{bmatrix} \end{array}$$

2.
$$\begin{array}{c} \\ 1 \\ 2 \\ 3 \\ 4 \\ 5 \\ 6 \\ 7 \end{array}\begin{array}{c} \begin{array}{ccccccc} 1 & 2 & 3 & 4 & 5 & 6 & 7 \end{array} \\ \begin{bmatrix} \frac{1}{3} & \frac{2}{3} & 0 & 0 & 0 & 0 & 0 \\ \frac{1}{4} & \frac{3}{4} & 0 & 0 & 0 & 0 & 0 \\ 0 & 0 & 0 & \frac{2}{3} & \frac{1}{3} & 0 & 0 \\ 0 & 0 & 1 & 0 & 0 & 0 & 0 \\ 0 & 0 & 1 & 0 & 0 & 0 & 0 \\ \frac{1}{6} & 0 & \frac{1}{6} & \frac{1}{6} & 0 & \frac{1}{4} & \frac{1}{4} \\ 0 & 0 & 0 & 0 & 0 & 0 & 1 \end{bmatrix} \end{array}$$

求$\lim_{n \to \infty} P^n$

$$\text{Ans.}\quad \begin{matrix} 1 \\ 2 \\ 3 \\ 4 \\ 5 \\ 6 \\ 7 \end{matrix}\begin{bmatrix} \frac{3}{11} & \frac{8}{11} & 0 & 0 & 0 & 0 & 0 \\ \frac{3}{11} & \frac{8}{11} & 0 & 0 & 0 & 0 & 0 \\ 0 & 0 & \frac{1}{2} & \frac{1}{3} & \frac{1}{6} & 0 & 0 \\ 0 & 0 & \frac{1}{2} & \frac{1}{3} & \frac{1}{6} & 0 & 0 \\ 0 & 0 & \frac{1}{2} & \frac{1}{3} & \frac{1}{6} & 0 & 0 \\ \frac{6}{99} & \frac{16}{99} & \frac{2}{9} & \frac{4}{27} & \frac{2}{27} & 0 & \frac{1}{3} \\ 0 & 0 & 0 & 0 & 0 & 1 & 0 \end{bmatrix}$$

第5章

連續時間之馬可夫鏈

5.1 連續時間馬可夫鏈之基本架構

連續時間之馬可夫鏈（continuous-time Markov chain）顧名思義，它是具有馬可夫性質（Markov properties）之連續時間（continuous-time）的隨機過程。

5.1-1 令 $\{X(t), t \geq 0\}$ 為具有狀態空間 $i = 0, 1, 2\cdots$ 之連續時間隨機過程，若滿足

$$P(X(t) = x \mid X(t_1) = x_1, X(t_2) = x_2, \cdots X(t_n) = x_n\}$$
$$= P(X(t) = x \mid X(t_n) = x_n), \forall 0 \leq t_1 < t_2 \cdots < t_n < t, x, x_1, x_2 \cdots x_n \in E$$

則稱此隨機過程為連續時間之馬可夫鏈。

條件機率 $P(X(s+t) = j \mid X(s) = i) \triangleq p_{ij}(t), \forall t \geq 0, s \geq 0$　　*

遷移機率 $p_{ij}(t)$ 表示在 s 時處於狀態 i，經 t 時後到達狀態 j 之條件機率，$p_{ij}(t)$ 顯然與 s 無關。若連續時間之馬可夫鏈滿足 * 則稱此連續時間馬可夫鏈具有**齊次性**（homogeneous）或**穩定性**（stationary），我們的興趣就在找出 $p_{ij}(t)$ 之明顯解（explicit expression）。本書之連續時間之馬可夫鏈均假設滿足齊次性，且假設

$$\lim_{t \to 0} p_{ij}(t) = \begin{cases} 1, & i = j \\ 0, & i \neq j \end{cases}$$

上述假設又稱為**正則條件**（regular condition），它說出了在極短

之時間內剛進入狀態 i 後不可能立刻又跳躍（jump）到狀態 j。

連續時間馬可夫鏈，因與前章之（離散時間）馬可夫鏈一樣都具有馬可夫性質，而且它們的狀態空間均為可數集或有限集。因此，本章所研究之概念、定義和性質與前章均有相同或相似處，包括狀態互通的定義與等價性，狀態分類（如吸態、暫態、重現、遍歷性等）平穩與極限分佈等。

一般而言，連續時間馬可夫鏈之理論建構涉及相當多的數學分析，遠超過本書之假設程度，同時連續時間在遞移機率 $p_{ij}(t)$ 之求解上通常是很困難的（例如第二章卜瓦松過程解 $p_{ij}(t)$ 就是一例）。因此，如同其他隨機過程之基礎教材，本書在連續時間馬可夫鏈將集中在 Q 矩陣之求解及其衍生之機率意義，Kolmogorov 向前（後）方程式等。

5.1-1 $\{X(t), t \in T\}$ 為獨立隨機過程，則 $\{X(t), t \in T\}$ 必為馬可夫過程

取 $t_1 < t_2 \cdots t_n < t_{n+1}$，$t_1$，$t_2 \cdots t_{n+1} \in T$，且 $X(t_1)$，$X(t_2) \cdots X(t_n)$，$X(t_{n+1})$ 為獨立

$\therefore P(X(t_{n+1}) \le x_{n+1} \mid X(t_1) = x_1, X(t_2) = x_2 \cdots X(t_n) = x_n)$

$= P(X(t_{n+1}) \le x_{n+1})$ （1）

又 $P(X(t_{n+1}) \le x_{n+1} \mid X(t_n) = x_n)$

$= P(X(t_{n+1}) \le x_{n+1})$ （2）

(1) = (2)

$\therefore P(X(t_{n+1}) \leq x_{n+1} \mid X(t_1) = x_1, X(t_2) = x_2 \cdots X(t_n) = x_n)$

$= P(X(t_{n+1}) \leq x_{n+1} \mid X(t_n) = x_n)$

此即證明了若 $\{X(t), t \in T\}$ 為獨立隨機過程，則它必為馬可夫過程。

例 1. 試說明卜瓦松過程 $\{N(t), t \geq 0\}$ 為連續時間之馬可夫鏈，並求 $p_{ij}(t)$

解

(a) 由卜瓦松過程滿足獨立增量與平穩增量，由定理 5.1-1 知卜瓦松過程 $\{N(t), t \geq 0\}$ 為連續時間馬可夫鏈

(b)
$$\begin{aligned}
p_{ij}(t) &= P(N(s+t) = j \mid N(s) = i) \\
&= P(N(s+t) - N(s) = j - i) \\
&= P(N(t) = j - i) \\
&= \begin{cases} \dfrac{(\lambda t)^{j-i}}{(j-i)!} e^{-\lambda t} & , j \geq i \geq 0 \\ 0 & , i > j \geq 0 \end{cases}
\end{aligned}$$

定理 5.1-2 （連續時間馬可夫鏈之 Chapman-Kolmogorov 方程式）

$p_{ij}(s+t) = \sum_{k \in E} p_{ik}(t) p_{kj}(s)$，$E$ 狀態空間。

證明

$$\begin{aligned}
p_{ij}(s+t) &= P(X(t+s) = j \mid X(0) = i) \\
&= \sum_{k \in E} P(X(t+s) = j, X(t) = k \mid X(0) = i) \\
&= \sum_{k \in E} P(X(t) = k \mid X(0) = i) P(X(t+s)
\end{aligned}$$

$$=j \mid X(t)=k)$$

$$=\sum_{k\in E} P(X(t)=k \mid X(0)=i)\, P(X(s)$$

$$=j \mid X(0)=k)$$

$$=\sum_{k\in E} p_{ik}(t)\, p_{kj}(s) \quad \forall i, j$$

定理 5.1-2 也可用矩陣形式表示：

$P(t+s)=P(t)P(s)$，其中 $P(t)=[p_{ij}(t)]_{i,j\in E}$

連續時間之馬可夫鏈不論在理論或應用上均有很豐碩之研究成果。

5.1-3 $\{X(t), t\geq 0\}$ 為一連續時間馬可夫鏈，其狀態空間 $E=\{0, 1, 2\cdots N\}$，N 為有限值，則

(1) $p_{ij}(t)\geq 0$

(2) $\sum_{j=0}^{N} p_{ij}(t)=1$

(3) $p_{ij}(t+s)=\sum_{k=0}^{N} p_{ik}(t)p_{kj}(s)$

$p_{ij}(t)$ 之性質

性質 1° $p_{ij}(t+s)\geq p_{ik}(t)\, p_{kj}(s)$

由 Chapman-Kolmogorov 方程式

$$p_{ij}(t+s)=\sum_{k\in E} p_{ik}(t)\, p_{kj}(s)\geq p_{ik}(t)\, p_{kj}(s)$$

性質 1°，有一個特例：

$$p_{ii}(t+s) \geq p_{ii}(t)\, p_{ii}(s)$$

性質 2° $p_{ii}(t) > 0$

$$p_{ii}(t) = \sum_{k \in E} p_{ik}\left(\frac{t}{2}\right) p_{ki}\left(\frac{t}{2}\right)$$

$$\geq p_{ik}\left(\frac{t}{2}\right) p_{ki}\left(\frac{t}{2}\right)$$

$$= \left[p_{ii}\left(\frac{t}{2}\right)\right]^2$$

$$p_{ii}(t) = \sum_{k \in E} p_{ik}\left(\frac{t}{3}\right) p_{ki}\left(\frac{2}{3}t\right)$$

$$= \sum_{k \in E} p_{ik}\left(\frac{t}{3}\right)\left(\sum_{j \in E} p_{kj}\left(\frac{t}{3}\right) p_{ji}\left(\frac{t}{3}\right)\right)$$

$$= \sum_{k \in E} \sum_{j \in E} p_{ik}\left(\frac{t}{3}\right) p_{kj}\left(\frac{t}{3}\right) p_{ji}\left(\frac{t}{3}\right)$$

$$\geq \left[p_{ii}\left(\frac{t}{3}\right)\right]^3$$

$$\cdots$$

$$p_{ii}(t) \geq \left[p_{ii}\left(\frac{t}{n}\right)\right]^n$$

由假設

$\lim_{t \to 0} p_{ii}(t) = 1$（連續時間馬可夫鏈之正則條件）

$\therefore$ 當 h 充分小時 $p_{ii}(h) = 1$；從而當 n 充分大時 $p_{ii}\left(\frac{t}{n}\right) > 0$，即 $p_{ii}(t) > 0$，$\forall t > 0$。

以下之性質涉及較高等之數學分析，超過本書程度證明故證明皆從略。

性質 3° 對任一 $i \in E$

$$\lim_{t \to 0} \frac{1 - p_{ii}(t)}{t} = -p'_{ii}(0) \triangleq q_i \text{ 或 } -q_{ii}$$

性質 4°，i，$j \in E$，$i \neq j$

$$\lim_{t\to 0}\frac{p_{ij}(t)}{t}=p'_{ij}(0)\triangleq q_{ij}$$

性質 5° 對任一 $i\in E$

$$0\le\sum_{j\ne i}q_{ij}\le q_i \text{ 且 } 0\le q_{ii}=\sum_{j\ne i}q_{ij}<\infty$$

例 2. 試證

(a) $p_{ij}(s+t)\ge p_{ii}(s)+p_{ij}(t)-1$

(b) $p_{ij}(s+t)-p_{ij}(t)\le 1-p_{ii}(s)$，$s$，$t\ge 0$

解

(a) $p_{ij}(s+t)=\sum_{k\in E}p_{ik}(s)p_{kj}(t)$，兩邊同減 $p_{ij}(t)$：

$$p_{ij}(s+t)-p_{ij}(t)=\sum_{k\in E}p_{ik}(s)p_{kj}(t)-p_{ij}(t)$$

$$=p_{ii}(s)p_{ij}(t)-p_{ij}(t)+\sum_{k\ne i}p_{ik}(s)p_{kj}(t)$$

$$=-(1-p_{ii}(s))p_{ij}(t)+\sum_{k\ne i}p_{ik}(s)p_{kj}(t)$$

$$\therefore p_{ij}(s+t)-p_{ij}(t)\ge-(1-p_{ii}(s))p_{ij}(t)\ge-(1-p_{ii}(s))$$

即 $p_{ij}(s+t)\ge p_{ij}(t)+p_{ii}(s)-1$

(b)
$$p_{ij}(s+t)=\sum_{k\in E}p_{ik}(s)p_{kj}(t)$$

$$=\sum_{k\ne i}p_{ik}(s)p_{kj}(t)+p_{ii}(s)p_{ij}(t)$$

$$\le\sum_{k\ne i}p_{ik}(s)p_{kj}(t)+p_{ij}(t)$$

$$\therefore p_{ij}(s+t)-p_{ij}(t)\le\sum_{k\ne i}p_{ik}(s)p_{kj}(t)\le\sum_{k\ne i}p_{ik}(s)=1-p_{ii}(s)$$

Q 矩陣

有了以上資訊，我們便可建立何謂 Q 矩陣（Q matrix）：

遷移矩陣可透過 Kolmogorov 向前、向後方程式由 Q 矩陣所惟一決定，因此 Q 矩陣比遷移矩陣易解。Q 矩陣在連續時間馬可夫鏈扮演極重要之角色。

假設 $[0, h]$ 為一**無限小之區間**（infinitesimal interval）$p_{ij}(h) = q_{ij}h + o(h)$，$i \neq j$ （1）

q_{ij} 是狀態 i 到狀態 j 之**遷移速率**（transition rate），它是個常數，若狀態 i 可到達狀態 j 則 $q_{ij} > 0$，否則 $q_{ij} = 0$

由 (1)，$i \neq j$ 時

$$\lim_{h\to 0}\frac{p_{ij}(h)}{h} = \lim_{h\to 0}\frac{q_{ij}h + o(h)}{h} = \lim_{h\to 0}q_{ij} + \lim_{h\to 0}\frac{o(h)}{h} = q_{ij} \quad (2)$$

又由全機率法則

$$\sum_{j=0}^{N} p_{ij}(h) = 1$$

$$\Rightarrow \sum_{j=0}^{N} P_{ij}(h) = P_{ii}(h) + \sum_{\substack{j=0\\ j\neq i}}^{N} P_{ij}(h) = 1$$

得

$$1 - P_{ii}(h) = \sum_{\substack{j=0\\ j\neq i}}^{N} P_{ij}(h) = \sum_{\substack{j=0\\ j\neq i}}^{N} (q_{ij}h + o(h)) \text{（由（1））}$$

$$\lim_{h\to 0}\frac{1 - P_{ii}(h)}{h} = \lim_{h\to 0}\sum_{\substack{j=0\\ j\neq i}}^{N}\frac{q_{ij}h + o(h)}{h} = \sum_{\substack{j=0\\ j\neq i}}^{N} q_{ij} \triangleq q_i \quad (3)$$

由上結果，我們可建立

$$Q = \begin{bmatrix} -q_0 & q_{01} & \cdots & q_{0N} \\ q_{10} & -q_1 & \cdots & q_{1N} \\ \vdots & \vdots & & \vdots \\ q_{N0} & q_{N1} & \cdots & -q_N \end{bmatrix}$$

定義 5.1-2

$$Q \triangleq P'(0) = \begin{bmatrix} -q_{00} & q_{01} & q_{02} & \cdots & q_{0n} \\ q_{10} & -q_{11} & q_{12} & \cdots & q_{1n} \\ \cdots & \cdots & \cdots & \cdots & \cdots \\ q_{n0} & q_{n1} & \cdots & \cdots & -q_{nn} \end{bmatrix}$$

若對所有 $i \in E$，$\sum_{j \in E} q_{ij} = 0$，則稱馬可夫鏈極為**保守**（conservative）

顯然，定義 5.1-3 之遷移矩陣 P 是一個函數矩陣而 Q 是個常數矩陣。

q_{ij} 有很重要的機率意義：我們由 p_{ij}（t）之性質 4° 知，$\lim_{t \to 0} \frac{p_{ij}(t)}{t} = p'_{ij}(0) = q_{ij}$，因此我們可將 q_{ij}（t）看做馬可夫鏈狀之狀態 i 到狀態 j 之移轉速率。

本書依一般基礎隨機過程教材，均假設馬可夫鏈為保守

比較例 3 與例 4，可知 P（t）與 Q 矩陣有可互換之關係。

例 3. 若馬可夫鏈之

$$P(t) = \frac{1}{3} \begin{bmatrix} e^t + 2 & -e^t + 1 \\ -2e^t + 2 & 2e^t + 1 \end{bmatrix}$$

求 Q 矩陣

解

$$Q = P'(0) = \frac{1}{3} \begin{bmatrix} e^t & -e^t \\ -2e^t & 2e^t \end{bmatrix} \Bigg|_{t=0} = \frac{1}{3} \begin{bmatrix} 1 & -1 \\ -2 & 2 \end{bmatrix}$$

例 4.

給定 $Q=\frac{1}{3}\begin{bmatrix} 1 & -1 \\ -2 & 2 \end{bmatrix}$求 $P(t)$

解

$P'(0)=Q=\frac{1}{3}\begin{bmatrix} 1 & -1 \\ -2 & 2 \end{bmatrix}$，現要求一個方陣 M，及一對角陣

$\wedge$，$\wedge=\begin{bmatrix} \lambda_1 & 0 \\ 0 & \lambda_2 \end{bmatrix}$，$\lambda_1$，$\lambda_2$ 為 Q 之特徵值（eigen-value）。

$Q=\frac{1}{3}\begin{bmatrix} 1 & -1 \\ -2 & 2 \end{bmatrix}=\begin{bmatrix} \frac{1}{3} & -\frac{1}{3} \\ -\frac{2}{3} & \frac{2}{3} \end{bmatrix}$之特徵方程式為

$\lambda^2-\lambda=0$ $\therefore \lambda=0$，1

$\therefore \wedge=\begin{bmatrix} 1 & 0 \\ 0 & 0 \end{bmatrix}$

現要求 M：

$\lambda=1$ 時：$(Q-1I)X=0$

$\therefore \begin{bmatrix} -\frac{2}{3} & -\frac{1}{3} \\ \frac{-2}{3} & \frac{-1}{3} \end{bmatrix}X=0$ 得 $X_1=\begin{bmatrix} 1 \\ -2 \end{bmatrix}$

$\lambda=0$ 時：$(Q-0I)X=0$

$\begin{bmatrix} \frac{1}{3} & -\frac{1}{3} \\ -\frac{2}{3} & \frac{2}{3} \end{bmatrix}X=0$ 得 $X_2=\begin{bmatrix} 1 \\ 1 \end{bmatrix}$

$\therefore M=\begin{bmatrix} 1 & 1 \\ -2 & 1 \end{bmatrix}$

次求 M^{-1}：

$$\left[\begin{array}{cc|cc} 1 & 1 & 1 & 0 \\ -2 & 1 & 0 & 1 \end{array}\right] \to \left[\begin{array}{cc|cc} 1 & 1 & 1 & 0 \\ 0 & 3 & 2 & 1 \end{array}\right] \to \left[\begin{array}{cc|cc} 1 & 1 & 1 & 0 \\ 0 & 1 & \frac{2}{3} & \frac{1}{3} \end{array}\right] \to \left[\begin{array}{cc|cc} 1 & 0 & \frac{1}{3} & -\frac{1}{3} \\ 0 & 1 & \frac{2}{3} & \frac{1}{3} \end{array}\right]$$

$$\therefore M^{-1} = \begin{bmatrix} \frac{1}{3} & -\frac{1}{3} \\ \frac{2}{3} & \frac{1}{3} \end{bmatrix}$$

$$\therefore P(t) = \sum_{k=0}^{\infty} \frac{1}{k!}(Qt)^k = M\sum_{k=0}^{\infty} \frac{1}{k!}(Dt)^k M^{-1}$$

$$= M\begin{bmatrix} e^t & 0 \\ 0 & 1 \end{bmatrix} M^{-1}$$

$$= \begin{bmatrix} 1 & 1 \\ -2 & 1 \end{bmatrix} \begin{bmatrix} e^t & 0 \\ 0 & 1 \end{bmatrix} \frac{1}{3} \begin{bmatrix} 1 & -1 \\ 2 & 1 \end{bmatrix}$$

$$= \frac{1}{3}\begin{bmatrix} e^t + 2 & -e^t + 1 \\ -2e^t + 2 & 2e^t + 1 \end{bmatrix}$$

Kolmogorov 方程式

在連續時間馬可夫鏈研究中，Kolmogorov 方程式是很重要的，Kolmogorov 方程式可分 **Kolmogorov 向前方程式**（Kolmogorov forward equation）與 **Kolmogorov 向後方程式**（Kolmogorov backward equation）兩種。它是根據 Chapman-Kolmogorov 方程式（定理 4.3-1）導出的。

Kolmogorov 方程式之矩陣表示

Chapman-Kolmogorov 方程式之矩陣表示為

$P(t+s) = P(t) + P(s)$

在此 $P(t) = [p_{ij}(t)]_{i,j=0}^{N}$，$P(0) = I$（單位陣）

我們將推導出 Kolmogorov 向前公式之矩陣形式：$P'(t)=P(t)Q$：

$$\lim_{h\to 0}\frac{P(h)-P(0)}{h}=\lim_{h\to 0}\frac{P(h)-I}{h}=Q$$

$$\therefore P'(t)=\lim_{h\to 0}\frac{P(t+h)-P(t)}{h}=\lim_{h\to 0}\frac{P(t)P(h)-P(t)}{h}$$

$$=P(t)\lim_{h\to 0}\frac{P(h)-I}{h}=P(t)Q \quad (4)$$

類似地，我們可得到 Kolmogorov 向後方程式之矩陣表示：

$P'(t)=QP(t)$

若 Q 為有限維方陣時，$P'=P(t)Q$ 與 $P'=QP(t)$ 之解均為 $P(t)=e^{Qt}=\sum_{j=0}^{\infty}\frac{(Qt)^j}{j!}$

在較高等之隨機過程教材，可證明**滿足 Kolmogorov 方程式之解是惟一存在的**。

如何解矩陣形式之 Kolmogorov 方程式

可以證明的是 $P(t)=e^{Qt}$ 是 $P'(t)=QP(t)$ 與 $P'(t)=P(t)Q$ 之惟一解，在此，我們只說明如何解

$$P(t)=e^{Qt}=I+\sum_{n=1}^{\infty}\frac{Q^n t^n}{n!}:$$

Q 之特徵值 c_0，$c_1\cdots c_N$，對應之特徵向量 v_0，v_1，$\cdots v_N$，可證明的是 c_0，$c_1\cdots c_N$ 均為相異，則

$Q=M\wedge M^{-1}$

$$\wedge=\begin{bmatrix} c_0 & & 0 \\ & c_1 \ddots & \\ 0 & & c_N \end{bmatrix}, M=[v_0|v_1\cdots|v_N]$$

$$Q^n = M \wedge^n M^{-1}$$

$$\therefore P(t) = I + \sum_{n=1}^{\infty} M \wedge^n M^{-1} t^n = M e^{\wedge t} M^{-1}$$

例 5. 設隨機信號“0”或“1”，$X(t)$ 表示 t 時收到之信號，若 $\{X(t), t \geq 0\}$ 是狀態空間 $\{0, 1\}$ 之齊次馬可夫過程，且設信號改變與時間長度成正比，即 $\begin{cases} p_{01}(h) = \lambda h + o(h) \\ p_{10}(h) = \mu h + o(h) \end{cases}$

試用 Kolmogorov 向前方程式解出 $P(t) = ?$

解

先求出 Q 矩陣

$$q_{00} = \lim_{h \to 0} \frac{1 - p_{00}(h)}{h} = \lim_{h \to 0} \frac{p_{01}(h)}{h}$$

又 $q_{01} + q_{00} = 0 \therefore q_{00} = -\lambda$

$q_{10} + q_{11} = 0 \therefore q_{11} = -\mu$

$$Q = \begin{bmatrix} -\lambda & \lambda \\ \mu & -\mu \end{bmatrix}$$

用 Kolmogorov 向前方程式，$P'(t) = P(t)Q$

$$\begin{bmatrix} p'_{00}(t) & p'_{01}(t) \\ p'_{10}(t) & p'_{11}(t) \end{bmatrix} = \begin{bmatrix} p_{00}(t) & p_{01}(t) \\ p_{10}(t) & p_{11}(t) \end{bmatrix} \begin{bmatrix} -\lambda & \lambda \\ \mu & -\mu \end{bmatrix}$$

Q 之特徵方程式為 $x^2 + (\lambda + \mu)x = 0$，得 2 個特徵值 0，$-(\lambda + \mu)$。

(i) $x = 0$ 時對應之特徵向量為 $(1, 1)^T$

(ii) $x = -(\lambda + \mu)$ 時對應之特徵向量為 $(\lambda, -\mu)^T$

$$\therefore P(t) = \begin{bmatrix} 1 & \lambda \\ 1 & -\mu \end{bmatrix}^{-1} \begin{bmatrix} 1 & 0 \\ 0 & e^{-(\lambda+\mu)t} \end{bmatrix} \begin{bmatrix} 1 & \lambda \\ 1 & -\mu \end{bmatrix}$$

$$= \frac{1}{\mu + \lambda} \begin{bmatrix} \mu + \lambda e^{-(\lambda+\mu)t} & \lambda - \lambda e^{-(\lambda+\mu)t} \\ \mu - \mu e^{-(\lambda+\mu)t} & \lambda + \mu e^{-(\lambda+\mu)t} \end{bmatrix}$$ （讀者請自行

驗證之）

定理 5.1-4（Kolmogorov 向後方程式）

$$p'_{ij}(t)=\sum_{k\neq i}q_{ik}p_{kj}(t)-q_ip_{ij}(t)$$

證明

$$p_{ij}(t+h)=\sum_{k\in E}p_{ik}(h)p_{kj}(t)$$

$$\begin{aligned}p_{ij}(t+h)-p_{ij}(t)&=\sum_{k\in E}p_{ik}(h)p_{kj}(t)-p_{ij}(t)\\&=\sum_{k\neq i}p_{ik}(h)p_{kj}(t)+p_{ii}(h)p_{ij}(t)-p_{ij}(t)\\&=\sum_{k\neq i}p_{ik}(h)p_{kj}(t)-(1-p_{ii}(h))p_{ij}(t)\end{aligned}$$

$$\therefore \lim_{h\to 0}\frac{p_{ij}(t+h)-p_{ij}(t)}{h}=\lim_{h\to 0}\left\{\left(\sum_{k\neq i}\frac{p_{ik}(h)}{h}p_{kj}(t)\right)-\left(\frac{1-p_{ii}(h)}{h}\right)p_{ij}(t)\right\} \qquad *$$

$$\begin{aligned}p'_{ij}(t)&=\sum_{k\neq i}q_{ik}p_{kj}(t)-q_ip_{ij}(t)\\&=\sum_{k\neq i}q_{ik}p_{kj}(t)-q_ip_{ij}(t)\end{aligned}$$

定理 5.1-4 之“*”，在運算中我們假設“加總”與“極限”兩種運算可交換，但這種“加總”與“極限”互換並不恒成立，幸好在有限狀態之連續時間馬可夫鏈以及下節之出生死滅過程裡“加總”是可以和“極限”互換。

定理 5.1-5（Kolmogorov 向前方程式）

$$p'_{ij}(t)=\sum_{k\neq j}p_{ik}(t)q_{kj}-q_ip_{ij}(t)$$

證明類似定理 5.1-4。

例 6. 設連續時間馬可夫鏈 $\{X(t),t\geq 0\}$ 之遞移機率為

$$p_{ij}(h)=\begin{cases}\lambda_i h+o(h) & ,j=i+1\\ 1-\lambda_i h+o(h) & ,j=i\\ 0 & ,j=i-1\\ o(h) & ,|j-i|\geq 2\end{cases}$$

試求 Kolmogorov 向前方程式

解

方法一

$$q_i=\lim_{h\to 0}\frac{1-p_{ii}(h)}{h}=\lim_{h\to 0}\frac{1-(1-\lambda_i h+o(h))}{h}=\lambda_i$$

$$q_{ij}=\frac{d}{dt}p_{ij}(t)=\begin{cases}\lambda_i & ,j=i+1\\ 0 & ,\text{其它}\end{cases}$$

$$p'_{ij}(t)=-p_{ij}(t)q_j+\sum_{k\neq j}p_{ik}(t)q_{kj}$$

$$=-\lambda_j p_{ij}(t)+p_{i,j-1}(t)\lambda_{j-1}$$

$$=-\lambda_j p_{ij}(t)+\lambda_{j-1}p_{i,j-1}(t)\qquad ,j>i$$

$$p'_{ii}(t)=-\lambda_i p_{ii}(t)\qquad ,j=i$$

方法二：

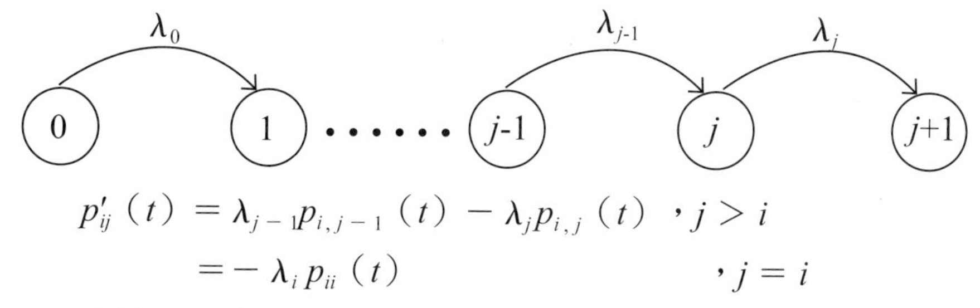

$$p'_{ij}(t)=\lambda_{j-1}p_{i,j-1}(t)-\lambda_j p_{i,j}(t)\qquad ,j>i$$

$$=-\lambda_i p_{ii}(t)\qquad ,j=i$$

方法二是流量平衡法將在下節說明。

問題 5-1

1. 若連續時間馬可夫鏈之遷移機率如下：

   $P(X(t+h)=0\,|\,X(t)=0)=1-2h+o(h)$

   $P(X(t+h)=1\,|\,X(t)=0)=2h+o(h)$

   $P(X(t+h)=0\,|\,X(t)=1)=3h+o(h)$

   $P(X(t+h)=1\,|\,X(t)=1)=1-3h+o(h)$

   試求滿足 $P(X(t)=t)$，$i=0$，1 之微差分方程式

2. （承例 5），若已知 $t=0$ 收到信號（a）$t=3$ 收到信號機率（b）$t=4$ 收到信號 1 之機率

   Ans: (a) $\dfrac{\mu+\lambda e^{-3(\lambda+\mu)}}{\mu+\lambda}$　　(b) $\dfrac{\lambda-\lambda e^{-1(\lambda+\mu)}}{\mu+\lambda}$

3. 設一連續時間馬可夫鏈之 Q 矩陣為

   $$Q=\begin{bmatrix} -\frac{9}{5} & a & \frac{6}{5} \\ b & -\frac{12}{5} & \frac{6}{5} \\ \frac{6}{5} & \frac{3}{5} & c \end{bmatrix}$$

   (a) 試決定 a，b，c 值

   (b) 求 $P(t)$　　(c) 驗證 $Q=P'(0)$

   Ans. (a) $a=\frac{3}{5}, b=\frac{6}{5}, c=-\frac{9}{5}$

   (b) $\frac{1}{5}\begin{bmatrix} 2+3e^{-3t} & 1-e^{-3t} & 2-2e^{-3t} \\ 2-2e^{-3t} & 1+4e^{-3t} & 2-2e^{-3t} \\ 2-2e^{-3t} & 1-e^{-3t} & 2+3e^{-3t} \end{bmatrix}$

4. 試證 $\sum_{j\in E}|p_{ij}(t+s)-p_{ij}(t)|\le 2(1-p_{ii}(s))$

5. 試證 $p_{ij}(s+t) \leq 1 - p_{ii}(t) + p_{ii}(s)p_{ii}(t)$
6. $|p_{ii}(t) - p_{ii}(s)| \leq 1 - p_{ii}(t-s)$，$\forall\, t > s$

   $\{X(t), t \geq 0\}$ 為連續時間馬可夫鏈，試證 6~7：
7. $P(X(t+h) = j \mid X(u) = i, u \in [0, t]) = p_{ij}(h)$
8. $P(X(t_1) = i_1), X(t_2) = i_2, \cdots X(t_n) = i_n \mid X(0) = i)$

   $= p_{ii_1}(t_1)\, p_{i,i_2}(t_2 - t_1) \cdots p_{i_{n-1}i_n}(t_n - t_{n-1})$，$0 < t_1 < t_2 \cdots < t_n$
9. $\{X(t), t \geq 0\}$ 為連續時間馬可夫鏈，若 $q_i = 0$ 則 i 是否為吸態？何故？

   Ans. 是
10. 若 $A = M \wedge M^{-1}$，$\wedge$ 為對角陣，試證 $A^n = M \wedge^n M^{-1}$

5.2 出生死滅過程

出生死滅過程

出生死滅過程（birth-death process）是馬可夫鏈之一種，它是研究鄰近狀態（neighboring states）間母體個數（size of population）變化之計數過程，我們可用連續參數，即時間改變之角度來研究它，而把它歸於連續時間馬可夫鏈，也可用離散參數，即狀態改變之角度來研究它，而把它歸於離散時間馬可夫鏈

齊次卜瓦松過程是齊次連續過程時間馬可夫過程之一個例

子，也是出生死滅過程中最簡單的例子。

5.2-1

計數過程 $\{X(t), t \geq 0\}$ 是一有穩定遷移機率之馬可夫鏈，若

(1) $X(0) = i$

(2) $P(X(t+h) - X(t) = 1 \mid X(t) = i) = \lambda_i h + o(h)$

(3) $P(X(t+h) - X(t) = -1 \mid X(t) = i) = \mu_i h + o(h)$

(4) P（在 $(t, t+h]$ 中有 2 個或 2 個以上事件發生 $\mid X(t) = i) = o(h)$

則此過程稱為參數 $\{\lambda_i, \mu_{i+1}, i = 0, 1, 2 \cdots\}$ 之出生死滅過程，在此 λ_i，μ_{i+1} 分別為**出生率**（birth rate）與**死亡率**（death rate）

出生死滅過程之特徵

出生死滅過程有一些特徵，初學者應記在心裡：

- 出生死滅過程是一個馬可夫鏈，它具有齊次性（因此遞移機率 $p_{ij}(t)$ 不會隨時間變動而有所改變，非週期性與不可既約，亦即它只有一個分類）
- 出生死滅過程討論的是狀態間「個體大小」（size of population）的轉變：

⊙ 出生死滅過程之狀態 i 只考慮遷移到狀態 $i-1$ 或狀態 $i+1$ 的二種情形；

⊙ 狀態間個體大小每次改變為增加 1 個或減少 1 個

(a) 增加 1 個單位⇔出生（birth）

(b) 減少 1 個單位⇔死亡（death）

我們用 λ_n 表示到著率（arrival rate）或出生率（birth rate），μ_i 表示離開率（departure rate）或死亡率（death rate）。

定義 5.2-1 也常表達成下列方程組

$$\begin{cases} p_{i,i+1}(h) = \lambda_i h + o(h) & ,\lambda_i > 0 \\ p_{i,i-1}(h) = \mu_i h + o(h) & ,\mu_i > 0, \mu_0 = 0 \\ p_{i,j}(h) = o(h), & ,|j-i| \geq 2 \\ p_{i,i}(h) = 1 - (\lambda_i + \mu_i)h + o(h) & \end{cases}$$

（一）建立 Q 矩陣

$$q_i = q_{ii} = -\lim_{h\to 0}\frac{1-p_{ii}(h)}{h} = (\lambda_i + \mu_i) \quad i = 1,2,\cdots$$

$$q_{00} = -\lambda_0$$

$$q_{ij} = \frac{d}{dh}p_{ij}(h) = \begin{cases} \lambda_i, & j = i+1 \\ \mu_i & j = i-1 \\ 0, & |j-i| \geq 2 \end{cases}$$

$$\therefore Q = \begin{bmatrix} -\lambda_0 & \lambda_0 & 0 & 0 & 0\cdots \\ \mu_1 & -(\lambda_1+\mu_1) & \lambda_1 & 0 & 0\cdots \\ 0 & \mu_2 & -(\lambda_2+\mu_2) & \lambda_2 & 0\cdots \\ 0 & 0 & \mu_3 & -(\lambda_3+\mu_3) & \lambda_3\cdots \\ \cdots & \cdots & \cdots & \cdots & \cdots \end{bmatrix}$$

（二）建立 Kolmogorov 方程式：

1° Kolmogorov 向前方程式

$$\begin{aligned} p'_{ij}(t) &= -p_{ij}(t)q_j + \sum_{k\neq j} p_{ik}(t)q_{kj} \\ &= -p_{ij}(t)(\lambda_j + \mu_j) + p_{i,j-1}(t)q_{j-1,j} + p_{i,j+1}(t)q_{j+1,j} \\ &= -(\lambda_j + \mu_j)p_{ij}(t) + \lambda_{j-1}p_{i,j-1}(t) + \mu_{j+1}p_{i,j+1}(t) \end{aligned}$$

$$\begin{aligned} p'_{i0}(t) &= -p_{i0}(t)q_0 + p_{i1}(t)q_{1,0} \\ &= -\lambda_0 p_{i0}(t) + \mu_1 p_{i1}(t) \end{aligned}$$

$$即\ p'_{ij}(t)=\begin{cases}-(\lambda_j+\mu_j)p_{ij}(t)+\lambda_{j-1}p_{i,j-1}(t)+\mu_{j+1}p_{i,j+1}(t), & j\geq 0\\ -\lambda_0 p_{i0}(t)+\mu_1 p_{i1}(t) & j=0\end{cases}$$

2° Kolmogorov 向後方程式

$$p'_{ij}(t)=-q_i p_{ij}(t)+\sum_{k\neq i} q_{ik}p_{kj}(t)$$

$$=-(\lambda_i+\mu_i)p_{ij}(t)+(q_{i,i-1}p_{i-1,j}(t)+q_{i,1+1}\cdot p_{i+1,j}(\mathrm{t}))$$

$$=-(\lambda_i+\mu_i)p_{ij}(t)+\mu_i p_{i-1,j}(t)+\lambda_i p_{i+1,j}(t)$$

$$p'_{0j}(t)=-\lambda_0 p_{0j}(t)+\lambda_0 p_{1j}(t)$$

即

$$p'_{ij}(t)=\begin{cases}-(\lambda_i+\mu_i)p_{ij}(t)+\mu_i p_{i-1,j}(t)+\lambda_i p_{i+1,j}(t), & i\geq 1\\ -\lambda_0 p_{0j}(t)+\lambda_0 p_{1j}(t) & ,i=0\end{cases}$$

一般而言，Kolmogorov 向前方程式較為常用，除了用定理 5-1.3 外還可用所謂的**流量平衡法**（flow balance method）：先繪一個遷移圖，由遷移圖可看出對任一狀態 i（$i=1$，2，3 …）「個數」改變與鄰近之狀態 i—1 與狀態 $i+1$ 之「個數」有關，但是 $i=0$ 時「個數」改變當然只與狀態 1 有關，我們在解生死滅過程之 Kolmogrov 向前方程式還要注意到狀態 $i=0$ 時之情形，這是常被人疏忽的地方：

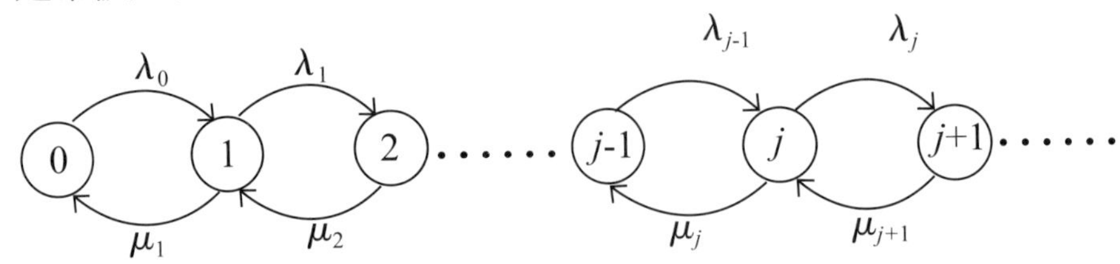

圖形 $(i)\rightarrow(j)$ 表示由狀態 i 到狀態 j 流出（flow out），$(i)\leftarrow(j)$ 表示由狀態 j 流入（flow in）狀態 i，考慮狀態 0 與狀態 i：

① 狀態 0：流入 $=\mu_1 p_1$，流出 $=\lambda_0 p_0$（p_i 以 i 為箭線之起點）

② 狀態 i：流入 $=\lambda_{i-1}p_{i-1}+\mu_{i+1}p_{i+1}$，流出 $=\mu_i p_i+\lambda_i p_i$

那麼

$$p'_{ij}(t)=\sum_{\text{狀態}(s)}((\text{流入})-(\text{流出}))$$

$$\therefore\ p'_{ij}(t)=\begin{cases}\mu_1 p_{i1}(t)-\lambda_0 p_{i0}(t)\\ \lambda_{j-1}p_{i,j-1}(t)+\mu_{j+1}p_{i,j+1}(t)-(\lambda_j+\mu_j)p_{i,j}(t)\end{cases}$$

我們再舉一例說明 Kolmogorov 方程式之設定。

例 1. 設 $\{X(t),t\geq 0\}$ 為一出生死滅過程，若其遷移機率 $p_{ij}(t)$ 定義為：

$$p_{ij}(t)=P(X(t)=j\mid X(0)=i)=\begin{cases}i\lambda t+o(t) & ,j=i+1\\ o(t) & ,j=i-1\\ 1-i\lambda t+o(t) & ,j=i\\ o(t) & ,\mid i-j\mid\geq 2\end{cases}$$

試求 Kolmogorov 向前、向後方程式

解

$$q_i=q_{ii}=-\lim_{h\to 0}\frac{1-p_{ii}(h)}{h}=i\lambda$$

$$q_{ij}=\frac{d}{dt}p_{ij}(t)=\begin{cases}i\lambda & ,j=i+1\\ 0 & ,\text{其它}\end{cases}$$

1° Kolmogorov 向前方程式

$$p'_{ij}(t)=-p_{ij}(t)q_j+\sum_{k\neq j}p_{ik}(t)q_{kj}$$

$$=-p_{ij}(t)(j\lambda)+p_{i,j+1}(t)\cdot 0+p_{i,j-1}(t)\cdot(j-1)\lambda$$

$$=-\lambda j p_{ij}(t)+(j-1)\lambda p_{i,j-1}(t)\quad ,j>i$$

$$p'_{ii}(t)=-i\lambda p_{ii}(t)\quad ,j=i$$

2° Kolmogorov 向後方程式

$$p'_{ij}(t)=-q_i p_{ij}(t)+\sum_{k\neq j}q_{ik}p_{kj}(t)$$

$$= -i\lambda p_{ij}(t) + q_{i,i+1}p_{i+1,j}(t)$$
$$= -i\lambda p_{ij}(t) + i\lambda p_{i+1,j}(t) \quad ，j > i$$
$$p'_{ii}(t) = -i\lambda p_{ii}(t) \quad ，j = i$$

（三）定常分佈

我們不易利用 Kolmogorov 向前（後）方程式解出出生死滅過程之 $p_{ij}(t)$，因此，我們必須另覓途徑，極限分佈（limit distribution）是一重要方式。

定理 5.2-1 出生死滅過程滿足

$$\begin{cases} p'_0(t) = -p_0(t)\lambda_0 + p_1(t)\mu_1 \\ p'_j(t) = -(\lambda_j + \mu_j)p_{ij}(t) + \lambda_{j-1}p_{j-1}(t) + \mu_{j+1}p_{j+1}(t) \end{cases}$$

出生死滅過程之 Kolmogorov 向前方程式為

$$\begin{cases} p'_{i0}(t) = -p_{i0}(t)\lambda_0 + p_{i1}(t)\mu_1 & (1) \\ p'_{ij}(t) = -(\lambda_j + \mu_j)p_{ij}(t) + \lambda_{j-1}p_{i,j-1}(t) + \mu_{j+1}p_{i,j+1}(t) & (2) \end{cases}$$

(1) $\times p_i$ 然後對 i 加總：

$$\sum_i p_i p'_{i0}(t) = -\sum_i p_i p_{i0}(t)\lambda_0 + \sum_i p_i p_{i1}(t)\mu_1$$

$$\text{得 } p'_0(t) = -\lambda_0 p_0(t) + \mu_1 p_1(t) \quad (3)$$

(2) $\times p_i$ 然後對 i 加總：

$$\sum_i p_i p'_{ij}(t) = -\sum_i p_i(\lambda_j + \mu_j)p_{ij}(t) + \sum_i p_i\lambda_{j-1}p_{i,j-1}(t) + \sum_i p_i\mu_{j+1}p_{i,j+1}(t)$$

得 $p'_j(t) = -(\lambda_j + \mu_j)p_j(t) + \lambda_{j-1}p_{j-1}(t) + \mu_{j+1}p_{j+1}(t)$

若 $p_j(t)=\lim_{t\to\infty} p_{ij}(t)$ 存在，且與 i 無關，則 $t\to\infty$ 時 $p_j'(t)\to 0$

5.2.1-1

出生死滅過程之極限分佈為

5.2-2 $p_n=\dfrac{\lambda_0\lambda_1\cdots\lambda_{n-1}}{\mu_1\mu_2\cdots\mu_n}p_0,\quad p_0=\left(1+\sum_{n=1}^{\infty}\dfrac{\lambda_0\lambda_1\cdots\lambda_{n-1}}{\mu_1\mu_2\cdots\mu_n}\right)^{-1}$

由定理 5.2-2，當 $t\to\infty$ 時有下列結果：

$$\begin{cases}-\lambda_0p_0+\mu_1p_1=0 & (1)\\ -(\lambda_j+\mu_j)p_j+\lambda_{j-1}p_{j-1}+\mu_{j+1}p_{j+1}=0 & (2)\end{cases}$$

$$\therefore\ p_1=\frac{\lambda_0}{\mu_1}p_0 \qquad (3)$$

由 (2)

$$-(\lambda_1+\mu_1)p_1+\lambda_0p_0+\mu_2p_2=0$$

$$\therefore\ p_2=\frac{(\lambda_1+\mu_1)p_1-\lambda_0p_0}{\mu_2}=\frac{(\lambda_1+\mu_1)\cdot\frac{\lambda_0}{\mu_1}p_0-\lambda_0p_0}{\mu_2}=\frac{\lambda_0\lambda_1}{\mu_1\mu_2}p_0$$

$$\cdots\cdots\cdots$$

$$p_n=\frac{\lambda_0\lambda_1\cdots\cdots\lambda_{n-1}}{\mu_1\mu_2\cdots\cdots\mu_n}p_0$$

現要決定 p_0：

$$\because \sum_{n\in E}p_n=1$$

$$\therefore\ p_0+\sum_{n=1}^{\infty}\frac{\lambda_0\lambda_1\cdots\lambda_{n-1}}{\mu_1\mu_2\cdots\mu_n}p_0=\left(1+\sum_{n=1}^{\infty}\frac{\lambda_0\lambda_1\cdots\lambda_{n-1}}{\mu_1\mu_2\cdots\mu_n}\right)p_0=1$$

$$p_0=\left(1+\sum_{n=1}^{\infty}\frac{\lambda_0\lambda_1\cdots\lambda_{n-1}}{\mu_1\mu_2\cdots\mu_n}\right)^{-1}$$

即 $p_n = \dfrac{\lambda_0\lambda_1\cdots\lambda_{n-1}}{\mu_1\mu_2\cdots\mu_n}\left(1+\sum_{n=1}^{\infty}\dfrac{\lambda_0\lambda_2\cdots\lambda_{n-1}}{\mu_1\mu_2\cdots\mu_n}\right)^{-1}$

定理 5.2-3 出生死滅過程極限分佈存在之充要條件為 $\sum_{n=1}^{\infty}\dfrac{\lambda_0\lambda_1\cdots\lambda_{n-1}}{\mu_1\mu_2\cdots\mu_n} < \infty$。

例 2. 在出生死滅過程中，若 $\lambda_n = \lambda$，$\mu_n = \mu$，λ，μ 為異於 0 之常數，求定常分佈。

解

由定理 5.2-2

$$p_n = \frac{\lambda_0\lambda_1\cdots\lambda_{n-1}}{\mu_1\mu_2\cdots\mu_n}p_0 = \frac{\overbrace{\lambda\bullet\lambda\cdots\lambda}}{\underbrace{\mu\mu\cdots\mu}_{n\text{個}}}p_0 = \left(\frac{\lambda}{n}\right)^n p_0$$

$$p_0 = \left(1+\sum_{n=1}^{\infty}\frac{\lambda_0\lambda_1\cdots\lambda_{n-1}}{\mu_1\mu_2\cdots\mu_n}\right)^{-1}$$

n 個

$$= \left(1+\sum_{n=1}^{\infty}\left(\frac{\lambda}{n}\right)^n\right)^{-1} = \left(1+\frac{\frac{\lambda}{\mu}}{1-\frac{\lambda}{\mu}}\right)^{-1} = 1-\frac{\lambda}{\mu}$$

即 $p_n = \left(\dfrac{\lambda}{n}\right)^n\left(1-\dfrac{\lambda}{\mu}\right), n \geq 0$

例 3. 求下列出生死滅過程之定常分佈：

$\lambda_n = \lambda q^n \quad 1 > q > 0$，$\lambda > 0$

$\mu_n = \mu \quad \mu > 0$

解

$$p_n = \frac{\lambda_0\lambda_1\cdots\lambda_{n-1}}{\mu_1\mu_2\cdots\mu_n}p_0 = \frac{\lambda q^0\bullet\lambda q^1\cdots\lambda q^{n-1}}{\mu^n}p_0$$

$$= \frac{\lambda^n}{\mu^n} q^{\frac{(n-1)n}{2}} p_0 \qquad n \geq 1$$

$$p_0 = \frac{1}{1 + \sum_{n=1}^{\infty} \frac{\lambda_0 \lambda_1 \cdots \lambda_{n-1}}{\mu_1 \mu_2 \cdots \mu_n}} = \frac{1}{1 + \sum_{n=1}^{\infty} \left(\frac{\lambda}{\mu}\right)^n q^{\frac{n(n-1)}{2}}}$$

$$\therefore p_n = \frac{\lambda^n}{\mu^n} q^{\frac{(n-1)n}{2}} \frac{1}{1 + \sum_{n=1}^{\infty} \left(\frac{\lambda}{\mu}\right)^n q^{\frac{n(n-1)}{2}}}$$

定理 5.2-4 （Fokker-Planck）方程式：連續時間馬可夫鏈在時刻 t 處在狀態 j，$j \in E$ 之 $p_j(t)$ 滿足：

$$p'_j(t) = -p_j(t) q_{jj} + \sum_{k \neq j} p_k(t) q_{kj}$$

證明

Kolmogorov 向前方程式

$$p'_{ij}(t) = \sum_{k \neq j} p_{ik}(t) q_{kj} - q_{jj} p_{ij}(t) \tag{1}$$

兩邊同乘 p_i 並對 i 加總：

$$\sum_i p_i p'_{ij}(t) = \sum_i \sum_{k \neq j} p_i p_{ik}(t) q_{kj} - \sum_i p_i q_{jj} p_{ij}(t) \tag{2}$$

又 $p_j(t) = \sum_{i \in E} p_i p_{ij}(t)$ （3）

代（3）入（2）：

$$\begin{aligned} p'_j(t) &= \sum_{k \neq j} \sum_i p_i p_{ik}(t) q_{kj} - q_{jj} \sum_i p_i p_{ij}(t) \\ &= \sum_{k \neq j} p_k(t) q_{kj} - q_{jj} p_j(t) \\ &= -p_j(t) q_{jj} + \sum_{k \neq j} p_k(t) q_{kj} \end{aligned}$$

例 4. 出生死滅過程中若 $\lambda_n = n\lambda$，$\mu_n = n\mu$，$n \geq 0$

(a) 書出 Kolmogorov 向前方程式

(b) 求 $E(X(t))$

解

(a) Kolmogorov 向前方程式：

$$p'_{ij}(t)=\lambda_{j-1}p_{i,j-1}(t)-(\lambda_j+\mu_j)p_{i,j}(t)+\mu_{j+1}p_{i,j+1}(t)$$

$$=(j-1)\lambda p_{i,j-1}(t)-j(\lambda+\mu)p_{i,j}(t)+(j+1)\mu p_{i,j+1}(t) \cdots\cdots (1)$$

(b) 令 $M(t)=E(X(t))$，則

$$M'(t)=\sum_{j=0}^{\infty}jp'_{ij}(t) \cdots\cdots (2)$$

$$=\sum_{j=0}^{\infty}j[(j-1)\lambda p_{i,j-1}(t)-j(\lambda+\mu)p_{i,j}(t)+(j+1)\mu p_{i,j+1}(t)] \cdots\cdots (3)$$

$$=\lambda\sum_{j=0}^{\infty}j(j-1)p_{i,j-1}(t)-(\lambda+\mu)\sum_{j=0}^{\infty}j^2p_{i,j}(t)+\mu\sum_{j=0}^{\infty}j(j+1)p_{i,j+1}(t)$$ （為簡便計，令 $p_{i,j}(t)=p_{i,j}$）

$$=(-(\lambda+\mu)p_{i,1}+2\mu p_{i,2})$$
$$+(2\lambda p_{i,1}-4(\lambda+\mu)p_{i,2}+6\mu p_{i,3})$$
$$+(6\lambda p_{i,2}-9(\lambda+\mu)p_{i,3}+12\mu p_{i,4})$$
$$+(12\lambda p_{i,3}-16(\lambda+\mu)p_{i,4}+20p_{i,5})$$
$$+\cdots$$

$$=(\lambda-\mu)p_{i,1}+2(\lambda-\mu)p_{i,2}+3(\lambda-\mu)p_{i,3}+\cdots$$

$$=(\lambda-\mu)\sum_{j=0}^{\infty}jp_{i,j}=(\lambda-\mu)\sum_{j=0}^{\infty}jp_{i,j}$$

$= (\lambda - \mu) M(t)$

解微分方程式 $M'(t) = (\lambda - \mu) M(t)$

(i) $\lambda = \mu$ 時 $M'(t) = 0 \therefore M(t) = i$，($M(0) = i$ 為初期條件)

(ii) $\lambda \neq \mu$ 時 $M'(t) = (\lambda - \mu) M(t)$

$M(t) = ce^{(\lambda - \mu)t}$

$M(0) = i \therefore c = i$

即 $M(t) = ie^{(\lambda - \mu)t}$

例 5. (線性成長過程 linear growth process)：若線性成長過程滿足

$\lambda_k = k\lambda$，$\mu_{k+1} = (k+1)\mu \quad k = 0, 1, 2\cdots$

(a) 試書出此過程之 Kolmogorov 向前方程式 (b) 若 $X(0) = i \geq 1$ 求 $M(t) = E(X(t))$，(c) $\lim\limits_{t \to \infty} M(t)$

解

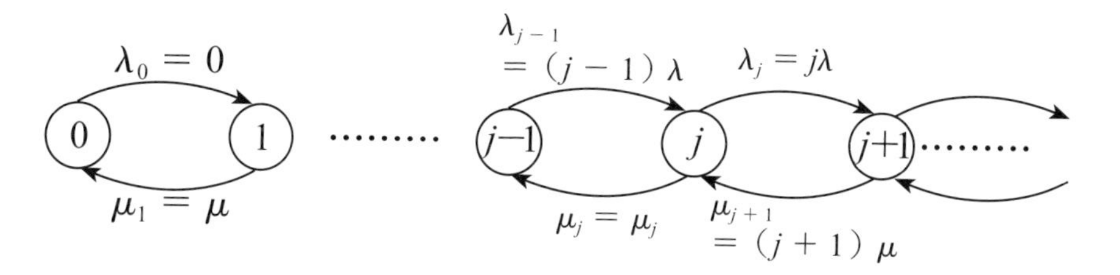

(a) Kolmogorov 向前方程式為：

$$\begin{cases} p'_{i,o}(t) = \mu p_{i,1}(t) \\ p'_{i,j}(t) = (j-1)\lambda p_{i,j-1}(t) - (\lambda + \mu) j p_{i,j} + (j+1)\mu p_{i,j+1}, j = 1, 2 \end{cases}$$

(b)

令 $M(t) = E(X(t))$ 則

$M'(t) = \sum\limits_{j=0}^{\infty} j p'_{ij}(t)$

$$=\sum_{j=0}^{\infty} j[(j-1)\lambda p_{i,j-1}(t)-(\lambda+\mu)jp_{i,j}+(j+1)\mu p_{i,j+1}]$$

$$=\mu p_{i,1}(t)+[-(\lambda+\mu)p_{i,1}(t)+2\mu p_{i,2}(t)]+[2\lambda p_{i,1}(t)-(\lambda+\mu)4p_{i,2}(t)+6\mu p_{i,3}(t)]+[6\lambda p_{i,2}(t)-(\lambda+\mu)9p_{i,3}(t)+12\mu p_{i,4}(t)]+\cdots\cdots$$

$$=(\lambda-\mu)(p_{i,1}(t)+2p_{i,2}(t)+3p_{i,3}(t)+\cdots)$$

$$=(\lambda-\mu)M(t)$$

$\therefore M(t)=k\,e^{(\lambda-\mu)t}$

又 $M(0)=i$ $\therefore M(t)=i\,e^{(\lambda-\mu)t}$

(c) 由 (b) $M(t)=i\,e^{(\lambda-\mu)t}$ 得：

$$\lim_{t\to\infty} M(t)=\begin{cases}0 & ,\lambda<\mu\\ i & ,\lambda=\mu\\ \infty & ,\lambda>\mu\end{cases}$$

純生過程

現在我們要談的**純生過程**（pure birth process）也是一個計數過程，它的每個狀態 k 之間隔到達時間均為獨立地服從以 $\frac{1}{\lambda_k}$，$k=0$，1，2…為平均數之指數分佈，因此在本質上，它是卜瓦松過程之一般化。

定義 5.2-2 計數過程 $\{N(t), t\geq 0\}$ 是一有穩定遷移機率之馬可夫鏈並滿足

(1) $N(0)=0$

(2) $P(N(t+h)-N(t)=1 \mid N(t)=k)=\lambda_k h+o(h)$

(3) $P(N(t+h)-N(t)\geq 2 \mid N(t)=k)=o(h)$

則稱此過程為參數是 $\{\lambda_k, k=0, 1, 2\cdots\}$ 之純生過程。

例 6. 若已知純生過程之 Kolmogorov 向前方程式為

$P'_{ii}(t) = -\lambda_i P_{ii}(t) \qquad j=i$

$P'_{ij}(t) = \lambda_{j-1}P_{i,j-1}(t) - \lambda_j P_{i,j}(t), \; j>i$

則 (a) $P_{ij}(t)=$？ (b) $P_{i,i+1}(t)=$？

解

(a)

(1) 對 $j>i$ 而言

$\because P'_{ij}(t) = \lambda_{j-1}P_{i,j-1}(t) - \lambda_j P_{ij}(t)$

$P'_{ij}(t) + \lambda_j P_{ij}(t) = \lambda_{j-1}P_{i,j-1}(t)$

$e^{\lambda_j t}[P'_{ij}(t) + \lambda_j P_{ij}(t)] = e^{\lambda_j t}\lambda_{j-1}P_{i,j-1}(t)$

$\Rightarrow \dfrac{d}{dt}[e^{\lambda_j t}P_{ij}(t)] = e^{\lambda_j t}\lambda_{j-1}P_{i,j-1}(t)$

$\therefore e^{\lambda_j t}P_{ij}(t) = \int_0^t e^{\lambda_j s}\lambda_{j-1}P_{i,j-1}(s)\,ds + c$

i.e. $P_{ij}(t) = e^{-\lambda_j t}\int_0^t e^{\lambda_j s}\lambda_{j-1}P_{i,j-1}(s)\,ds + ce^{-\lambda_j t}$

得 $P_{ij}(0)=0$ 得 $c=0$

$\therefore P_{ij}(t) = e^{-\lambda_j t}\int_0^t e^{\lambda_j s}\lambda_{j-1}P_{i,j-1}(s)\,ds \quad j\ge i\ge 1$

(2) $j=i$ 時

$\because P'_{ii}(t) = -\lambda_i P_{ii}(t)$

$\therefore P_{ii}(t) = e^{-\lambda_i t}, \; t\ge 0$

(b)

$$P_{i,i+1}(t) = e^{-\lambda_{i+1}t}\int_0^t e^{\lambda_{i+1}s}\lambda_i P_{i,i}(s)\,ds$$
$$= \lambda_i e^{-\lambda_{i+1}t}\int_0^t e^{\lambda_{i+1}s}e^{-\lambda_i s}ds$$

$$= \lambda_i e^{-\lambda_{i+1}t} \int_0^t e^{(\lambda_{i+1}-\lambda_i)s} ds$$

(1) $\lambda_{i+1} = \lambda_i$ 則 $P_{i,i+1}(t) = \lambda_i t e^{-\lambda_i t}$

(2) $\lambda_{i+1} \neq \lambda_i$ 則

$$P_{i,i+1}(t) = \lambda_i e^{-\lambda_{i+1}t} \bullet \frac{e^{(\lambda_{i+1}-\lambda_i)t}-1}{\lambda_{i+1}-\lambda_i}$$

$$= \frac{\lambda_i(e^{-\lambda_i t}-e^{\lambda_{i+1}t})}{\lambda_{i+1}-\lambda_i}$$

問題 5-2

1. 在出生死滅過程中若

$$\mu_n = \begin{cases} \mu, n \geq 1 \\ 0, n = 0 \end{cases} \quad \lambda_n = \begin{cases} (M-n)\lambda, n \leq M \\ 0 \quad M > n, \end{cases} \quad (M, n \text{ 為常數})$$

求此過程之定常分佈

Ans. $$p_n = \frac{\left(\frac{\lambda}{\mu}\right)^n \frac{M!}{(M-n)!}}{1+\sum_{n=1}^{\infty}\left(\frac{\lambda}{\mu}\right)^n \frac{M!}{(M-n)!}}$$

$$p_0 = \frac{1}{1+\sum_{n=1}^{M}\left(\frac{\lambda}{\mu}\right)^n \frac{M!}{(M-n)!}}$$

2. 在線性純生過程 $\lambda_j = j\lambda$，求 (a) $P_{i,i+1}(t)$，

(b) $P_{i,i+2}(t)$

Ans. (a) $\binom{i}{1} e^{-i\lambda t}(1-e^{-\lambda t})$

(b) $\binom{i+1}{2} e^{-i\lambda t}(1-e^{-\lambda t})^2$

3. 求下列出生死滅過程之定常分佈。

$$\begin{cases}\lambda_n = \dfrac{\lambda}{n+1} \\ \mu_n = \mu_1, \qquad \mu_0 = 0\end{cases}$$

Ans. $\left(\dfrac{\lambda}{n}\right)^n \dfrac{1}{n!} e^{-\frac{\lambda}{\mu}}$

4. （承第 2 題）求證

$$P_{i,j}(t) = \binom{j-1}{j-i} e^{-i\lambda t}(1 - e^{-\lambda t})^{j-i}，j \geq i，t \geq 0$$

5. （承定義 5.2-2）求純生過程之（a）Kolmogrov 向前方程式（b）Kolmogorov 向後方程式

Ans. (a) $\begin{cases} p'_{ii}(t) = -\lambda_i p_{ii}(t) & ，j = i \\ p'_{ij}(t) = \lambda_{j-1} p_{i,j-1}(t) - \lambda_j p_{ij}(t) & ，j \geq i+1 \end{cases}$

(b) $p'_{ij}(t) = \lambda_i p_{i+1,j}(t) - \lambda_i p_{ij}(t)$

6. $\{N(t)，t \geq 0\}$ 為強度 λ 之卜瓦松過程，若 $N(0) = i$，試求

(a) $p_{ij}(t)$

(b) Kolmogorov 向前方程式

(c) Kolmogorov 向後方程式

Ans (a) $p_{ij}(t) = \begin{cases} 0, & ,j < i \\ \dfrac{(\lambda t)^{j-i}}{(j-i)!} e^{-\lambda t} & ,j \geq i \end{cases}$

(b) $p'_{ij}(t) = -\lambda p_{ij}(t) + \lambda p_{i,j-1}(t)$

(c) $p'_{ij}(t) = -\lambda p_{ij}(t) + \lambda p_{i+1,j}(t)$

Yule 過程

定義：$\{N(t)，t \geq 0\}$ 為有平穩遷移機率之馬可夫鏈，若 $N(t)$ 滿足

(1) $N(0) = i$

(2) $P(N(t+h) - N(t) = 1 \mid N(t) = k) = \lambda h + o(h)$

(3) $P(N(t+h)-N(t)\geq 2 \mid N(t)=k)=o(h)$

則稱 $\{N(t), t\geq 0\}$ 為 Yule 過程

7. 若 $\{N(t), t\geq 0\}$ 為 Yule 過程，求 $P(N(t+h)-N(t)=1 \mid N(t)=k+i)$

Ans. $(k+i)\lambda h+o(h)$

8. 若 $\{N(t), t\geq 0\}$ 為 i = 1 之 Yule 過程，求 $M(t)=\sum_i jp_{ij}(t)$

Ans: $e^{\lambda t}$

9. $\{X(t), t\geq 0\}$ 為出生死滅過程

$$\begin{cases}\lambda_k = k\lambda + a, \\ \mu_{k+1}=(k+1)\mu,\end{cases} \quad k=0, 1, 2\cdots, \lambda>0, \mu>0, a>0$$

令 $M(t)=E(X(t))=\sum_{j=1}^{\infty} j p_{ij}(t)$

(a) 試建立一個有關 $M(t)$ 之微分方程式

(b) 解 (a) 之 $M(t)$（分 $\lambda=\mu$，$\lambda\neq\mu$）

(c) $t\to\infty$ 時 $M(t)$ 為何？

Ans (a) $M'(t)=a+(\lambda-\mu)M(t)$，$M(0)=i$

(b) $M(t)=\begin{cases} ie^{(\lambda-\mu)t}+\dfrac{a}{\mu-\lambda}, & \lambda\neq\mu \\ at+i, & \lambda=\mu\end{cases}$

(c) $\lim\limits_{t\to\infty} M(t)=\begin{cases}\dfrac{a}{\mu-\lambda}, & \lambda<\mu \\ \infty, & \lambda\geq\mu\end{cases}$

10. 若 Yule 過程之 i = 1。求

(a) $p_1(t)$　(b) $p_2(t)$　(c) $p_3(t)$

(d) 猜 $p_{k+1}(t)=$？

Ans. (a) $e^{-\lambda t}$　(b) $e^{-\lambda t}(1-e^{-\lambda t})$

(c) $e^{-\lambda t}(1-e^{-\lambda t})^2$　(d) $e^{-\lambda t}(1-e^{-\lambda t})^k$

部分問題提示

問題 1.1

7. 本題可視為將 0，1，2⋯，n 之 $n+1$ 個號球之直線排列。

8. (a) 先從 n 雙鞋子中取 $2r$ 隻鞋子，然後 $2r$ 隻鞋子都是 r 雙鞋之左鞋或右鞋之可能方法。

(b) 先從 n 雙鞋子中任取一雙，然後其餘 $n-1$ 雙中取 $2r-2$ 隻鞋子然後應用（a）之結果。

10. 設 p_n 為第 n 次抽出白球之機率，則

$$P_n = \frac{\alpha}{\alpha+\beta+1} + \left(\frac{1}{\alpha+\beta+1}\right)p_{n-1}\cdots\cdots$$

11. 繪樹形圖

問題 1.2

1. $E(N) = \sum_{n=1}^{\infty} nP(N=n) = \sum_{n=1}^{\infty}\sum_{k=1}^{n} P(N=n)\cdots\cdots$

2. (b) 應用 $\sum_{c=0}^{n}\binom{r+c}{c} = \binom{r+n+1}{n}$

(c) $E(X(X+1)) = \frac{1}{\binom{N}{n}}\sum_{k=n}^{N} k(k+1)P(X=k)$

$$n(n+1)\sum_{k=n}^{N}\binom{k+1}{k-n}$$

$$\underline{\underline{y=k-n}}\; n(n+1)\sum_{y=0}^{N-n}\binom{y+n+1}{y}$$ 再應用（b）之提示。

⋯⋯

6. $X_c = \begin{cases} X, & x \le c \\ c, & x > c \end{cases}$

$$\therefore E(X_c) = \int_0^{\infty} \overline{F}(x_c)\,dx_c = \int_0^{\infty}(1-F(x_c))\,dx_c$$

$$= \int_0^{c}(1-F(x))\,dx$$

7. 參考例 7 之解法

8. 參考定理 1.2-5 證明之方法二

11. 設取出之 k 球中有 x 個為白球，依題意：

$$p=\sum_{x=0}^{k}\frac{\binom{a}{x}\binom{b}{k-x}}{\binom{a+b}{k}}\cdot\frac{a-x}{a+b-k}\ \cdots$$

問題 1.3

5. 令 $M=\{c\,|\,x\le 0\}$ 則

$E(Y|X\le 0)=\int_{-\infty}^{\infty}yf(y|M)\,\mathrm{d}y$ ……………………………………(1)

$\because f(y|M)=\frac{1}{F_x(0)}\int_{-\infty}^{0}f(x,y)\,\mathrm{d}y$ ……………………………………(2)

代（2）入（1）即得、

8. condition on $\{N=n\}$

問題 1.4

1. 若 $X_i\sim G(1,1)$ 則 $Y=\sum_{i=1}^{n}X_i\sim G(n,1)$，再仿例 2 解法

2. $\lim_{t\to\infty}\sum_{n=0}^{k}\frac{(\lambda t)^n e^{-\lambda t}}{n!}\overset{?}{=}0$

問題 1.5

3. 利用 Cauchy 不等式與算術平均數 ≥ 幾何平均數

6. 先證 $E(Y(t)\,|\,Y(u),0\le u\le s)=Y(s)E(e^{X(t)-X(s)})$

再利用 $X(t)-X(s)$ 之動差生成函數 $E(e^{ax})$ 中取 $a=1$

即得。

8. 顯然 $E(X(t))=0$

$x \geq s > 0$時

且 $E(X(t)X(s)) = E\left(cB\left(\frac{t}{c^2}\right)cB\left(\frac{s}{c^2}\right)\right)^2$

$$= c^2 \min\left(\frac{t}{c^2}, \frac{s}{c^2}\right)$$

$$= s$$

問題 2.1

1. 仿 1.5 節例 4 之解法。

5. (c) 求$g(t, s) = e^{\lambda(s-1)t} = \sum_{n=0}^{\infty} P_n(t)s^n$ 之冪級數，比較$P_n(t)$ s^n之係數。

6. (a) $X_1(t) = N_1(t) - N_2(t)$，不恒為正整數

(b) $X_2(0) = N_1(0) + k \neq 0$

9. (b) 驗證 $\phi_Z(v) = e^{(\lambda+\mu)t(e^{iv}-1)}$

(c) 驗證 $\phi_W(v) = e^{[\lambda t e^{iv} + \mu t e^{-iv} - (\lambda+\mu)t]}$

$\therefore W(t) = X(t) - Y(t)$ 不為卜瓦松過程

12. 利用$N(t) < n <=> S_n > t$之性質

問題 2.2

1. (a) condition on T

2. (a) condition on T

4. 求 $E\left(\sum_{i=1}^{N(t)}(t - w_i)\right)$ 時 condition on $N(T) = n$

5. 因$N_2(t)$相鄰二事件之時間間隔X_i服從之 pdf 為$f_2(x) = \mu e^{-\mu x}$ $\therefore P(N'(t) = k) = \int_0^{\infty} P(N'(t) = k \mid X_i = t) f_2(t)\,dt \cdots$

7. 因$N_2(t)$之某連續三事件發生，相當於兩個時間間隔，$Y^{(2)} = X_1^{(2)} + X_2^{(2)} \sim G(2, \mu)$

$$\therefore P(N'(t)=k)=\int_0^\infty P(N'(t)=k \mid Y^{(2)}=t)\, f_Y(t)\,\mathrm{d}t$$

$$=\int_0^\infty \frac{\mathrm{e}^{-\lambda t}(\lambda t)^k}{k!}\cdot \mu^2 t\mathrm{e}^{-\mu t}\,\mathrm{d}t$$

$$=(k+1)\left(\frac{\mu}{\mu+\lambda}\right)^2\left(\frac{\lambda}{\mu+\lambda}\right)^k,\ k=0,1,2\cdots$$

8. $S_k^{(1)}=X_1+X_2+\cdots+X_k \sim \mathrm{G}(k,\lambda)$

$S_1^{(2)}=Y_1 \sim \mathrm{G}(1,\mu)$

$\therefore P(S_k^{(1)}<S_1^{(2)})=P(X<Y),\ X\sim \mathrm{G}(k,x),\ Y\sim \mathrm{G}(1,\mu)$

$$\therefore P(X<Y)=\int_0^\infty \int_x^\infty \lambda \mathrm{e}^{-\lambda x}\frac{(\lambda x)^{k-1}}{\Gamma(k)}\cdot \mu \mathrm{e}^{-\mu y}\,\mathrm{d}y\mathrm{d}x$$

$$=\left(\frac{\lambda}{\lambda+\mu}\right)^k$$

10. 用 $X_1=S_1$，$X_2=S_2-S_1$ 變數變換法即得。

問題 *2-3*

4. $P(X_n \le x)=1-P(X_n>x)$

condition on $S_{n-1}=t=1-\int_0^\infty P(X_n>x \mid S_{n-1}=t)\, f_{S_{n-1}}(t)\,\mathrm{d}t$

6. $E(N(t+s)N(t))$

$$=Cov(N(t+s),N(t))+E(N(t+s))E(N(t)))$$

$$=\int_0^t \lambda(u)\,\mathrm{d}u\left(1+\int_0^{t+s}\lambda(u)\,\mathrm{d}u\right)$$

7. 用數學歸納法，在 $n=k+1$ 時可能要用分部積分

問題 2.4

1. (a) $P(N(T)=n)=\int_0^\infty P(N(T)=n \mid T=t)\, f_T(t)\,\mathrm{d}t$

$$=\frac{a\lambda^n}{(a+\lambda)^{n+1}}$$

(b) $N(T)$ 服從幾何分佈

4. (a) condition on $N(t)=n$

5. condition on $N(t)=n$

問題 2.5

1. (b) $F_{S_1|N^n(t)=1}=P(S_1\leq s\,|\,N^*(t)=1)=\frac{s}{t}$

2. 依題意，生產線 I 之元件抵工作站之件數是服從 $\lambda_1=\frac{1}{16}$ 之卜瓦松過程，生產線 II 則為服從 $\lambda_2=\frac{1}{24}$ 之卜瓦松過程

(b) X_1 =生產線 I 之第 1 個元件到工作站之時間

X_2 =生產線 II 之第 1 個元件到工作站之時間

設 $Y=\min(X_1, X_2)$ 則

$$F_Y(y)=P(\min(X_1, X_2)\leq y)$$
$$=1-e^{-\frac{5y}{48}}$$

問題 2.6

2. (a)
$$P(N(t)=n)=\int_0^\infty P(N(t)=n\mid\wedge)\,g(\lambda)\,d\lambda$$
$$=\int_0^\infty \frac{e^{-\lambda t}(\lambda t)^n}{n!}\cdot\frac{\alpha(\lambda\alpha)^{m-1}}{(m-1)!}e^{-\lambda\alpha}d\lambda$$

4.
$$\lim_{h\to 0}\frac{P(N(h)\geq 1)}{h}=\lim_{h\to 0}\frac{\int_0^\infty P(N(h)\geq 1\mid\wedge=\lambda)\,dG}{h}$$
$$=\int_0^\infty \lambda\,dG=E(\wedge)=P(\wedge>a)\,da$$

問題 3.1

1. 若 $X \sim p\,q^x$，$x=0$，1，2…則 $Y=\sum_{i=1}^{r} X_i \sim \binom{r-1}{n-1} p^n q^{r-n}$

3. $F_{n+1}(t)=\int_0^t P(S_{n+1}\le t \mid X_1=x)\,f(x)\,\mathrm{d}x$

$=\int_0^t F_n(t-x)\,f(x)\,\mathrm{d}x$ 二邊同對 t 微分即得

5. $F_n(x)=P(S_n\le x)=P(S_{n-1}+X_n\le x)=\cdots$

6. $f(t)=\begin{cases}\lambda e^{-\lambda(t-a)}, & t\ge a\\ 0, & t<a\end{cases}$

上式可看成：第 i 個到著 X_i 發生後必須有時間長度為 a 之"空窗"期後再以參數為 λ 之指數分佈到著，因此，

$F_n(t)=P(X_1+X_2+\cdots+X_n\le t)$

$=P(N(t)\ge n)$

$=\sum_{k=n}^{\infty}\frac{e^{-\lambda(t-na)}[(t-na)\lambda]^k}{k!}$，$k=n$，$n+1+\cdots t\ge n\,a$

$F_n(t)=0$，$t<na$

7. (a)

$P(N(k)=j)=P(S_j\le k)-P(S_{j+1}\le k)$

$=P(X_1+X_2+\cdots X_j\le k)-P(X_1+X_2+\cdots+X_{j+1}\le k)$

$=P(Y_j\le k)-P(Y_{j+1}\le k)$，$Y_j=X_1+\cdots+X_j\sim b(j,p)$

$=\sum_{i=0}^{k}\binom{j}{i}p^iq^{j-i}-\sum_{i=0}^{k}\binom{j+1}{i}p^iq^{j+1-i}$

$=\binom{j}{k}p^{k+1}q^{j-k}$

(b) 由 (a) $P(N(k)=j)$ 有意義之條件為 $j\ge k$

問題 *3.2*

5. $$m(t)=\sum_{n=0}^{\infty}F_n(t)=\sum_{n\le\frac{t}{a}}F_n(t)+\underbrace{\sum_{n>\frac{t}{a}}F_n(t)}_{0}\cdots\cdots$$

問題 *3.3*

1. 應用例 6（b）

及 $X\sim G(\lambda,2)$，由例 5，$\widetilde{F}(s)=\dfrac{\lambda^2}{(\lambda+s)^2}$ 之結果

可用 Laplace 轉換及逆轉換得：

$$E(N^2(t))=\frac{\lambda^2t^2}{4}-\frac{\lambda t}{4}e^{-2\lambda t}-\frac{1}{8}e^{-2\lambda t}+\frac{1}{8}$$

如此便可求出 $V(N(t))$

4. $$\widetilde{T}(s)=\int_0^{\infty}e^{-st}dE[N(t)(N(t)-1)]$$
$$=\int_0^{\infty}e^{-st}dE(N^2(t))-\int_0^{\infty}e^{-st}dE(N(t))$$

再用例 6（b）之結果。

5. $u\bigstar F=(a+a\bigstar m)\bigstar F$ 逐項代入後得 $a\bigstar m=u-a$

問題 *3.4*

2. $P(Y(t)>y\,|\,A(t)=s)$

$=P($______，______] 間無更新發生）

3. (b) $P\left(\_\_\_\_\_\_\ \ y\,|\,A\left(t+\frac{y}{3}\right)=s\right)$

$=P(($______, ______] 間無更新發生)

4.

我們分 $t>s$ 與 $t<s$ 二種情況

(1) $t>s$ 時

$P(S_{N(t)} \le s) = P([s, t]$間無事件發生$)$……

(2) $t < s$時

$P(S_{N(t)} \le s) = P(A(t) \ge 0) = 1$

5. (1) $s > t$時

$P(S_{N(t)+1} \le s) = P(Y(t) \le s - t)$，

(2) $t \ge s$時

$P(S_{N(t)+1} \le s) = 0$

6. 利用$\{N(t), t \ge 0\}$為強度λ之卜瓦松過程其$A(t)$與$Y(t)$均服從Exp(λ)，但在求$E(A(t))$時應特別注意到積分界限。

7. 利用$S_{N(t)+1} = Y(t) + t$，兩邊同時求期望值，

8. $P(Y(t) > x) = \int_0^\infty P(Y(t) > x \mid X_1 = y)\,dF(y)$

$y > t + x$，$t + x > y > t$，$y < t$三種情況討論$P(Y(t) > x \mid x_1 = y)$。

9. 應用$A(t)$，$Y(t)$之定義及$X = S_{N(t)+1} - S_{N(t)}$

10. 卜瓦松過程之$A(t)$與$Y(t)$獨立

11. 應用$S_{N(t)+1} > t$與定理3.4-7。

12. 應用$t > S_{N(t)}$ $\therefore P(S_{N(t)} \le t) = 1$

$P(S_{N(t)} \le t) = 1$，何故？又$P(S_{N(t)} \le t)$與$\overline{F}(t) + \int_0^t \overline{F}(t-y)\,dm(y) = 1$有何關係？

問題3.5

1. $(A(t) > y, Y(t) > x)$相當於[______，______]間無事件發生，再應用KRT

2. 用例10之結果。

3. $S_{N(t)+1}=t+Y(t)$ 兩邊取期望值並用例 10 之結果。

5. (b) 應用例 9 之結果及 KRT

6. 由上題

$$\lim_{t\to\infty}P(A(t)>y)=\frac{1}{\mu}\int_y^{\infty}\overline{F}(z)\,dz$$

$$\therefore 1-F(y)=\frac{1}{\mu}\int_y^{\infty}\overline{F}(z)\,dz$$

解此微分方程式即得。

問題 3.6

3. 應用定理 3.6-3 即得。

4. 用 Laplace-Stieltjes 轉換。

問題 3.7

2. 應用定理 3.5-1。

3. 設在時刻 s 收到酬勞 $Y(s)$ 則

$$t\to\infty\text{時 }\frac{E(R)}{E(X)}=\frac{E\left[\int_0^X(x-s)\,\mathrm{d}s\right]}{\mu}=\frac{E(X^2)}{2\mu}$$

4. 解 $F(x)=\dfrac{1}{\mu}\displaystyle\int_0^x\overline{F}(y)\,\mathrm{d}y$。

問題 4.1

1. (b)
$$P=\begin{array}{c}\\0\\1\\2\\3\end{array}\begin{array}{c}\begin{array}{cccc}0&1&2&3\end{array}\\\begin{bmatrix}\frac{2}{3}&\frac{1}{3}&0&0\\\frac{1}{4}&\frac{1}{2}&\frac{1}{4}&0\\0&\frac{1}{4}&\frac{1}{2}&\frac{1}{4}\\0&0&0&1\end{bmatrix}\end{array}$$

2. 仿例 6 作法先證 $P(Y_{n+1}=j\mid Y_1=i_1,Y_2=i_2,\cdots Y_{n-1}=i_{n-1},$

$$Y_n = i_n) = P(X_{n+1} = j + ci_n) = P(Y_{n+1} = j|Y_n = i_n)$$

問題 4.2

1. (c) 若$P = \begin{bmatrix} p & q \\ q & p \end{bmatrix}$則由 (a) $P^n = \begin{bmatrix} \frac{1+(2p-1)^n}{2} & \frac{1-(2p-1)^n}{2} \\ \frac{1-(2p-1)^n}{2} & \frac{1+(2p-1)^n}{2} \end{bmatrix}$

及 $P(X_0 = 1| X_n = 1) = \dfrac{P(X_n = 1 | X_0 = 1) P(X_0 = 1)}{P(X_n = 1)}$

應用馬可夫性即可導出。

4. 用條件機率與馬可夫性質即得。

6. 依題意：X_n 表第 n 次移動所在之位置，∵ k 步中有 x 步向右移動，y 步向左移動

解 $\begin{cases} x + y = k \\ x - y = j - i \end{cases}$

$$\begin{bmatrix} \frac{2}{3} & \frac{1}{3} & 0 & 0 \\ \frac{1}{4} & \frac{1}{2} & \frac{1}{4} & 0 \\ 0 & \frac{1}{4} & \frac{1}{2} & \frac{1}{4} \\ 0 & 0 & 0 & 1 \end{bmatrix}$$

7. (b) $P(X_1 \neq X_2)$

$= pP(X_1 = 0) + qP(X_1 = 1)$。然後用初始分布之性質即得。

問題 4.3

1.

(a)

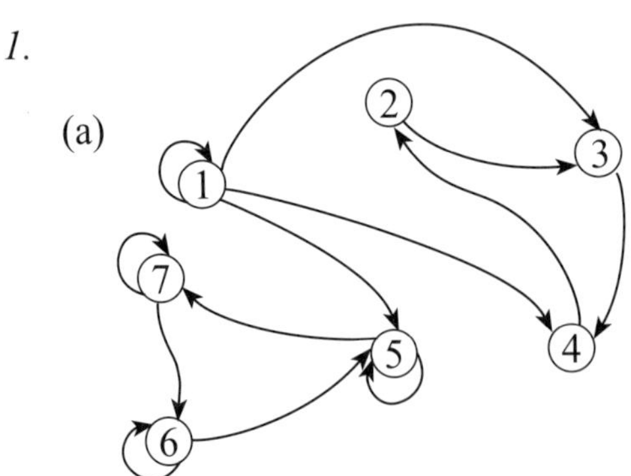

4. (a) 利用遞移圖及 $f_{11} = \sum_{n=1}^{\infty} nf_{11}^{(n)}$

5. (1) 應用 $i \to j$ 則存在一個 $n \geq 1$，使得 $p_{ij}^{(n)} > 0$，及

$$p_{ij}^{(n)} = \sum_{k=1}^{n} f_{ij}^{(k)} p_{jj}^{(n-k)}$$

6. $\mu_j = \sum_{n=1}^{\infty} n f_{jj}^{(n)} \geq \cdots$

7. 證明 $f_{00} < 1$，$f_{11} = < 1$，$f_{22} = \frac{1}{4} < 1 \cdots$

8.

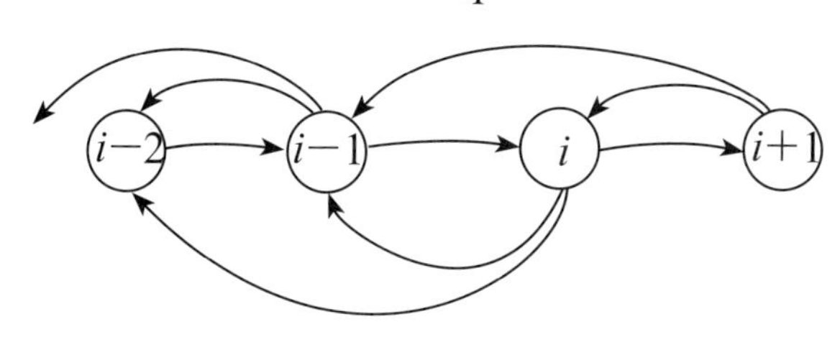

證明 $p_{ii}^{(2)} > 0$ 與 $p_{ii}^{(3)} > 0$

問題 5.1

1. $P(X(t) = 0)$

$P(X(t+h) = 0) = P(X(t+h) = 0 \mid X(t) = 0)$

$P(X(t) = 0) + P(X(t+h) = 0 \mid X(t) = 1)\, P(X(t)$

$= 1) = (1 - 2h + o(h))\, p_0(t) + (3h + o(h))\, p_1(t)$

$\therefore p_0(t+h) = (1 - 2h + o(h))\, p_0(t) + (3h + o(h))$

$p_1(\mathrm{t})$

$\Rightarrow \frac{p_0(t+h) - p_0(t)}{h} = \frac{(-2h + o(h))}{h} p_0(t) + \frac{(3h + o(h))}{h}$

$p_1(t)$

$$\therefore p_0'(t) = \lim_{h \to 0} \frac{p_0(t+h) - p_0(t)}{h} = \lim_{h \to 0} \frac{(-2h + o(h))}{h} p_0(t)$$

$$+ \lim_{h \to 0} \frac{(3h + o(h))}{h} p_1(t)$$

$$= -2p_0(t) + 3p_1(t)$$

同法可得 $p_1'(t)=2p_0(t)-3p_1(t)$

若用矩陣表示則為

$$\begin{bmatrix} p'_0(t) \\ p'_1(t) \end{bmatrix}=\begin{bmatrix} -2 & 3 \\ 2 & -3 \end{bmatrix}\begin{bmatrix} p_0(t) \\ p_1(t) \end{bmatrix}$$

2. 由例 5

$$P(t)=\frac{1}{\mu+\lambda}\begin{bmatrix} \mu+\lambda e^{-(\lambda+\mu)t} & \lambda+\lambda e^{-(\lambda+\mu)t} \\ \mu+\mu e^{-(\lambda+\mu)t} & \lambda+\mu e^{-(\lambda+\mu)t} \end{bmatrix}$$

$\therefore$ (a) $p=\dfrac{\mu+\lambda e^{-3(\lambda+\mu)}}{\mu+\lambda}$

(b) $p=\dfrac{\lambda-\lambda e^{-4(\lambda+\mu)}}{\mu+\lambda}$

4~6. 應用定理 5.1-2。

10. 用數學歸納法。

問題 5.2

2. (a) 由例 7

$$P_{i,i+1}(t)=\frac{\lambda_i(e^{-\lambda_i t}-e^{-\lambda_{i+1}t})}{\lambda_{i+1}-\lambda_i}$$

$$=\frac{i\lambda(e^{-i\lambda t}-e^{-(i+1)\lambda t})}{(i+1)\lambda-i\lambda}$$

$$=ie^{-i\lambda t}(1-e^{-\lambda t})=\binom{i}{1}e^{-i\lambda t}(1-e^{-\lambda t})$$

(b) 由例 1

$$P_{i,i+2}(t)=\lambda_{i+1}e^{-\lambda_{i+2}t}\int_0^t e^{\lambda_{i+2}S}P_{i,i+1}(s)\,ds$$

$$=(i+1)\lambda e^{-(i+2)\lambda t}\int_0^t e^{(i+2)\lambda s}ie^{-i\lambda s}(1-e^{-\lambda s})\,ds$$

$$=(i+1)i\lambda e^{-(i+2)\lambda t}\int_0^t e^{2\lambda s}-e^{\lambda s}ds$$

$$= (i+1)\, i\lambda e^{-(i+2)\lambda t}\int_0^t e^{\lambda s}(e^{\lambda s}-1)\,ds$$

$$= (i+1)\,^{i}\lambda e^{-(i+2)\lambda t}\cdot\frac{(e^{\lambda t}-1)^2}{2\lambda}$$

$$=\binom{i+1}{2} e^{-i\lambda t}(1-e^{-\lambda t})^2$$

4. $$P_{i,j+1}(t) = \lambda_j e^{-\lambda_{j+1}t}\int_0^t e^{\lambda_{j+1}S}P_{i,j}(s)\,ds$$

$$= j\lambda e^{-(j+1)\lambda t}\int_0^t e^{(j+1)\lambda s}\binom{j-1}{j-i}e^{-i\lambda s}(1-e^{-\lambda s})^{j-i}ds$$

$$= j\binom{j-1}{j-i}\lambda e^{-(j+1)\lambda t}\int_0^t e^{\lambda s}e^{(j-i)\lambda s}(1-e^{-\lambda s})^{j-i}ds$$

$$=\binom{j}{j-i}\lambda e^{-(j+1)\lambda t}\int_0^t e^{\lambda s}(e^{\lambda s}-1)^{j-i}ds$$

$$=\binom{j}{j-i}\lambda e^{-(j+1)\lambda^t}\frac{(e^{\lambda^t}-1)^{j-i+1}}{(j-i+1)\lambda}$$

$$=\binom{j}{j-i+1}e^{-i\lambda t}(1-e^{-\lambda t})^{j-i+1}，j\geq i-1，t\geq 0$$

$$\therefore P_{i,j}(t) =\binom{j-1}{j-i}e^{-i\lambda t}(1-e^{-\lambda t})^{j-i}，j\geq i, t\geq 0$$

理工推薦熱賣：必備精選書目

普通微積分

作　　者　黃學亮
ISBN　978-957-11-6310-9
書　　號　5Q08
定　　價　450元

本書特色

本書主要針對研習專業課程需以微積分作為基礎工具之科系學生編寫。微積分對許多學生來說總有莫名的恐懼感，因此本書編寫時儘量避免使用艱澀論述，而以口語化敘述代之，期能消除傳統數學教材難以卒讀之感。

不斷練習是學習數學的必要手段，因此本書包含多元的題型演練及解說，以使讀者培養微積分基本應用能力，亦蒐集一些具啟發性的問題及例題供讀者砥礪微積分實力之用。

奈米科技概論與應用

作　　者　蔡宏營
ISBN　978-957-11-7008-4
書　　號　5A90
定　　價　300元

本書特色

基於筆者過去在大學教授奈米科技相關課程的內容，鑽研奈米製造相關研究的成果，同時也透過在中小學推廣奈米教育多年的經驗，筆者避開過於艱澀難懂的理論，以提高學習者興趣為主。本書的特色除了簡單介紹重要的基礎理論外，並以工程的角度探討奈米科技的應用，同時強調碳系材料在奈米科技中所產生的影響。因此，有別於一般奈米科技概論的書籍，本書專章介紹「碳的角色」與「生活的奈米科技」。本書適合做為大學奈米科技導論課程用書，使讀者得一窺奈米科技領域的奧妙。

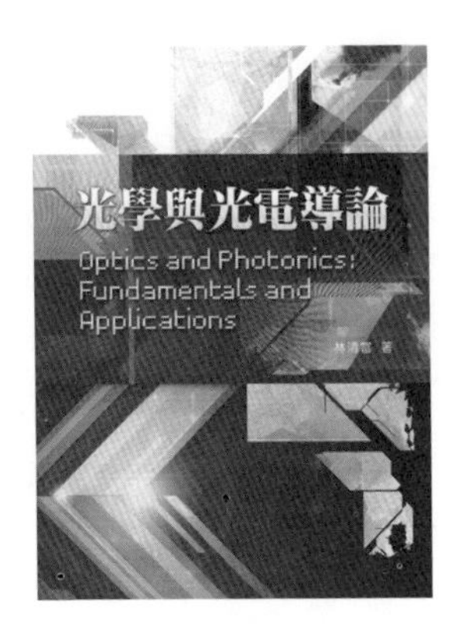

光學與光電導論

作　　者　林清富
ＩＳＢＮ　978-957-11-6830-2
書　　號　5DF1
定　　價　480元

本書特色

本書主要做為光學與光電知識的入門書籍，以深入淺出的方式，探討光學與光電領域的一些基本原理和相關應用，可做為入門課程的教科書，也可應用到研究工作上。內容從光的研究歷史談起，接著討論光對現代科技的影響。再來就從幾何光學、波動光學、光子等角度探究光的特性和相關原理，之後深入探討光與物質的交互作用，包括有不具能量交換和具能量交換的交互作用，然後探討運用這些原理所製作的各類光學元件、光電元件以及光電系統等等，包括有透鏡、光柵、照明光源、發光二極體、雷射、顯示器、數位相機、太陽能電池、光通訊系統等等。希望此書可以讓讀者一窺光學與光電領域的全貌，也能夠為讀者奠立良好的光學與光電基礎。

快速讀懂日文資訊(基礎篇)－科技、專利、新聞與時尚資訊

作　　者　汪昆立
ＩＳＢＮ　978-957-11-6262-1
書　　號　5A79
定　　價　420元

本書特色

日本的科技技術並不亞於歐美國家，甚至在某些方面更為超越，因此獲取其相關資訊，是了解最新科技發展技術與知識的最佳途徑。有感於日文對研究發展之重要性，本書匯整學習科技日文所需的相關知識，撰寫方式以非熟悉日文讀者為對象，由五十音、日文的電腦輸入與查詢、助詞的基本用法、動詞的基本變化、長句的解析、科技日文中常見的語法及用法等，作出系統整理；對於日本資訊抱持興趣、卻因看不懂坊間文法書而不得其門而入的讀者，藉由本書將有助短時間內學會如何看懂日文科技資訊，甚而進一步引發對語言的興趣，為一知識與實用兼具之日文學習書。

最佳課外閱讀：閱讀科普系列

當快樂腳不再快樂—認識全球暖化

2013台積電盃—青年尬科學 競賽指定閱讀書籍

作　　者　汪中和
ＩＳＢＮ　978-957-11-6701-5
書　　號　5BF6
定　　價　240元

本書特色

是災難？還是全人類所要面對的共同危機或轉機？

台灣未來因氣候暖化，海平面不斷升高，蘭陽平原反而在下沉，一升一降加成的效應，使得蘭陽平原將成為台灣未來被淹沒最嚴重的區域，我們應該要正視這個嚴重的問題，及早最好完善的規劃。全書以深入淺出方式，期能喚醒大眾正視全球暖化議題，針對現階段台灣各地區可能會因全球暖化所造成的衝擊，提出因應辦法。

伴熊逐夢－台灣黑熊與我的故事

作　　者　楊吉宗
ＩＳＢＮ　978-957-11-6773-2
書　　號　5A81
定　　價　300元

本書特色

本書為親子共讀繪本，內文具豐富手繪插圖、全彩，並標示注音，除可由家長陪伴建立孩子對愛護動物及保育觀念，中、低年級孩童亦能自行閱讀。

作者以淺白易懂的文字，讓讀者皆能細細體會保育動物－台灣黑熊媽媽被人類馴化、黑熊寶寶的孕育，直至最後野化訓練。是為最貼近台灣黑熊的深情故事繪本。

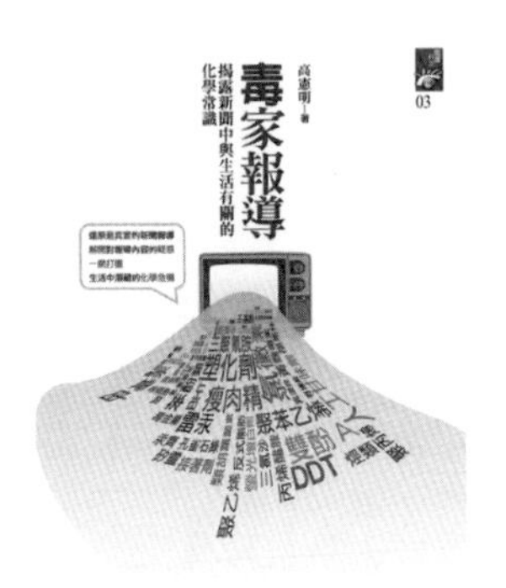

毒家報導－揭露新聞中與生活有關的化學常識

作　　者　高憲明
ＩＳＢＮ　978-957-11-6733-6
書　　號　5BF7
定　　價　380元

本書特色

本書總共分成十個課題，藉由有機食品與有機化學之間的連結性，展開一趟結合近年來新聞報導相關的生活化學之旅，透過以輕鬆詼諧的口吻闡述生活及食品中重要的化學物質，尤其是對食品添加物潛藏的安全危機多所著墨，適用的讀者對象包含一般社會大眾及在學學生。

您不可不知道的幹細胞科技

作　　者　沈家寧、郭紘志、黃效民、謝清河、賴佳昀、吳孟容、張苡珊、蘇鴻麟、潘宏川、林欣榮、陳婉昕
ＩＳＢＮ　978-957-11-7043-5
書　　號　5P19
定　　價　320元

本書特色

為了幫助大家能夠清楚了解幹細胞科技的內涵及發展現況，更為了釐清大家對幹細胞科技的誤解，並避免受到不肖業者的誤導欺騙，本書邀請國內實際從事幹細胞研究的學者及臨床醫師來撰寫本書，本書首先透過描述細胞的發現經過，來幫助大家了解幹細胞的特性；接下來進一步介紹目前了解最透徹的胚幹細胞、造血幹細胞及間葉幹細胞；再來藉由介紹過心臟與神經性疾病之細胞療法，讓大家了解幹細胞將如何被運用在修復病人受損的器官；最後將告訴大家幹細胞如何被保存以及幹細胞生技產業的發展趨勢，希望本書可以提供讀者對先端幹細胞科技初步的概念。

國家圖書館出版品預行編目資料

隨機過程導論／黃學亮著. ——初版. ——臺北市：五南, 2013.06
面； 公分
ISBN 978-957-11-7136-4 (平裝)
1.機率
319.1 102009673

5Q28

隨機過程導論

Basic stochastic process

作　　者— 黃學亮
發 行 人— 楊榮川
總 編 輯— 王翠華
主　　編— 王正華
責任編輯— 金明芬
封面設計— 小小設計
出 版 者— 五南圖書出版股份有限公司
地　　址：106台北市大安區和平東路二段339號4樓
電　　話：(02)2705-5066　傳　　真：(02)2706-6100
網　　址：http://www.wunan.com.tw
電子郵件：wunan@wunan.com.tw
劃撥帳號：01068953
戶　　名：五南圖書出版股份有限公司

台中市駐區辦公室/台中市中區中山路6號
電　　話：(04)2223-0891　傳　　真：(04)2223-3549
高雄市駐區辦公室/高雄市新興區中山一路290號
電　　話：(07)2358-702　傳　　真：(07)2350-236

法律顧問　林勝安律師事務所　林勝安律師

出版日期　2013年6月初版一刷
定　　價　新臺幣350元

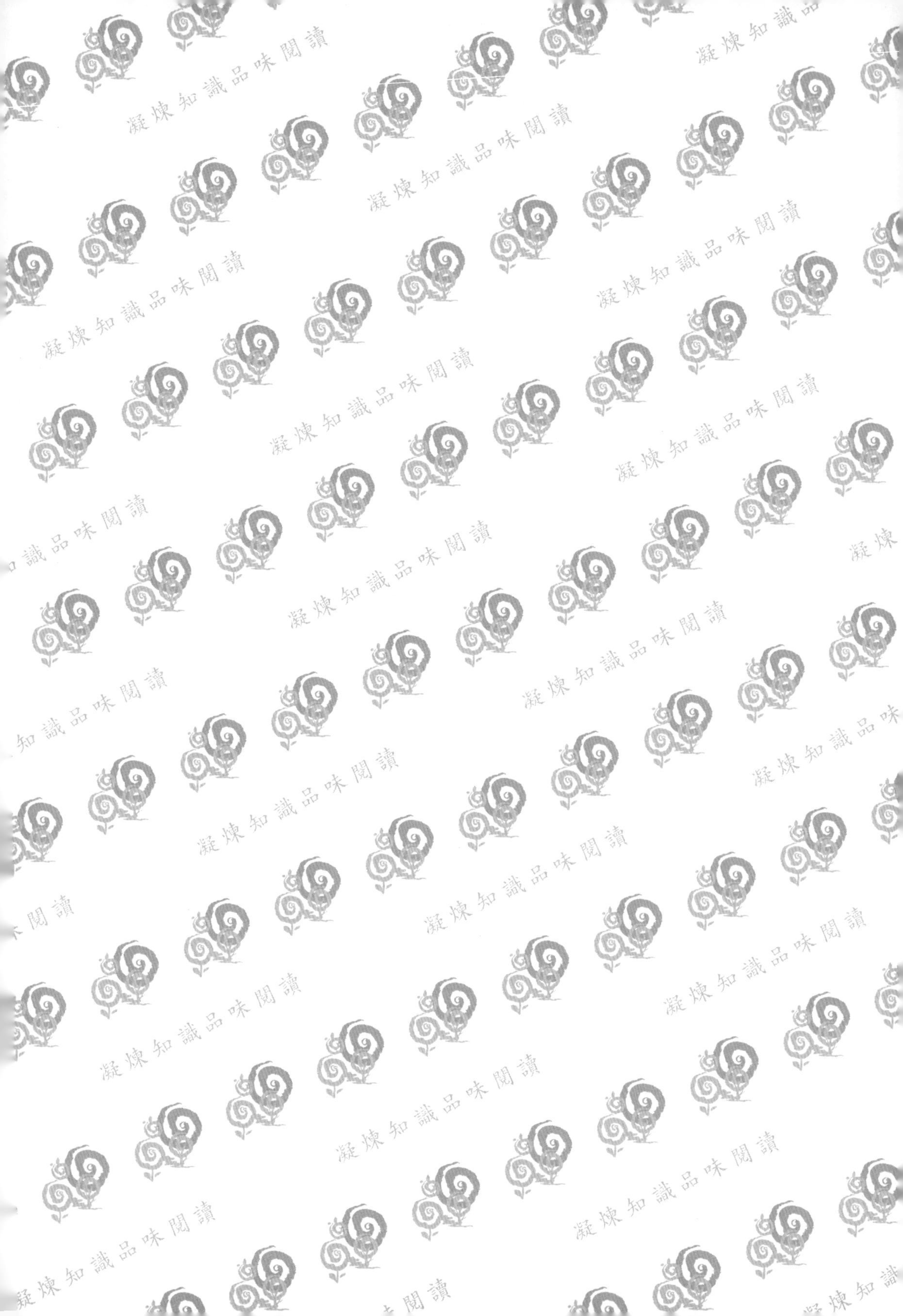